固体推进剂分析测试
原理及典型案例

Test Principles of Solid Propellant and Case Analysis

张炜 周星 鲍桐 编著

国防工业出版社
·北京·

内容简介

本书为案例式教材。本书共8章，在介绍固体推进剂性能测试及分析技术基本原理的同时，结合应用案例，着重讨论了复合固体推进剂能量性能、燃烧性能、力学性能、贮存老化性能、特征信号性能等表征参数的测试技术及分析方法，还涉及了含能材料的结构及组成分析、含能材料分子及性能的计算分析等内容。

本书可作为高等院校固体推进剂专业与含能材料专业研究生的教材或参考书，也可供从事固体推进剂及含能材料方向科研、生产的专业技术人员参考。

图书在版编目（CIP）数据

固体推进剂分析测试原理及典型案例/张炜，周星，鲍桐编著．—北京：国防工业出版社，2016.4
ISBN 978-7-118-10865-1

Ⅰ. ①固… Ⅱ. ①张… ②周… ③鲍… Ⅲ. ①固体推进剂—研究 Ⅳ. ①V512

中国版本图书馆 CIP 数据核字（2016）第 060766 号

※

*国防工业出版社*出版发行
（北京市海淀区紫竹院南路 23 号 邮政编码 100048）
三河市众誉天成印务有限公司印刷
新华书店经售

*

开本 710×1000 1/16 **印张** 17¾ **字数** 333 千字
2016 年 4 月第 1 版第 1 次印刷 **印数** 1—2000 册 **定价** 52.00 元

（本书如有印装错误，我社负责调换）

国防书店：（010）88540777 发行邮购：（010）88540776
发行传真：（010）88540755 发行业务：（010）88540717

前　言

目前，以化学推进为动力的火箭和导弹以化学推进剂为能源。以自供氧、自热维持燃烧为特征的固体火箭推进剂是固体火箭发动机的能源，也是本领域的主要研究对象。而特种推进剂，包括用于固体火箭冲压发动机的富燃料推进剂、用于水冲压发动机的水反应金属燃料、用于固液混合火箭发动机的燃料等，既是固体火箭推进剂的拓展和延伸，又是特种发动机用的新型推进剂，已成为固体推进剂拓展研究领域的热点。上述推进剂体系是本书的主要研究对象。

固体推进剂的性能测试和分析涉及化学、材料、力学、工程热物理、仪器等学科，其专业覆盖面广、专业性强；且测试对象为含能材料，测试中可能存在一定的危险性，需要特别的设计。另外，为了适应固体推进剂领域内基础研究和应用基础研究的需要，往往在测试推进剂的常规性能之外，需要分析或表征固体推进剂及其反应产物的形貌、组成，需要探索其反应机理，甚至需要采用计算化学或计算材料学的方法，开展相应的理论计算研究。因此需要借鉴材料、分析化学和计算化学的基本原理，针对固体推进剂性能研究中所关心的问题深入研究。但遗憾的是，目前国内关于含能材料性能测试和分析技术的书籍相对较少。

学以致用是课程教学和教材内容设计的终极目标。为了使研究生在掌握固体推进剂性能测试及分析技术原理的同时，能够科学、灵活地运用这些技术，深入研究固体推进剂的反应过程和反应机理，认识推进剂能量释放过程及贮存过程中的变化本质，本书设计成案例式教材。其特点是在介绍固体推进剂相关性能的测试及分析技术原理后，以本课程建设团队多年的科研经验为基础，合理运用国内相关研究者的部分科研成果，以应用案例的方式说明特定性能测试或分析技术的实际运用，便于研究生对固体推进剂性能测试技术和分析方法的理解和运用。这也是本书进行的一种新尝试。

本书的另一个特点是尽可能体现含能材料领域，尤其是固体推进剂领域研究的最新进展及热点。

本书着重介绍复合固体推进剂能量性能、燃烧性能、力学性能、贮存老化性能、特征信号性能方面的表征参数和测试方法，还涉及含能材料的结构及组成分析、含能材料分子及性能的计算分析等内容。

全书共分 8 章。第 1 章简要介绍复合固体火箭推进剂、特种推进剂的分类及其配方特点。第 2 章主要介绍固体推进剂能量性能表征参数的测试和计算方法。第 3 章主要介绍固体推进剂热分解性能、燃烧性能、燃烧诊断的相关测试及分析技术。第 4 章主要介绍固体推进剂力学性能测试及分析技术，包括力学性能测试、热固性基体特性、填料和基体的表面特性、填料－基体的界面特性表征方法等内容。第 5 章主要介绍固体推进剂贮存老化性能的测试及分析技术，包括老化特性表征、老化机理研究、贮存老化试验和贮存期预估技术等内容。第 6 章主要介绍固体推进剂羽流特征信号的测试技术和计算方法。第 7 章主要介绍含能材料的结构及组成分析技术，包括含能材料的形貌分析、组成分析、晶态及晶态组成分析、基于红外的特征基团分析等内容。第 8 章主要介绍含能材料分子及性能的计算分析，包括含能材料分子结构的计算分析、含能材料的性能计算、分子间相互作用的计算研究等内容。

本书第 1 章、第 2 章、第 3 章和第 7 章由张炜、周星撰写，第 4 章和第 6 章由张炜、鲍桐撰写，第 5 章由鲍桐、张炜撰写，第 8 章由张炜、邓蕾撰写。全书由张炜统稿。

由于作者水平有限，难免有疏漏和不妥之处，敬请读者批评指正。

本书承蒙国防科学技术大学"十二五重点建设—材料工程领域专业学位研究生一流课程体系建设"项目的支持，在此特表感谢。

编著者
2016 年 1 月

目　录

第1章 绪 论

1.1 固体火箭发动机的工作过程

固体火箭发动机主要由燃烧室、推进剂药柱、点火器和喷管四部分组成,如图 1.1 所示[1]。

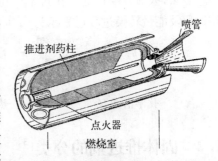

图 1.1 固体火箭发动机结构示意图

燃烧室又称发动机壳体,通常用金属材料或纤维增强聚合物基复合材料制造,是固体推进剂药柱贮存和燃烧的场所。为防止壳体过热失强,通常在壳体和推进剂药柱之间设置隔热、耐烧蚀的绝热层和衬层。

推进剂药柱一般具有特定的几何构型,以保证固体火箭发动机中药柱预定的初始燃面和燃面退移规律。固体推进剂药柱一般采用真空浇注工艺制备。对于端面燃烧药柱,其侧面和头部端面用绝热层限燃后,直接以自由装填的形式放置在燃烧室内。对于内孔燃烧药柱,首先在壳体内表面粘贴绝热层和衬层;待衬层处于半固化状态时,将推进剂药浆浇注于壳体与芯模之间;然后通过化学交联固化而成贴壁浇注式药柱。

点火器工作时提供推进剂点火所需要的热量、高温燃气和炽热的金属颗粒,实现推进剂药柱预制燃面的可靠点火。

喷管是产生推力的关键部件,其功能是以推进剂燃烧产物为工质,实现工质热能向喷气动能的转换。喷管的型面如图 1.2 所示[1],通常它的剖面形状呈收敛-扩张形,中间最狭窄部分称为喉部。在喷管的收敛段,燃气工质处于亚声速加速阶段;当燃烧室压强与喉部压强之比高于一定值时,喉部工质的速度被加速到当地的声速;在喷管的扩张段,燃气工质处于超声速加速阶段。

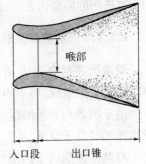

图 1.2 喷管结构示意图

固体火箭发动机的工作过程:在燃烧室内,固体推进剂药柱燃烧,产生大量高温高压燃气;在喷管中,燃气膨胀加速,从喷管出口高速喷出。

固体火箭发动机的能量转换过程:在燃烧室内,通过燃烧,将固体推进剂蕴藏的化学潜能转为燃烧产物的热能,产生高温高压气体;该高温高压气体作为发动机的工质,在喷管中绝热膨胀,将工质的热能转变为喷气动能。工质从喷管出口高速排出,使火箭或导弹获得反向推力,推动导弹(火箭)向前飞行。

显然,火箭发动机的工作过程[2]由燃烧室和喷管两个能量转换系统组成,其工作过程及能量转换过程可表示为

$$推进剂 \xrightarrow[燃烧]{燃烧室} 高温高压燃气 \xrightarrow[膨胀]{喷管} 高速喷流$$

$$化学潜能\ H_p \longrightarrow 热焓\ H_C \longrightarrow 动能\ \frac{1}{2}v_e$$

1.2　固体推进剂的分类[3]

1.2.1　按微观相态划分固体推进剂

按其主要组份之间是否存在相界面,将固体推进剂分为均质推进剂(Homogeneous Propellant)和非均质推进剂(Heterogeneous Propellant)两类。

均质推进剂为均相体系,其典型代表是双基推进剂(Double-base Propellant,DBP)。

非均质推进剂是多相体系,即组份间存在相界面。从材料角度看,非均质推进剂是一种复合材料。其分散相主要以球形颗粒作为填料,主要由氧化剂、金属燃料和含能添加剂组成;其连续相通常由粘合剂预聚物交联而成的热固性树脂和增塑剂构成。非均质推进剂的典型代表是复合固体推进剂(Composite Solid Propellant,CSP)。

1.2.1.1　双基推进剂

双基推进剂主要由硝化纤维素(Nitrocellulose,NC)和硝化甘油(Nitroglycerin,NG)两大组份组成,属于均质固体推进剂。

由于两者均为硝酸酯化合物,相容性好,故硝化纤维素可溶胀在硝化甘油中,形成均相的高分子溶液,降温后固化。

双基推进剂属于热塑性高分子材料,在玻璃态下使用,故其力学性能呈现出高模量、高强度和低伸长率等特征。双基推进剂的比冲较低。

1.2.1.2 复合固体推进剂

复合固体推进剂是含能复合材料,是以橡胶类高分子粘合剂为弹性基体(连续相)、固体氧化剂和金属燃料等为填料(分散相)、并具有一定的化学和力学性能的多相混合物。

从材料的角度看,复合固体推进剂是一种颗粒填充的聚合物基复合材料。从材料的功能和用途看,复合固体推进剂是含能材料。微观上,复合固体推进剂存在固体填料与基体之间的相界面,因此它属于非均质固体推进剂。

复合固体推进剂主要由氧化剂、金属粉和粘合剂等组份混合而成。氧化剂提供燃烧所需要的氧,金属粉和粘合剂作为燃料。氧化剂、金属粉等固体填料分散在粘合剂预聚物和增塑剂等液体组份中,混合成药浆。药浆一般采用真空浇注工艺成型。通过化学交联反应,固化成具有粘弹性力学特征的推进剂药柱,即交联型复合固体推进剂的基体为热固性高分子。

1.2.2 按组份特征划分复合固体推进剂

1.2.2.1 CMDB 推进剂(Composite Metalized/Modified Double-base Propellant)

借鉴复合固体推进剂中添加氧化剂和金属燃料来提高比冲的成功经验,CMDB推进剂以硝化纤维素和硝化甘油为含能粘合剂基体,通过添加氧化剂、含能添加剂(硝胺炸药)和金属燃料等固体填料,较大幅度地提高了双基推进剂的比冲。

CMDB 推进剂配方与其它复合固体推进剂的配方、性能差异如表 1.1 所示。

表 1.1 复合固体推进剂配方特点及比冲

推进剂	CMDB	AP/Al /HTPB	AP/硝胺 /Al/HTPB	NEPE	叠氮	含高能量密度 化合物
氧化剂	AP	AP	AP	AP	AP	ADN/HNF
含能添加剂	RDX/HMX		RDX/HMX	RDX/HMX	CL-20	CL-20 /高氮化合物
金属燃料	Al	Al	Al	Al	Al	AlH₃
惰性粘合剂	—	HTPB	HTPB	PEG/PET	—	—
含能粘合剂	NC				GAP/PBT	GAP/PBT
惰性增塑剂	—	DOS	DOS		—	—
含能增塑剂	NG	—	—	NG/BTTN	硝基/硝酸酯/叠氮	硝基/硝酸酯/叠氮
理论比冲 /((N·s)/kg)	2550~2650	2550~2600	2570~2620	2640~2670	2650~2700	>2750

1.2.2.2　AP/Al/HTPB 三组元推进剂

AP/Al/HTPB 三组元推进剂是目前复合固体推进剂中应用最广泛、成本最低、技术最成熟的经典复合固体推进剂品种。

AP/Al/HTPB 三组元推进剂中 AP(Ammonium Perchlorate)为氧化剂,提供推进剂燃烧所需要的氧;铝粉(Aluminium Powder,Al)为金属燃料,其燃烧时放出大量的热,可显著提高推进剂的爆热和燃烧温度,进而提高推进剂的比冲;端羟基聚丁二烯(Hydroxyl-terminated Polybutadiene,HTPB)为粘合剂预聚物,HTPB 分子中的羟基与固化剂(如异氰酸酯)、交联剂发生交联化学反应,形成具有固定形状和力学性能的高分子粘弹性基体,氧化剂颗粒和金属粉分散在其中。

AP/Al/HTPB 三组元推进剂配方与其它复合固体推进剂配方的差异如表1.1所示。AP/Al/HTPB 三组元推进剂的配方特点:AP 含量在70%左右,Al 含量在16% ~ 18%,HTPB 含量在10%左右,增塑剂通常采用 DOS(癸二酸二辛酯)。

与经典双基推进剂相比,AP/Al/HTPB 三组元推进剂的比冲更高;而且由于 HTPB 分子链卓越的柔顺性,使三组元推进剂的力学性能呈现出橡胶类物质的特性,即较低的抗拉强度和初始弹性模量、较大的伸长率,更适用于壳体结合的大型火箭发动机装药。为了充分发挥该类推进剂橡胶状力学性能的特点,要求推进剂在高弹态下使用,即要求推进剂的玻璃化转变温度足够低。

在燃烧室压强为 7MPa、喷管出口压强为 0.1MPa、喷管出口最佳膨胀的条件下,典型的 AP/Al/HTPB 三组元推进剂能量性能理论计算结果如表1.2所示。

表1.2　几种典型复合固体推进剂配方及能量性能的理论计算结果

推进剂种类	HTPB 三组元推进剂	HTPB 四组元推进剂	NEPE 推进剂
AP/%	70.5	45.5	11.0
HMX/%	0	25.0	48.0
Al/%	18	18	18
粘合剂	HTPB	HTPB	PEG
粘合剂含量/%	11.5	11.5	6
NG/BTTN 含量/%	0	0	9/8
比冲/((N·s)/kg)	2603.99	2628.81	2647.83
特征速度/(m/s)	1592.87	1609.43	1626.44
燃烧温度/K	3592	3381	3704

1.2.2.3 AP/硝胺/Al/HTPB 四组元推进剂

作为固体火箭发动机的能源,固体推进剂发展的主要驱动力是在保证推进剂相容性和安定性前提下不断提高推进剂的能量,具体的技术途径就是尽可能采用含能组份取代现有推进剂配方中的惰性组份。

为提高 AP/Al/HTPB 三组元推进剂的比冲,采用了添加硝胺炸药的技术途径。

在复合固体推进剂中添加硝胺炸药带来的优势:①由于硝胺炸药(如 RDX、HMX 或 CL-20 等)具有正的标准生成焓,添加后可提高推进剂的总焓,从而提高推进剂的比冲;②硝胺部分取代 AP 后,推进剂燃烧产物中 HCl 含量降低,可有效降低发动机羽烟的可见光特征信号。

在推进剂中添加硝胺炸药带来的问题:①由于硝胺炸药的有效氧含量为负值,不能作为氧化剂使用,仅起含能添加剂的作用,只能部分取代 AP。因此,在四组元推进剂中,硝胺炸药的含量不能过高,一般添加量在 20% 左右;②硝胺炸药引入推进剂配方带来的高感度问题;③硝胺炸药引入推进剂后,出现新的弱界面——硝胺-HTPB 界面,限制了该类推进剂力学性能的提高,需要设计新的键合剂。

AP/硝胺/Al/HTPB 四组元推进剂配方与其它复合固体推进剂配方的差异如表1.1 所示。AP/硝胺/Al/HTPB 四组元推进剂的配方特点是:AP 含量在 50% 左右,硝胺含量在 20% 左右,Al 含量在 16% ~ 18% ,HTPB 含量在 10% 左右,增塑剂通常采用 DOS(癸二酸二辛酯)。

在燃烧室压强为 7MPa、喷管出口压强为 0.1MPa、喷管出口最佳膨胀的条件下,典型的 AP/HMX/Al/HTPB 四组元推进剂能量性能理论计算结果如表 1.2 所示。

1.2.2.4 NEPE 推进剂

NEPE 推进剂,即硝酸酯增塑的聚醚聚氨酯推进剂(Nitroester Plasticized Polyether Propellant)。

NEPE 推进剂配方与其它复合固体推进剂配方的差异如表 1.1 所示。

该类推进剂配方的特点:①增塑剂的含能化。在四组元推进剂的基础上,借鉴双基推进剂的组成特点,采用大量液态硝酸酯(如 NG)或混合硝酸酯(如 NG/BTTN,1,2,4 - 丁三醇三硝酸酯)作含能增塑剂,显著提高了推进剂的比冲。②粘合剂预聚物极性化。考虑到与硝酸酯的相容性,NEPE 推进剂采用聚醚聚氨酯粘合剂,如聚乙二醇(PEG)或环氧丙烷-四氢呋喃共聚物(PET)作粘合剂;同时,聚醚聚氨酯粘合剂的引入提高了粘合剂分子中的氧含量,故该类推进剂对氧化剂的需求量降低。③采用含能添加剂——硝胺炸药。该推进剂的固体填料主要为高氯酸铵（AP）、硝胺炸药（HMX 或 RDX）和铝粉（Al）。④高增塑比。为把含能硝酸酯增塑剂对提高推进剂能量的贡献最大化，该推进剂采用了大增塑比（增塑剂与粘合剂的质量比）的方案，一般增塑比在 3 左右，而 HTPB 推进剂的增塑比仅为 0.3 ~ 0.4。⑤低固含量。由于该推进剂的粘合剂和增塑剂中氧含量显著高于 HTPB/DOS 粘合剂体系，故其固含量显著降低，一般在 80% 左右，有利于推进剂的工艺性能。

NEPE 推进剂配方的缺点：①燃速压强指数高。这是该类推进剂引入较高含量的硝酸酯和硝胺炸药所致。②高温抗拉强度低。由于该类推进剂中液态增塑剂的含量数倍于粘合剂预聚物，导致基体的交联密度降低；另外，该推进剂的固含量显著低于 HTPB 推进剂，填料的补强作用也有限。上述两种因素直接导致了推进剂高温抗拉强度的降低。③感度高，属 1.1 级危险品，即具有整体爆轰危险性。这也是该类推进剂中硝酸酯和硝胺炸药含量较高所致。

NEPE 推进剂突破了双基和复合推进剂在组成上的界限，集两类推进剂提高能量的技术途径精华于一体，在能量性能方面超过了目前固体火箭发动机中使用的各种固体推进剂，是现役导弹推进剂中能量最高的一种推进剂。

在燃烧室压强为 7MPa、喷管出口压强为 0.1MPa、喷管出口最佳膨胀的条件下，典型的 NEPE 推进剂能量性能理论计算结果如表 1.2 所示。表中数据表明，由于组份的含能化，NEPE 推进剂的燃烧温度显著高于 HTPB 三组元和 HTPB 四组元推进剂，其比冲和特征速度也明显高于 HTPB 推进剂。

1.2.2.5　叠氮粘合剂推进剂

分析 NEPE 推进剂配方可以发现，其粘合剂仍为惰性粘合剂。因此，在 NEPE 推进剂配方基础上，采用含能的叠氮粘合剂取代惰性的 PEG 或 PET，可以进一步提高推进剂的比冲。通过配方的适应性调整，就构成了叠氮粘合剂推进剂。

目前，常用的叠氮粘合剂包括 GAP（叠氮缩水甘油醚）及 PBT——3,3-双（叠氮甲基）氧杂环丁烷（BAMO）和四氢呋喃（THF）的共聚物。含能增塑剂可以选用 NEPE 推进剂的混合硝酸酯，也可以在考虑相容性的前提下，采用含叠氮基的含能增塑剂或同时含叠氮基、硝酸酯基的混合含能增塑剂。

叠氮粘合剂推进剂配方与其它复合固体推进剂配方的差异如表 1.1 所示。

典型含叠氮粘合剂的推进剂配方及能量性能的理论计算值如表 1.3 所示。

表 1.3 典型叠氮粘合剂推进剂配方及能量性能的理论计算值

推进剂种类	配方/%			比冲 /((N·s) /kg)	特征速度 /(m/s)	燃烧室温度 /K
	GAP	CL-20	Al			
叠氮粘合剂推进剂	13.33	73.33	13.34	2699.10	1666	3760

与表 1.2 中数据对比可知，GAP 推进剂的比冲比 HTPB 四组元推进剂高 70N·s/kg 左右，比 NEPE 推进剂高 50N·s/kg 左右。

1.2.2.6 含高能量密度物质推进剂

前已述及，提高推进剂能量的技术途径就是尽可能采用含能组份取代现有推进剂配方中的惰性组份。含能组份也称为高能量密度物质(High Energy Density Material,HEDM)，即高能和高密度，高能的热力学标志就是具有正的标准生成焓。

高能氧化剂方面，当前研究的热点是 ADN(二硝酰胺铵)和 HNF(硝仿肼)。与 AP 相比，ADN 和 HNF 的优势：①尽管两者的标准生成焓仍为负值，但显著高于 AP，属高能氧化剂；②两者分子中均不含卤素，故其推进剂燃烧产物中没有由 HCl 和水形成的白色烟雾，可见光波段的特征信号显著降低，特别适用于低特征信号推进剂配方。但解决 ADN 的吸湿性和球形化技术、高纯度 HNF 的工业化安全制备仍是两者应用的主要障碍。

含能添加剂方面，当前研究的热点是 CL-20(六硝基六氮杂异伍兹烷)的工程化应用，以呋咱、四唑和四嗪为母环的高氮化合物研制；潜在的含能添加剂有八硝基立方烷等。在有效降低生产成本的前提下，当前研究工作主要集中于 CL-20 在推进剂和混合炸药中的工程化应用。以呋咱、四唑和四嗪为代表或母环的高氮化合物，具有标准生成焓高(通常为正值)、钝感及热稳定性好(环中为共轭离域 π 键)、分子自身氧化还原反应的需氧量低(分子中氮原子含量高、碳氢含量低)、密度高(张力环结构)等优点，已成为高能量密度化合物的有力竞争者。

高能燃料方面，研究的热点是硼的高效燃烧、AlH_3(三氢化铝)的合成与应用、储氢合金等。

含能粘合剂方面，研究的热点是 GAP(聚叠氮缩水甘油醚)和 PBT(BAMO 与 THF 共聚物)等叠氮粘合剂、氟胺粘合剂等。

含能增塑剂方面，除硝酸酯增塑剂外，与各种含能粘合剂匹配，也研制了形形色色的含叠氮基、硝基及多种含能基团共存的混合增塑剂。

含高能量密度物质推进剂与其它复合固体推进剂配方的差异如表 1.1 所示。

1.2.3 按用途划分复合固体推进剂

低特征信号、钝感和灵活的能量控制是 21 世纪固体推进剂发展的三大目标。

1.2.3.1 高能固体推进剂

1.2.2 节中所涉及的推进剂均属于高能推进剂的范畴,其配方的典型特征是氧化剂采用高氯酸铵、铝粉含量为 15% ~ 20%。

显然,此处所谓的高能推进剂是与低铝粉含量、低高氯酸铵含量的低特征信号推进剂相比较而言的。这类推进剂主要满足发动机对高比冲的要求,但带来的问题是特征信号强。

1.2.3.2 低特征信号推进剂

低特征信号推进剂是一种具有少烟或微烟特征的复合固体推进剂。

随着导弹预警卫星和反导技术的发展,对导弹及其发动机提出了可靠制导、精确打击和有效隐身等要求,这就需要发动机配备低特征信号推进剂,以降低发动机排气羽流的特征信号。发动机排气羽流的特征信号主要包括烟、辐射能的散发、能见度(视程/能见距离)、雷达波/激光吸收等。

降低推进剂特征信号的主要技术途径[4]如下:

(1) 合理设计推进剂的氧平衡,以提高推进剂燃烧的完全程度。

(2) 不用或少用铝粉,以降低一次烟中 Al_2O_3 的含量。一般少烟推进剂配方中铝粉含量低于 10%,微烟推进剂的铝粉含量低于 5%。

(3) 降低推进剂配方中高氯酸铵的含量,以降低二次烟中 HCl 的含量。可采用添加硝胺部分取代 AP、使用无氯氧化剂——AN(Ammonium Nitrate,硝酸铵)、ADN(Ammonium Di-nitramide,二硝酰胺铵)或 HNF(Hydrazinium Nitro-formate,硝仿肼)等方式。

(4) 降低推进剂中金属燃速催化剂的含量,以降低一次烟中金属氧化物的含量。

(5) 加入少量钾盐作为推进剂燃烧产物后燃的抑制剂,以控制后燃的发生。

(6) 加入少量电子捕获剂(如 $PbCrO_4$ 或 MoO_3 等),以减少羽流对雷达波的衰减。

综上所述,低特征信号进剂配方具有低 AP 含量、低铝粉含量的特点,但这也带来比冲低于高铝粉含量推进剂等问题。

1.2.3.3 低易损推进剂

低易损推进剂是一种安全性良好的复合固体推进剂。

弹药的易损性是指在受到外界激源(热、机械)作用时,弹药的危险性响应和二次损害作用。采用低易损性推进剂是解决固体火箭发动机低易损性的关键。

推进剂的低易损性通过美国军用标准 MIL-STD-2105C 规定的相关试验来评价。满足低易损性要求的推进剂应具备如下特点:

(1) 推进剂的危险等级不高于 1.3 级。

(2) 推进剂需通过慢速烤燃、快速烤燃、子弹撞击、碎片撞击、聚能射流冲击、热碎片撞击、殉爆等 7 项低易损性试验,其中慢速烤燃、快速烤燃、子弹撞击和碎片撞击试验为基本低易损性试验。通过慢速烤燃、快速烤燃、子弹撞击和碎片撞击试验的标准为不产生比燃烧更严重的响应,而通过聚能射流冲击、殉爆试验的标准为不产生比爆炸更严重的响应。

HTPB 推进剂不能通过慢速烤燃试验。NEPE 推进剂不能通过殉爆试验。

实现推进剂的低易损性主要靠满足相关要求的组份选择入手,除填料(氧化剂和含能添加剂)选择外,粘合剂体系的选择也很重要。就目前研究现状而言,满足低易损性推进剂要求的技术途径有:

(1) HTPE 推进剂。HTPE 即端羟基聚醚。HTPE 推进剂具有氧含量高、本体熔融温度低、电导率高、极性较大等优点,有利于降低 AP 的含量。

(2) HTCE 推进剂。HTCE 即端羟基聚酯。与 HTPE 类似,其高的氧含量有助于降低 AP 的含量。

1.2.3.4　燃气发生剂

燃气发生剂是一种产生大量气体的特种固体推进剂,用于燃气发生器。在军用燃气发生器中,通过燃烧或热分解,燃气发生剂将其化学潜能转化为热的气态工质,驱动辅助动力装置。

按用途不同,燃气发生器可分为如下几类:

(1) 高度还原性燃气发生器,用于产生可燃气体,进一步通过补燃室使富燃燃气与空气中的氧气进行二次燃烧。这类燃气发生器主要用于固体火箭冲压发动机中的固体燃气发生器。

(2) 热燃气发生器。产生的燃气主要用于启动动力装置、弹射、产生推力等,如启动液体火箭发动机中涡轮泵、导弹垂直发射的弹射、军用飞机飞行员应急弹射、鱼雷点火器启动、汽车安全气囊的气源、导弹/火箭的推力矢量控制等。

上述各种燃气发生剂的配方与固体推进剂类似,既可以采用均质固体推进剂,也可以采用复合固体推进剂。

除具备固体推进剂的某些性能外,燃气发生剂还应具有如下特殊的性能[5]:

(1)燃烧温度低。燃气发生剂的燃温一般为800~1900℃,但一般要求其燃温在1000℃以下,以保护辅助动力装置的结构完整性。

(2)燃气少烟,低/无残渣,洁净,腐蚀性小。

(3)成气量大,即其比容要大,有利于提高其做功能力。

(4)燃速满足使用要求。不同用途的燃气发生器,对燃气发生剂的燃速即工作时间要求不同。长期工作的燃气发生器要求燃气发生剂低燃速,而弹射用燃气发生器要求燃气发生剂具有高燃速。

为满足少烟、低腐蚀性要求,燃气发生剂的氧化剂应该不用或少用AP,如采用相稳定硝酸铵(PSAN)或其它无卤氧化剂,也可能添加部分硝胺或高氮化合物。

为满足低残渣要求,燃气发生剂配方中不添加铝粉。

为满足低燃温要求,燃气发生剂配方中要添加同时具备吸热、成气功能的添加剂,如二羟基乙二肟(DHG)和草酰胺(OA)等。

1.2.3.5　富燃料推进剂

严格意义上讲,富燃料推进剂也是一种燃气发生剂,用于固体火箭冲压发动机。典型的整体式固体火箭冲压发动机如图1.3所示[6]。

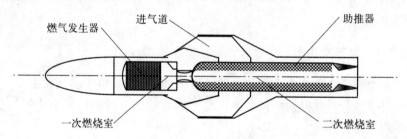

图1.3　整体式固体火箭冲压发动机示意图

整体式固体火箭冲压发动机以富燃料推进剂为装药的燃气发生器作为一次燃烧室;二次燃烧室即冲压补燃室,与固体助推器共用一个燃烧室。其工作过程是:导弹发射后,首先由助推器强大的推力,迅速将导弹加速至冲压发动机能够正常工作的转级马赫数;然后通过转级机构,将进气道堵盖打开,冲压空气通过进气道减速增压后进入补燃室,同时点燃燃气发生器,冲压发动机开始工作;由富燃料推进剂一次燃烧产生的高温富燃燃烧产物进入冲压补燃室,与由进气道进入的空气掺混燃烧,即二次燃烧,生成的燃气从补燃室喷管高速喷出产生推力,使导弹超声速飞行。

富燃料推进剂主要由氧化剂和燃料组成,其中燃料包括粘合剂和金属粉。在燃气发生器中氧化剂和粘合剂反应后,产生足够热量维持富燃料推进剂的一次燃烧,将富燃的高温粘合剂碎片及金属颗粒送到冲压补燃室,进行二次燃烧。而金属的作用则是通过燃烧放热,提高推进剂的能量。

由于富燃料推进剂二次燃烧所用的氧来自于空气,因此在维持推进剂自热稳定燃烧(一次燃烧)的前提下,富燃料推进剂配方中的氧化剂大部分可为燃料取代。富燃料推进剂与复合固体推进剂的基本配方如表 1.4 所示。

表 1.4 富燃料推进剂与复合固体推进剂的基本配方[6]

推进剂种类	氧化剂/%	金属粉/%	粘合剂体系/%
富燃料推进剂	25 ~ 45	25 ~ 45	20 ~ 30
复合固体推进剂	60 ~ 90	0 ~ 22	8 ~ 15

从表 1.4 中数据可以看出,与复合固体推进剂相比,富燃料推进剂的氧化剂含量大大降低,金属燃料含量显著增加,粘合剂含量也有所增加。

相对于传统碳氢类燃料,金属燃烧能释放出更多的热量,因而常作为推进剂的高能燃料,如用镁、铝、镁铝合金、硼等来提高推进剂的能量。

对 40% AP/40% 金属燃料/20% HTPB 的富燃料推进剂进行热力学计算,计算条件为:飞行马赫数为 2.0,飞行高度为 0.0km(海平面),进入补燃室的空气总温为 573.0K,补燃室压强为 0.57MPa,环境压强和喷管出口压强均为 0.10MPa。计算得到不同类型富燃料推进剂的比冲和补燃室温度,计算结果见表 1.5。

表 1.5 不同类型富燃料推进剂的热力学计算结果[6]

金属燃料	空燃比	比冲/((N·s)/kg)	补燃室温度/K
B	15	9880	1858
Al:Mg = 1:1	10	7063	2022

表 1.5 中数据表明,含硼高能富燃料推进剂的比冲明显高于铝镁中能富燃料推进剂。但铝镁富燃料推进剂因良好的点火和燃烧性能也得到了较多的研究和应用。

硼的理论热值固然很高,但其燃烧热值的实际释放存在很多困难:由于硼颗粒本身的熔点、沸点和点火温度较高,同时硼颗粒被燃烧过程中产生的、粘性很强的液态硼氧化物所包围,阻碍了硼与氧化剂之间的反应,使得硼颗粒的点火、燃烧难以持续进行,从而导致含硼富燃料推进剂燃烧不充分,燃烧效率低,不能充分发挥硼的高能量特点。另外,在推进剂中硼的含量不能太高,一般限制在 45% 以下,因为含量过高不利于提高燃气发生器中富燃料推进剂的一次喷射效率,而且工艺上也很难实现,需要采用团聚硼颗粒解决上述问题。

1.2.3.6　固液发动机用燃料

固液发动机用燃料用于固液混合火箭发动机。

固液混合火箭发动机是介于液体和固体火箭发动机之间的一种推进系统。其液体氧化剂系统类似于液体火箭发动机的氧化剂系统,固体燃料药柱、燃烧室壳体、喷管等与固体火箭发动机中的相应部件类似。

固液混合火箭发动机具有安全性高、可靠性高、成本低、比冲较高、可多次关机再启动、推力可调节、环境无污染等特点,已成为目前火箭推进系统的一个发展方向和热点,是液体和固体火箭发动机的重要竞争者。

图1.4为固液混合火箭发动机示意图。发动机工作时,液体氧化剂经喷注器雾化后流进固体燃料药柱通道;在点火器燃烧产物及氧化剂/燃料燃烧产物的加热作用下,固体燃料开始分解;固体燃料的分解产物与氧化剂在装药通道中掺混燃烧,燃烧产物流经喷管向外喷出,进而产生推力[7]。

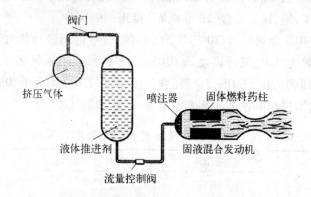

阀门

挤压气体

喷注器　　固体燃料药柱

液体推进剂　　　固液混合发动机

流量控制阀

图1.4　固液混合火箭发动机示意图[8]

固液混合火箭发动机中,当前使用最多的固体燃料是端羟基聚丁二烯(HTPB)。HTPB预聚体被广泛用作复合固体固体推进剂的基体,其分子两端带有 - OH 官能团,与异氰酸酯固化剂进行交联反应,形成三维网络结构。在发动机工作产生的高温环境下,固化的 HTPB 可维持燃料药柱的结构完整性。

最早将 HTPB 作为固体燃料的研究出现在20世纪60年代。2004年成功发射的"太空船"1号使用的燃料就是 HTPB。

虽然 HTPB 被广泛用作固体燃料,但其缺点是不能快速分解燃烧,燃面退移速率低于 1.0mm/s。

石蜡为物性类似于戊烷、而常温下为固态的物质。高温下石蜡易汽化或分解，故石蜡基固体燃料的燃面退移速率比 HTPB 基固体燃料要高得多。

1.2.3.7 水反应金属燃料

水反应金属燃料用于水冲压发动机。

利用"超空泡"减阻技术和水冲压发动机的超高速鱼雷航行速度可达到 200kn（100m/s）以上，是常规鱼雷航速的 4~5 倍。图 1.5 为一种超高速鱼雷的结构示意图[9]。

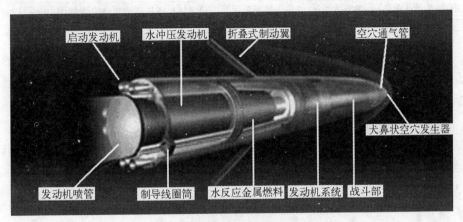

图 1.5 超高速鱼雷结构示意图

水冲压发动机是一种新型的动力装置，其工作过程包括海水冲压、水流量调节控制、海水雾化与蒸发、水反应金属燃料自持燃烧、水与燃料自持燃烧产物的湍流掺混、燃料自持燃烧产物与水反应等物理化学过程。

在水冲压发动机内，燃料经历自持燃烧、与水反应两个能量释放过程[10]：①在外界点火能量的激励下，水反应金属燃料点火，并自热维持燃烧，放出热量，并生成含有大量凝相金属微粒和气态金属的高温富燃燃烧产物，在发动机内形成高温高压工作环境；②自持燃烧产物与外界冲压射入的水或水蒸汽发生反应，放出大量的热，进一步提高发动机燃烧室温度，放出热量；③过量的水吸热转变为水蒸汽，增加发动机的工质；④燃烧产物及水蒸汽经喷管膨胀，高速排出做功产生推力，实现水下航行器在水中的高速航行。

表 1.6 为不同推进剂体系的主要能量释放反应及能量特性[11]。

表 1.6　不同推进剂的主要能量释放反应及能量特性

类型	主要能量释放化学反应	$Q_m/(\text{kJ/g})$	$Q_v/(\text{kJ/cm}^3)$
金属	$Al(s) + 3/2H_2O(l) \rightarrow 1/2Al_2O_3(s) + 3/2H_2(g)$	15.15	40.91
	$Zr(s) + 2H_2O(l) \rightarrow ZrO_2(s) + 2H_2(g)$	5.76	37.38
	$Mg(s) + H_2O(l) \rightarrow MgO(s) + H_2(g)$	13.34	23.21
	$Li(s) + H_2O(l) \rightarrow LiOH(s) + 0.5H_2(g)$	28.61	15.16
固体火箭推进剂	$16\% Al + 73\% AP + 11\% HTPB \rightarrow$ 产物	5.38	9.00
液体火箭推进剂	$8\% N_2H_4 + 72\% N_2H_5NO_3 + 20\% H_2O \rightarrow$ 产物	6.06	8.31
丙烷 + 氧气	$C_3H_8 + 5O_2 \rightarrow 3CO_2 + 4H_2O$	9.94	6.52

注:Q_m 为等压爆热;Q_v 为密度爆热(也称体积热值),为单位体积燃料燃烧放出的热量;$Q_v = \rho \cdot Q_m$,ρ 为推进剂密度

由表 1.6 中数据可以看出,单位质量或体积的推进剂中,金属/水体系反应的放热量均高于固体火箭推进剂,特别是 Al/H_2O 和 Mg/H_2O 体系的密度爆热是典型固体火箭推进剂的 3~4 倍,因此水反应金属燃料配方中的金属燃料主要用 Al 或 Mg。

水冲压发动机所采用的水反应金属燃料由金属、氧化剂、粘合剂和添加剂等组成。与常规火箭推进剂和空气冲压发动机用富燃料推进剂相比,水反应金属燃料的特点是氧化剂含量更低、金属含量更高,金属含量是常规固体火箭推进剂金属含量的 3 倍以上。

1.3　对固体推进剂的基本要求

固体推进剂的性能主要包括能量性能、燃烧性能、力学性能、工艺性能、贮存老化性能、安全性等。

导弹对固体推进剂的基本要求[12]主要包括:

(1)能量高,即比冲和密度高。

(2)良好的燃烧性能,即燃烧稳定,燃速调节范围宽,对压强和温度敏感性小。

(3)在使用温度下具有良好的力学性能,即在 -45~50℃ 范围内,具有较高的抗拉强度、高的伸长率和低的玻璃化温度。

(4)具有良好的物理、化学安定性,即在贮存、运输和使用过程中性能稳定,有较长的贮存期。

(5)对热和机械作用的敏感性小,便于生产、运输和使用。

(6)价格低廉。

　　显然,要使推进剂同时满足上述性能指标要求,存在很大的难度。对固体推进剂的性能表征和调节是推进剂研究者的主要工作之一。

参 考 文 献

[1] A·达维纳.固体火箭推进剂技术[M].张德雄,姚润森,等译.北京:中国宇航出版社,1997.

[2] 张炜,朱慧.固体推进剂性能计算原理[M].长沙:国防科技大学出版社,1996.

[3] 张炜,鲍桐,周星.火箭推进剂[M].北京:国防工业出版社,2014.

[4] 庞爱民.固体火箭推进剂理论与工程[M].北京:中国宇航出版社,2014.

[5] 谭惠民.固体推进剂化学与技术[M].北京:北京理工大学出版社,2015.

[6] 高东磊.含硼富燃料推进剂一次燃烧性能研究[D].长沙:国防科技大学,2009.

[7] 方丁酉.固体火箭发动机内弹道学[M].长沙:国防科技大学出版社,1997.

[8] Venugopal K, Rajesh K, Ramanujachari. Hybrid rocket technology[J]. Defence Science Journal, 2011, 61(3): 193-200.

[9] 李是良.水冲压发动机用镁基水反应金属燃料一次燃烧性能研究[D].长沙:国防科技大学,2009.

[10] 张炜,张为华,周星,等.镁基水反应金属燃料[M].北京:国防工业出版社,2013.

[11] 李芳,张为华,张炜.水反应金属燃料能量特性分析[J].固体火箭技术,2005,28(4):256-259.

[12] 侯林法,等.复合固体推进剂[M].北京:宇航出版社,1994.

第2章 固体推进剂的能量性能

2.1 氧化剂与燃料含量的比值

在固体火箭发动机的燃烧室中,通过燃烧即氧化还原反应,固体推进剂将其化学潜能转化为燃烧产物的热能。就这个热力学过程而言,确定其始态——推进剂的组成(假想化学式)和化学潜能是必要的。

另外,固体推进剂的燃烧和能量释放是一种自供氧、自热维持的爆燃过程,显然,推进剂的氧化剂与燃料含量的比值对其能量性能发挥和燃烧性能调节均具有重要的影响。

2.1.1 假想化学式

2.1.1.1 定义

推进剂是火箭发动机的能源,也是其系列能量释放反应的起点。明确其组成是研究推进剂反应必要的信息。

固体推进剂是由多种组份组成的混合物,因此在计算推进剂中氧化剂与燃料含量的比值、热力学计算时均需要知道推进剂的元素组成。

假想化学式是单位质量(1kg)推进剂中各组成元素的物质的量,即把1kg推进剂看成一个化合物时的元素组成。

固体推进剂假想化学式的主要用途:①用于推进剂能量性能热力学计算中的质量守恒方程。燃烧过程中推进剂质量守恒方程的物理意义是:对于单位质量(1kg)的推进剂,其中每一种元素在燃烧前(推进剂)、燃烧后(燃烧产物)的物质的量是不变的。在燃烧前,推进剂中每一种元素的物质的量就来源于推进剂的假想化学式。②用来计算推进剂配方中氧化剂与燃料含量的比值参数,如氧平衡等。

2.1.1.2 计算原理

在已知推进剂配方(各组份的质量分数及分子式)的前提下,可以计算该推进剂的假想化学式。

当某推进剂由 C、H、O、N、Cl 和 Al 六种元素组成时,假设 $j = 1, 2, \cdots, 6$ 分别代表 C、H、O、N、Cl 和 Al 六种元素,推进剂中第 i 组份的分子式为

$$C_{A_{i,1}} H_{A_{i,2}} O_{A_{i,3}} N_{A_{i,4}} Cl_{A_{i,5}} Al_{A_{i,6}}$$

若该组份的分子量为 M_i,1kg 第 i 组份的假想化学式为

$$C_{a_{i,1}} H_{a_{i,2}} O_{a_{i,3}} N_{a_{i,4}} Cl_{a_{i,5}} Al_{a_{i,6}}$$

则有

$$a_{i,j} = \frac{1000}{M_i} A_{i,j} \qquad (j = 1, 2, \cdots, 6) \tag{2.1}$$

设 1kg 推进剂的假想化学式为

$$C_{b_1} H_{b_2} O_{b_3} N_{b_4} Cl_{b_5} Al_{b_6}$$

则有

$$b_j = \sum_{i=1}^{N} w_i a_{i,j} \qquad (i = 1, 2, \cdots, N, j = 1, 2, \cdots, 6) \tag{2.2}$$

式中:w_i 为推进剂配方中第 i 组份的质量分数;N 为推进剂配方中的组份数。

2.1.1.3　应用案例

某推进剂的配方如表 2.1 所示。

表 2.1　某推进剂的配方

组份	AP	Al	HTPB
分子式	NH_4ClO_4	Al	$HO-(-CH_2-CH=CH-CH_2-)_{55}-OH$
质量分数	0.70	0.18	0.12

AP 的分子式为 NH_4ClO_4。依据上述计算方法,由式(2.1)计算得到单位质量 (1kg) AP 的假想化学式为

$$H_{34.0426} O_{34.0426} N_{8.5106} Cl_{8.5106}$$

同理,可以计算得到其它组份(铝粉和 HTPB)的假想化学式。进一步依据表 2.1 给出的推进剂配方,由式(2.2)计算得到该推进剂的假想化学式为

$$C_{8.7883} H_{37.0921} O_{23.9097} N_{5.9574} Cl_{5.9574} Al_{6.6667}$$

2.1.2　氧平衡

2.1.2.1　定义

固体推进剂中氧化剂与燃料含量的比值对推进剂的性能发挥影响显著。首先,

由燃烧理论可知,若推进剂极端富氧或富燃,即使在很高的环境压强和环境温度下,推进剂也无法点燃或稳定燃烧,即推进剂配方应该具有合理的氧化剂与燃料含量的比值。其次,合理设计推进剂配方中氧化剂与燃料含量的比值,是推进剂达到最高比冲的基本保障。第三,氧化剂与燃料含量的比值对推进剂的燃烧性能影响很大。在负氧平衡的前提下,推进剂的氧化剂与燃料含量比值越接近其理论化学计量比,推进剂燃烧时的放热量越大,推进剂的燃速也越高。因此,在不显著影响推进剂能量性能的前提下,通过调节推进剂配方中氧化剂与燃料含量的比值,也可以调节推进剂的燃速。

固体推进剂完全燃烧时,氧化剂与燃料的含量比值通常用氧平衡表示。

氧平衡(Oxygen Balance,OB):单位质量(1kg)推进剂中所含的氧用于完全氧化可燃元素后,推进剂中多余或不足的氧量。

在固体推进剂中,常见的可燃元素包括碳氢燃料(C、H)和 Al 等金属燃料。完全氧化是指上述可燃元素的氧化产物为各自的完全氧化产物,即完全氧化是指 C 氧化成 CO_2、除生成 HCl 外多余的 H 氧化成 H_2O、金属氧化成其稳定氧化物(如 Al 氧化成 Al_2O_3),N 元素不参与燃烧即 N 生成 N_2。因此,按上述定义得到的氧平衡也称为二氧化碳平衡。

氧平衡为负值时,推进剂的燃烧处于贫氧燃烧状态;氧平衡为零时,即达到推进剂氧化还原反应的理论化学计量比,此时燃烧反应完全,放热量最大;氧平衡为正值时,推进剂处于富氧燃烧状态。

为使推进剂的比冲最大,推进剂配方要设计成具有一定负氧平衡的状态,此时推进剂的燃温较高,且气态燃烧产物的平均分子量也处于较低的水平,即两者的比值最大。

从燃烧性能角度看,推进剂的氧平衡达到零氧平衡时,燃烧放热值和燃烧温度最大,推进剂的燃速也高。即在负氧平衡状态下,提高氧平衡即增加氧化剂含量,有助于提高推进剂的燃速。

2.1.2.2 计算原理

当已知推进剂的假想化学式时,单位质量推进剂中的氧含量为

$$x_0 = 16b_3 \tag{2.3}$$

式中:16 为氧的原子量。

推进剂完全燃烧时,可燃元素的需氧量为

$$x_1 = 16\left[2b_1 + \frac{1}{2}(b_2 - b_5) + \frac{3}{2}b_6\right] \tag{2.4}$$

则推进剂的氧平衡为

$$OB = \frac{x_0 - x_1}{1000} \times 100\%\qquad\qquad(2.5)$$

2.1.2.3　应用案例

某推进剂的假想化学式为

$$C_{8.7883}H_{37.0921}O_{23.9097}N_{5.9574}Cl_{5.9574}Al_{6.6667}$$

由式(2.5),可计算得到该推进剂的氧平衡为 -30.77%。

2.1.3　O/F 比

2.1.3.1　定义

O/F 比:不完全氧化条件下,推进剂中氧含量与可燃元素需氧量的比值。

不完全氧化(也称为一氧化碳平衡)是指 C 氧化成 CO、除生成 HCl 外多余的 H 生成 H_2、金属氧化成其稳定氧化物(如 Al 氧化成 Al_2O_3),氮元素不参与燃烧即 N 生成 N_2。

前已述及,在推进剂配方设计时,氧平衡为零是氧化剂添加量的上限。那么,如何确定推进剂中氧化剂/燃料含量比值的下限呢?

首先,应该分析推进剂中严重缺氧的后果。当推进剂严重缺氧时,即氧平衡负得很多或 O/F 比远小于 1 时,意味着氧化还原反应程度很低。尽管此时气态燃烧产物的平均分子量很低,但反应放热值小,燃烧温度低,导致推进剂的比冲也小;另外,严重的不完全燃烧可能会引发推进剂的燃烧稳定性差、黑色烟雾大等问题,极限情况下会导致推进剂的熄火。

大量实践经验表明,在固体火箭推进剂的配方设计时,O/F 比不能小于 1.1。换言之,在固体推进剂配方设计时,从高的能量性能和好的燃烧性能两方面综合考虑,推进剂中氧化剂与燃料含量的比值应该设计在 O/F 比为 1 以上(高于一氧化碳平衡)、低于零氧平衡(完全燃烧的理论化学计量比)之间。

2.1.3.2　计算原理

已知推进剂的假想化学式,推进剂不完全燃烧时,可燃元素的需氧量为

$$x_2 = 16\left(b_1 + \frac{3}{2}b_6\right)\qquad\qquad(2.6)$$

则推进剂的 O/F 比为

$$O/F = \frac{x_0}{x_2} \tag{2.7}$$

2.1.3.3　应用案例

某推进剂的假想化学式为

$$C_{8.7883} H_{37.0921} O_{23.9097} N_{5.9574} Cl_{5.9574} Al_{6.6667}$$

由式(2.7)，可计算得到该推进剂的 O/F 比为 1.2726。

2.2　化学潜能及燃烧反应的热效应[1]

2.2.1　推进剂的总焓

2.2.1.1　定义

推进剂的总焓即单位质量(1kg)推进剂具有的化学潜能，是发动机中推进剂能量转换的起点。

作为能源材料，其化学潜能的高低是核心、关键技术指标。对于固体推进剂而言，同样如此。推进剂的总焓就是推进剂化学潜能的度量，也是推进剂和发动机能量发挥的最大值。推进剂的总焓越大，推进剂的化学潜能越高，其理论比冲也越高。因此，推进剂总焓的计算至关重要。

2.2.1.2　计算原理

对于混合物而言，其总焓取决于其中各组份的化学潜能和含量。

在给定推进剂配方和初温 T_0 的条件下，单位质量(1kg)推进剂的总焓可由下式计算

$$H_p = \sum_{i=1}^{N} \frac{1000 \times w_i}{M_i} H_i(T_0) \tag{2.8}$$

式中：$H_i(T_0)$ 为推进剂中第 i 组份在初温 T_0 时的摩尔焓，J/mol，由下式计算

$$H_i(T_0) = \Delta H_{f,i}^{\theta} + \int_{298}^{T_0} C_{p,i} dT \tag{2.9}$$

式中：$\Delta H_{f,i}^{\theta}$ 为第 i 组份的标准生成焓，J/mol；$C_{p,i}$ 为该组份的定压热容比，J/(mol·K)。

为了计算方便，通常设推进剂的初温为 298K。此时，第 i 组份在初温 T_0 时的摩尔焓就是该物质的标准生成焓。

2.2.1.3　应用案例

某推进剂的配方及其组份的标准生成焓如表2.2所示。

表2.2　某推进剂的配方及组份的标准生成焓

组份	AP	Al	HTPB		
分子式	NH_4ClO_4	Al	$HO-(-CH_2-CH=CH-CH_2-)_{55}-OH$		
质量分数	0.70	0.18	0.12		
标准生成焓/(kJ/mol)	−290.2	0	−401.2		

当推进剂的初温为298K时,依据上述计算原理,由式(2.8)和表2.2中相关数据,计算该推进剂的总焓为 −1744.88kJ/kg。

2.2.2　爆热

2.2.2.1　定义

在298K或其它标准温度下,单位质量(1kg)固体推进剂变成相同温度下的爆发(爆燃)产物过程中所放出的热量称为爆热。此时,定义要求该温度下推进剂燃烧产物的物态与燃烧时的物态一致,即 H_2O 和 Al_2O_3 均为气态。

按测试条件的不同,爆热又分为定容爆热和定压爆热。因推进剂在发动机燃烧室中的燃烧为等压过程,故推进剂采用定压爆热。

根据定义,爆热是在自供氧、自热维持燃烧条件下推进剂燃烧所放出的热量。爆热是推进剂放热能力的重要表征参数之一。在绝热条件下,推进剂的爆热与其平衡燃烧温度呈线性正比例关系,即爆热越高,燃烧温度也越高。

显然,用发动机地面试车数据来评价推进剂的能量性能成本太高。因此,在推进剂配方研制阶段,往往通过测定推进剂爆热的方法来评价或比较推进剂能量性能的高低。

值得注意的是,由于爆热测试在常温的冷环境下进行,故推进剂及其组份的爆热测试值要低于在发动机中近似绝热条件下燃烧所发出的热量。

另外,在爆热测试中,推进剂的可发生相变燃烧产物,在冷环境中如 H_2O 和 Al_2O_3 等组份会发生凝聚等相变,即测试得到的反应热值高于定义值,因而在数据处理过程中,需要把这些组份的相变热予以扣除。

2.2.2.2　测试原理

1. 实验仪器及方法

推进剂的爆热可在惰性气氛的氧弹量热计[2]中测定。恒温式氧弹量热计由外桶、内桶、氧弹、搅拌器、点火控制和温度采集器组成,如图2.1所示。图2.2是氧弹的剖面图。

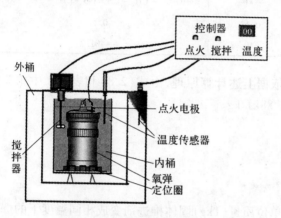

图2.1　氧弹量热计原理图　　　　图2.2　氧弹结构示意图

氧弹量热计测试反应热的基本原理是能量守恒定律。当氧弹量热计系统处于绝热环境中时,推进剂样品燃烧所释放的能量使氧弹、周围介质(水)和量热计有关附件的温度升高。测量介质在燃烧前后温度的变化值,根据量热计系统的热容量,就可算出该样品的定容爆热,其关系式如下:

$$-m_s \cdot Q_v - q = (m_{H_2O} C_{H_2O} + C_I) \Delta T \qquad (2.10)$$

式中:m_s 为样品质量,g;Q_v 为样品的定容爆热,J/g;q 为点火丝的发热量,J;m_{H_2O} 为量热计内桶中水的质量,g;C_{H_2O} 为水的比热容,J/(g·K);C_I 为量热计的水当量,即除水之外量热计系统升高1℃所需的热量,J/K;ΔT 为样品燃烧前后量热计内桶水温的变化值,℃。

为得到推进剂的定压爆热,首先要采用标准物质(通常是苯甲酸)标定量热计的热容量,即 C_I。

值得注意的是:①推进剂的燃烧过程为放热过程,故依据热力学规定,爆热的测试值、其后的修订值和转换值均应该为负值。②试验测得的推进剂定容反应热值为燃烧产物中水为液态、氧化铝为固态时的反应热值,即测试值包括了气态水和氧化铝的凝聚热,显然这两部分热值需要在测试值中扣除。具体的修正方法是:首先采用热力计算软件,估算 1kg 固体推进剂在氧弹中惰性气体压强下燃烧产物的平衡组份,得到燃烧产物中水和氧化铝的摩尔含量;再根据水和氧化铝的凝聚热值,将水和氧化铝的凝聚热从测试值中扣除。③在燃烧室中推进剂为等压燃烧过程。因此,应利用热力学中定压反应热与定容反应热之间的关系,将定容反应热转换为定压反应热,得到推进剂的定压爆热。

2. 数据处理方法

1) 燃烧产物相变热的修正

氧弹法测定推进剂爆热时,推进剂燃烧产物中 H_2O 为液态、Al_2O_3 为固态,即采用氧弹法测定的推进剂爆热值包含了 H_2O 气态转化为液态、Al_2O_3 气态转化为液态进而转化为固态的凝聚热,故测试值高于定义的爆热值,因此测定的爆热值也称为高热值。该测试值需要进行修正。对于含铝复合固体推进剂,修正公式为

$$Q_{V(g)} = Q_{V(1)} - (Q_{H_2O,g \to 1} \cdot x_{H_2O} + Q_{Al_2O_3,g \to 1} \cdot x_{Al_2O_3} + Q_{Al_2O_3,1 \to s} \cdot x_{Al_2O_3}) \quad (2.11)$$

式中:$Q_{V(g)}$ 为修正后的推进剂定容爆热,J/kg;$Q_{V(1)}$ 为推进剂定容爆热的测试值,J/kg;$Q_{H_2O,g \to 1}$ 和 $Q_{Al_2O_3,g \to 1}$ 分别为气态 H_2O 和 Al_2O_3 转化为液态的相变热,J/mol;$Q_{Al_2O_3,1 \to s}$ 为液态 Al_2O_3 转化为固态的相变热,J/mol;x_{H_2O} 和 $x_{Al_2O_3}$ 分别 1kg 推进剂平衡燃烧产物中 H_2O 和 Al_2O_3 的物质的量,mol/kg,由热力学计算得到。

若推进剂的燃烧产物中还有其它发生相变或凝聚的产物,修正的方式类似。

2) 定容爆热与定压爆热间的转换

由热力学第一定律

$$\Delta H = \Delta U + P \Delta V$$

式中:ΔH 和 ΔU 分别为推进剂爆燃过程中的焓变和内能变化;P 和 V 分别为体系的压强和体积。

又

$$Q_V = \Delta U$$
$$Q_p = \Delta H$$

式中:Q_p 为定压爆热。

则

$$Q_{p(g)} = Q_{V(g)} + P(V_2 - V_1)$$

式中:V_2 和 V_1 分别为推进剂燃烧产物和推进剂的体积。

因 $V_2 \gg V_1$,再假设推进剂气态燃烧产物遵循理想气体状态方程,则推进剂的定压爆热为

$$Q_{p(g)} = Q_{V(g)} + X_g R_0 T \tag{2.12}$$

式中：X_g 为1kg推进剂燃烧产物中气态燃烧产物的总摩尔数，mol/kg；R_0 为普适气体常数，J/(mol·K)。

需要指出的是，热力学规定放热为负、吸热为正，即推进剂爆热的测定值和修正值、相关组份的凝聚热值均为负值。

2.2.2.3 应用案例

通常用推进剂的爆热表征其能量释放量和燃烧效率。富燃料推进剂用爆热表征其一次燃烧过程所释放的能量。

喷管出口处于最佳膨胀条件下，推进剂的比冲与其燃烧温度直接相关。也就是说，提高推进剂燃烧时的放热能力有助于提高推进剂的比冲。

尽管氧弹的冷环境使推进剂的爆热测试值低于发动机绝热环境中推进剂燃烧的放热量，但爆热测试仍不失为一种用量少、经济、快速的推进剂能量性能尤其是燃烧放热能力的有效表征方法。因此，在推进剂配方研制过程中，通常采用爆热测试的方法来评价推进剂燃烧过程中的放热能力。

在某降速剂研究中，采用测试推进剂爆热的方法，考察降速剂对推进剂能量的影响。两种降速剂 AO(草酸铵)和 OA(草酰胺)对 AP/Al/HTPB 推进剂爆热的影响如表2.3所示[3]。

表2.3 降速剂对 AP/Al/HTPB 推进剂爆热的影响

推进剂种类	实测值 $Q_{v(1)}$/(J/g)				平均爆热 $Q_{v(1)}$/(J/g)	$Q_{p(g)}$ /(J/g)	$\lvert Q_{p(g)} \rvert$ 降幅/%
基础配方推进剂	−7495.6	−7510.7	−7527.4	−7489.0	−7505.7±17.1	−7291.5	—
含2.5%AO推进剂	−7316.0	−7371.8	−7495.6	−7442.5	−7406.5±78.8	−7209.2	1.18
含2.5%OA推进剂	−6858.6	−6914.4	−6702.5	−6869.9	−6836.4±93.4	−6653.0	8.80

数据表明，两种降速剂均使推进剂的爆热即能量降低；但降速剂的种类不同，爆热的降低幅度也不同。

2.2.3 燃烧热

2.2.3.1 定义

在298K 或其它标准温度下，单位质量(1kg)固体推进剂完全燃烧所放出的热量称为燃烧热。

按测试条件的不同,燃烧热又分为定容燃烧热和定压燃烧热。因推进剂在发动机中的燃烧为等压过程,故推进剂采用定压燃烧热。但采用氧弹法测得的反应热值为定容燃烧热。

2.2.3.2　测试原理

推进剂或燃料的定容燃烧热可在实验室通过氧弹法测定,测定方法与 2.2.2.2 节类似。因燃烧热测定的是推进剂在完全燃烧状态下反应放出的热量,故试样的燃烧热应该在过量的氧气环境中进行测试。

2.2.3.3　应用案例

由于推进剂的实用配方设计成负氧平衡,故推进剂燃烧热大于其爆热。但因在火箭发动机中推进剂为自供氧燃烧,故火箭推进剂的燃烧热没有实际意义。

一般用燃烧热来比较富燃料推进剂或燃料完全燃烧过程的放热值及其燃烧效率。

测得某些改性硼的燃烧热及燃烧效率如表 2.4 所示[4]。通过这些试验数据,比较改性硼的燃烧热及燃烧效率。

表 2.4　改性硼的燃烧热及燃烧效率

物　　质	理论热值/(J/g)	实测热值/(J/g)	燃烧效率/%
B	−58826	−22465	38
MgB_x	−38781	−23943	62
MgB_y	−45002	−21822	48
有机硼	−53040	−50287	95
7.7% AP 包覆硼	−51989	−21017	40
7.1% LiF 包覆硼	−51814	−24602	47
8% Mg 包硼粉	−56099	−21790	39
15% Mg 包硼粉	−53713	−22579	42

数据表明:

(1) 改性硼实测燃烧热值由大到小的顺序为:有机硼 >7.1% LiF 包覆硼 >MgB_x >15% Mg 包硼粉 >B >MgB_y >8% Mg 包硼粉 >7.7% AP 包覆硼。

(2) 改性硼燃烧效率由大到小的顺序为:有机硼 >MgB_x >MgB_y >7.1% LiF 包覆硼 >15% Mg 包硼粉 >7.7% AP 包覆硼 >8% Mg 包硼粉 >B。说明改性硼,尤其是有机硼和镁–硼化合物的燃烧效率显著高于硼。

2.2.4　富燃料推进剂的理论热值

2.2.4.1　定义

在298K或其它标准温度下,单位质量(1kg)富燃料推进剂完全燃烧放出的理论热量值称为该推进剂的理论热值。

常温下,富燃料推进剂完全燃烧产物中 H_2O 为液态, Al_2O_3、MgO 和 B_2O_3 为固态,故将上述燃烧产物凝聚热计算在内的理论热值称为高热值,扣除燃烧产物凝聚热的理论热值称为低热值。富燃料推进剂的理论热值应该是实测推进剂燃烧热的上限。

需要说明的是,富燃料推进剂的理论热值是该推进剂放热量的上限,是推进剂的极限放热能力,或者说是推进剂燃烧放热的极限潜能。富燃料推进剂的燃烧需要经历一次燃烧和二次燃烧两个过程,而且燃气发生器和冲压补燃室的工作条件差异会严重影响富燃料推进剂实际放热值。因此富燃料推进剂的研究工作者,除了应该关注富燃料推进剂的理论热值外,更需要关注该推进剂的实际放热值。

2.2.4.2　计算方法

设1kg富燃料推进剂的假想化学式为

$$C_{b_1}H_{b_2}O_{b_3}N_{b_4}Cl_{b_5}Al_{b_6}Mg_{b_7}B_{b_8}$$

推进剂的理论热值(高热值)可用下式计算:

$$Q_{c,fr} = b_1 \cdot \Delta H_{c,C} + (b_2 - b_5) \cdot \Delta H_{c,H} + b_6 \cdot \Delta H_{c,Al} + b_7 \cdot \Delta H_{c,Mg} + b_8 \cdot \Delta H_{c,B}$$

(2.13)

式中: $\Delta H_{c,i}$ 为各可燃元素(C、H、Al、Mg 和 B)的摩尔燃烧热,J/mol。

2.2.4.3　应用案例

富燃料推进剂的理论热值是其完全燃烧时放出的最大热值,因此它通常用于比较富燃料推进剂的能量或最大放热潜能。

依据铝镁中能富燃料推进剂和含硼高能富燃料推进剂的典型配方和式(2.13),两类推进剂的理论热值[5](高热值)如表2.5所示。

表 2.5　两类富燃料推进剂典型配方的理论热值(高热值)

推进剂	AP/%	Al/%	Mg/%	B/%	HTPB/%	理论热值/(MJ/kg)
铝镁富燃料推进剂	30	25	15	0	30	-25.45
含硼富燃料推进剂	30	0	5	35	30	-35.81

两类富燃料推进剂理论热值的不同表现出两者能量的显著差异。

2.3　气态燃烧产物的平均分子量

2.3.1　定义

在固体火箭发动机燃烧室或喷管中,单位质量(1kg)固体推进剂气态平衡燃烧产物的平均分子量。

气态燃烧产物的平均分子量是推进剂成气性的表征参数。推进剂的成气能力既与比冲相关,又关系到在喷管流动过程中工质的热能向喷气动能的转换能力。

推进剂气态燃烧产物的平均分子量越小,其成气能力越强,推进剂的比冲越高。

但值得注意的是,推进剂气态燃烧产物的平均分子量越低,意味着推进剂燃烧时的放热量越低,其燃烧温度也低,并会影响推进剂比冲的提高。因此,在固体推进剂配方设计时,应该综合权衡能量性能和燃烧性能,使推进剂气态燃烧产物的平均分子量处于一个合理的低值。

2.3.2　计算方法

在给定发动机燃烧室压强条件下,通过热力计算,得到燃烧室内的平衡燃烧温度和平衡燃烧产物的分布。

在燃烧室中,1kg 固体推进剂平衡燃烧产物中气态燃烧产物的总摩尔数($X_{g,c}$)为

$$X_{g,c} = \sum_{i=1}^{m} x_{c,i}^{g} \qquad (2.14)$$

式中:$x_{c,i}^{g}$ 为燃烧室中 1kg 推进剂平衡燃烧产物中第 i 种气态产物的物质的量,mol/kg;m 为气态产物总数。

燃烧室中固体推进剂气态燃烧产物的平均分子量为

$$\overline{M}_{g,c} = \frac{\sum_{i=1}^{m} x_{c,i}^{g} M_{i}^{g}}{\sum_{i=1}^{m} x_{c,i}^{g}} = \frac{\sum_{i=1}^{m} x_{c,i}^{g} M_{i}^{g}}{X_{g}} \qquad (2.15)$$

式中：M_i^g 第 i 种气态产物的分子量。

推进剂气态燃烧产物的平均分子量由热力学计算获得。

通过热力计算，可以得到喷管典型截面（喉部和喷管出口）处的固体推进剂燃烧产物分布，则喷管中各典型截面气态燃烧产物的平均分子量可依据式(2.15)稍加变化后计算得到。

2.3.3　应用

推进剂气态燃烧产物的平均分子量是固体推进剂配方设计和组份筛选的依据之一。

2.4　特征速度

2.4.1　定义

特征速度由下式定义

$$C^* = \frac{\sqrt{R_0 T_C / \overline{M}_{g,c}}}{\overline{\Gamma}} \tag{2.16}$$

式中：R_0 为普适气体常数；$\overline{\Gamma}$ 为推进剂燃烧产物平均比热比 k 的函数。

$$\overline{\Gamma} = \sqrt{k}\left(\frac{2}{k+1}\right)^{\frac{k+1}{2(k-1)}} \tag{2.17}$$

可以看出，特征速度的大小主要取决于燃烧室中推进剂的放热能力和成气能力。

特征速度与比冲的关系为

$$I_{\text{sp}} = C_F \cdot C^* \tag{2.18}$$

式中：C_F 为推力系数，是表征发动机和喷管性能的一个特征参数。

2.4.2　计算及测试原理

采用热力学计算方法，可得到燃烧室内热力学平衡时推进剂的燃烧温度和气态燃烧产物的平均比热比等参数，可以由式(2.16)计算得到特征速度。

对发动机热试车的压强－时间曲线（图2.3）进行积分处理，得到压强冲量，进而可计算出推进剂的实际特征速度。

在火箭发动机的喷管处于超临界状态时，依据实测的燃烧室压强－时间曲线，实测特征速度 C_d^* 可由下式计算

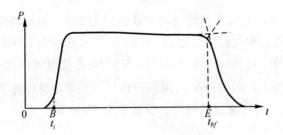

图 2.3   固体火箭发动机地面热试车的典型压强–时间曲线

$$C_d^* = \frac{A_t \int_{t_i}^{t_i+t_b} P(t)\,\mathrm{d}t}{m_p} \qquad (2.19)$$

式中：A_t 为喷管喉部面积，m^2；t_i 为点火延迟时间，s；t_b 为燃烧时间，s，$t_b = t_{bf} - t_i$，t_{bf} 为燃烧终了时间，s；m_p 为发动机中推进剂的装药质量，kg。

2.4.3   应用案例

通常，用发动机实测数据得到的特征速度 C_d^* 与热力计算得到的特征速度理论值 C_{th}^* 之比表征发动机中推进剂的燃烧效率

$$\eta_c = \frac{C_d^*}{C_{\mathrm{th}}^*} \qquad (2.20)$$

通过燃烧效率，可以比较发动机和推进剂的设计水平。

某水冲压试验发动机压强–时间曲线如图 2.4 所示[6]。

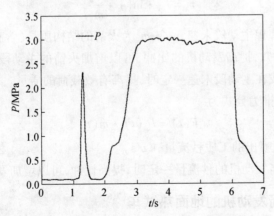

图 2.4   某水冲压试验发动机压强–时间曲线

该发动机中装填的水反应金属燃料中镁含量为73%,端面燃烧推进剂药柱质量为1.539kg。水冲压试验发动机喉径为23.3mm,进水流量为1.098kg/s。

由压强-时间曲线可知:$t_i = 2.096s$,$t_b = 3.977s$;燃烧时间内燃烧室平均压强$P = 2.608MPa$,计算得到$C_d^* = 748.8m/s$;由热力计算得到理论特征速度$C_{th}^* = 903.1m/s$;则该发动机中镁基水反应金属燃料的燃烧效率为82.91%。

2.5　比冲

2.5.1　定义

单位质量(1kg)固体推进剂燃烧所产生的冲量称为固体推进剂的比冲量,简称比冲,以I_{sp}表示,SI单位制中量纲为N·s/kg,即

$$I_{sp} = \frac{I}{m_p} = \frac{\int_0^{t_b} F(t)\,dt}{m_p} \tag{2.21}$$

式中:I为发动机的总冲,N;m_p为发动机中推进剂的装药质量,kg;F为发动机的推力,N;t_b为推进剂燃烧时间(由$F-t$曲线判读得到),s。

比冲是推进剂和发动机最重要的能量性能表征参数。提高推进剂的能量性能,就是要提高其比冲。

火箭动力学理论给出火箭的理想主动段末速公式(齐奥尔科夫斯基公式)为

$$v_k = I_{sp} \cdot \ln\left(1 + \frac{m_p}{m_k}\right) \tag{2.22}$$

式中:v_k为火箭的理想主动段末速,m/s;m_k为火箭的结构质量(含有效载荷),kg。

由式(2.22)可知,提高发动机的比冲,可以增加火箭的主动段末速,进而提高火箭或导弹的射程;或在主动段末速一定时,提高有效载荷的质量。

发动机的瞬时推力公式为

$$F(t) = I_{sp}(t) \cdot \dot{m}(t) \tag{2.23}$$

式中:$\dot{m}$为从发动机喷出的工质秒流量,kg/s。

由上式可知,当发动机的秒流量一定时,提高比冲,可以增加发动机的推力。

2.5.2　固体火箭发动机的地面热试车[7,8]

目前,常用测定推进剂比冲等能量特性参数的方法是发动机法。为了比较不同推进剂的能量特性,国军标规定,一般采用BSFΦ165或BSFΦ315作为评价推进剂能

量的标准试验发动机。

固体火箭发动机的地面热试车系统主要由试车台、发动机和测控系统组成。

2.5.2.1　试车台

试车台又分为试车台架、承力墩和导流槽。承力墩的作用是平衡(或承受)发动机工作时所产生的推力,由钢筋混凝土构筑而成,承力面上设置有一定厚度的钢板。导流槽的主要作用是将发动机排出的高温燃气导向远离试车台的地方,保护试车台设备和周围建筑物,减少燃气冲击波和噪声。

试车台架是将发动机按所要求的试验状态定位和固定在试车台上的一种试验设备。试车台架由静架、动架、推力架、测力组件和小位移元件等5个基本部分组成,另外可根据不同类型试车台架的要求加上原位校准装置和安全限位装置等部分。具有原位校准功能的高精度试车台架结构如图2.5所示。

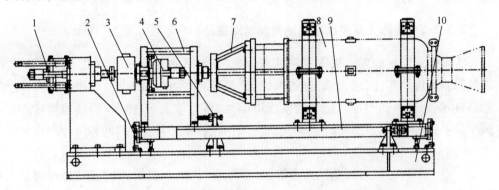

图 2.5　发动机原位校准高精度试车台架结构示意图

1—原位校准装置;2—板簧;3—测力组件;4—标准力传感器;5—安全限位装置;
6—承力框;7—推力架;8—发动机;9—动架;10—静架。

静架为焊接钢架,是试车架的承力构件。通过地脚螺钉,将静架固定在试车台承重面上,承受各种作用力和力矩。

动架是定位和固定发动机的结构件。一方面,动架与发动机定位、连接,确保与发动机一起运动;另一方面,动架通过板簧与静架相连接,并靠板簧来支撑。动架前端安装测力组件。为保证轴向推力的测量精度,允许动架沿轴向灵活运动。板簧是动、静架之间的连接件,用来支撑发动机和动架组合体的质量,并提供沿发动机轴向运动的小位移自由度,使发动机推力全部作用到推力传感器上。

推力架是发动机主推力的传力结构件,安装于发动机与推力传感器之间,使发动机轴线对准主推力测量元件,也是动架的一部分。推力架一般为锥形结构,大端与发动机前裙端面连接,小端与测力组件定位连接。发动机工作时,推力通过发动机前裙端面传给推力架,并通过均匀分布的多根传力杆件集中到小端面,传给测力组件。

测力组件由测力传感器、挠性件(或球面接头)和连接件组成,安装在原位校准装置和承力框之间,是试车架测量发动机作用力的元件。

原位校准装置由校准力源、标准力传感器、传力件、安装连接件等组成,用于对处于测试状态的推力及压强传感器进行校准,以便提高测试精度。原位校准过程是一个模拟过程,属静态校准。

安全限位装置是试车架的安全防护构件,用来限制试车架可动部件在允许的正常范围内活动。若超过允许范围,则起刚性限位作用。它有很高的刚度和强度,分布于试车架的薄弱环节和关键部位,防止这些环节和部位出现过大变形,也可减小发动机工作失常时造成的破坏。

2.5.2.2 固体火箭发动机的地面热试车试验

将固体火箭试验发动机固定在试车台上,发动机中装有一定质量、规定药柱型面的待测推进剂药柱;点火后,推进剂燃烧时发动机所产生的推力作用于推力传感器;将传感器采集到的推力信号转换成电信号,再经放大后,由数/模转换器转换成数字信号;数据采集系统同时记录发动机工作过程中的推力-时间(F-t)曲线和压强-时间(P-t)曲线。

由整个工作时间内发动机推力的积分可得到总冲 I,根据式(2.28)即可得到工作时间内实测比冲的平均值。

固体火箭发动机地面试车的典型试验曲线如图2.6所示。图中,P_c 为燃烧室压强,是发动机稳定工作时燃烧室内的瞬时总压;P_i 为初始压强,通常为发动机稳态压强平均值的5%;P_{bf} 为燃烧终点压强,是发动机装药燃烧终了时刻的压强值;P_{af} 为工作终点压强,一般规定为 P_c 下降到 P_i 值时的压强;t_0 为时间零点,即点火信号给出的时刻;t_i 为发动机工作时间起点,即压强升到 P_i 时对应的时刻;t_{id} 为点火延时时间,即 t_0 到 t_i 之间的时间间隔;t_{bf} 为燃烧终了时刻或发动机装药燃烧完了的时刻,即燃气压强 P_{bf} 的对应时刻;t_b 为燃烧时间,指装药燃烧时间,即 t_i 与 t_{bf} 之间的时间间隔;t_{af} 为工作终点时刻,即燃气压强 P_{af} 对应的时刻;t_a 为工作时间,在 P-t 曲线上为 t_i 与 t_{af} 之间的时间间隔;F 为发动机的推力;F_i 为初始推力,即与 t_i 对应的 F 值;F_{bf} 为燃烧过程终点推力,即与 t_{bf} 对应的推力值;F_{af} 为工作过程终点推力,即与 t_{af} 对应的推力值。

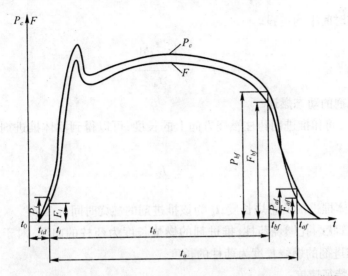

图 2.6 固体火箭发动机地面热试车的典型压强/推力-时间曲线

2.5.2.3 数据处理

在 P-t 曲线上确定 t_{bf} 点还没有一种统一的标准,双切线法是最通用的一种方法,即在 P'-t 曲线拖尾段画出两条切线,如图 2.7 所示。两切线夹角的角平分线与 P-t 曲线交点(点 A)为药柱肉厚燃尽时刻,即 t_b。

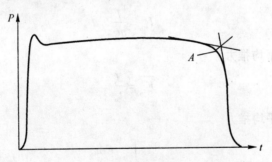

图 2.7 双切线法确定燃烧终点 t_b

利用 P-t 曲线,处理可得下列内弹道特性参数

1. 燃烧时间平均压强

$$\overline{P_{t_b}} = \frac{\int_{t_i}^{t_i+t_b} P dt}{t_b} \tag{2.24}$$

2. 工作时间平均压强

$$\overline{P_{t_a}} = \frac{\int_{t_i}^{t_i+t_a} P\mathrm{d}t}{t_a} \tag{2.25}$$

3. 推进剂的动态燃速

由燃烧时间和推进剂药柱燃烧方向上的长度,可以得到固体推进剂的平均动态燃速

$$r_p = \frac{L}{t_b} \tag{2.26}$$

式中:L 为固体推进剂的燃烧长度;t_b 为该推进剂的燃烧时间。

对于圆管状内孔燃烧药柱,推进剂的燃烧长度为药柱的肉厚;对于端面燃烧的实心药柱,推进剂的燃烧长度为药柱的长度。

4. 实测特征速度

实测特征速度由式(2.19)计算。

通过 $F\text{-}t$ 曲线,可以得到总冲、比冲、平均推力等数据。

5. 总冲

$$I = \int_{t_i}^{t_i+t_a} F\mathrm{d}t \tag{2.27}$$

6. 比冲

$$I_{\mathrm{sp}} = \frac{I}{m_p} \tag{2.28}$$

7. 工作过程平均推力

$$\overline{F_{t_a}} = \frac{I}{t_a} \tag{2.29}$$

8. 燃烧过程平均推力

$$\overline{F_{t_b}} = \frac{\int_{t_i}^{t_i+t_b} F\mathrm{d}t}{t_b} \tag{2.30}$$

9. 推力系数

推力系数 C_F 是固体火箭发动机设计水平的表征量之一,理论推力系数可表示为

$$C_{F_{\mathrm{th}}} = \frac{F_{\mathrm{th}}}{P_{\mathrm{th}} \cdot A_t} \tag{2.31}$$

式中：F_{th} 为发动机的设计推力；P_{th} 为发动机燃烧室的设计压强；A_t 为喷管喉部面积。

实测推力系数可用下式计算：

$$C_{F,d} = \frac{I}{\overline{A_t} \cdot \int_{t_i}^{t_i+t_a} P\mathrm{d}t} \tag{2.32}$$

2.5.2.4　应用案例

采用固体火箭发动机地面热试车试验，筛选低燃速 AP/Al/HTPB 复合固体推进剂配方，要求设计压强下的燃速低于 4.8mm/s。试验发动机内径为 100mm，HTPB 复合固体推进剂的具体配方参数如表 2.6 所示。试验结果如表 2.7 所示。

表 2.6　AP/Al/HTPB 复合固体推进剂配方

配方编号	（AP + Al）/%	HTPB/%	降速剂/%	工艺助剂/%
1	83.0	9.5	4.0	3.5
2	82.5	10.0	4.0	3.5
3	82.0	10.5	4.0	3.5

表 2.7　AP/Al/HTPB 复合固体推进剂发动机地面热试车试验结果

推进剂配方编号	1	2	3
燃烧室平均压强/MPa	5.58	5.21	4.88
平均燃速/(mm/s)	4.60	4.40	4.19
实测比冲/((N·s)/kg)	2238.43	2263.42	2226.41
理论比冲/((N·s)/kg)	2511.70	2509.61	2504.96
比冲效率/%	89.12	90.19	88.88

由表 2.7 中数据可见，随着 AP 和 Al 总含量的降低，HTPB 复合固体推进剂的理论比冲下降；当 AP 和 Al 的总含量为 82.5% 时，实测比冲最高。综合考虑燃速和比冲性能，2 号配方具有低燃速和高能量特性，是首选配方。

2.5.3　固体推进剂比冲的理论分析

2.5.3.1　理论分析[1]

在火箭发动机喷管流动过程中，燃气（工质）遵循的一维能量守恒方程为

$$H_c + \frac{1}{2}v_c^2 = H_e + \frac{1}{2}v_e^2 \tag{2.33}$$

式中:H_c 和 H_e 分别为喷管入口处(燃烧室)和出口处单位质量(1kg)工质的总焓,J/kg;v_c 和 v_e 分别为喷管入口处和出口处工质的速度,m/s。

因喷管的加速作用,$v_e \gg v_c$,故忽略 v_c。当喷管出口工质处于最佳膨胀时,即 $P_e = P_a$(P_e 为喷管出口处压强,P_a 为环境压强),比冲与 v_e 相等,则有

$$I_{sp} \approx \sqrt{2(H_c - H_e)}$$

又假设发动机燃烧室内推进剂燃烧的热力学过程为等压绝热过程,即等焓过程,则有

$$H_p = H_c \tag{2.34}$$

式中:H_p 为单位质量推进剂的总焓,由式(2.8)计算得到。

由上述公式可求得比冲为

$$I_{sp} = \sqrt{2(H_p - H_e)} \tag{2.35}$$

由式(2.35)可以看出,推进剂能量(总焓)的高低对提高发动机的比冲起十分重要的作用。

当喷管出口工质处于最佳膨胀时,则有

$$I_{sp} = \sqrt{\frac{2kR_0}{k-1} \frac{T_c}{\overline{M}_{g,c}} \left[1 - \left(\frac{P_e}{P_c} \right)^{\frac{k-1}{k}} \right]} \tag{2.36}$$

式中:k 为推进剂燃烧产物的平均比热比;T_c 为燃烧室中推进剂的平衡燃烧温度,K;P_c 为燃烧室压强,MPa;$\overline{M}_{g,c}$ 为燃烧室气态平衡燃烧产物的平均分子量。

从上式可知,比冲主要取决于推进剂的放热性、成气性和发动机的工作条件,即提高推进剂的燃烧温度、降低气态燃烧产物的平均分子量,或提高燃烧室压强、降低喷管出口压强,均可以提高比冲。

通过热力学计算,在发动机工作条件(燃烧室压强和喷管出口压强)一定时,可以比较不同推进剂配方的理论比冲。

2.5.3.2　应用案例

在燃烧室压强7MPa、环境压强0.1MPa及喷管出口为最佳膨胀的条件下,不同含能添加剂对 AP/Al/HTPB 推进剂理论比冲的影响计算结果如表2.8所示[9]。

表 2.8 含能添加剂对 AP/Al/HTPB 推进剂理论比冲的影响

| AP/% | Al/% | HTPB/% | 含能添加剂 | | I_{sp}/(N·s/kg) |
			种类	含量/%	
70	18	12	—	0	2605.12
45	18	12	RDX	25	2621.63
45	18	12	HMX	25	2620.62
45	18	12	CL-20	25	2624.26

计算结果表明,加入具有正标准生成焓的含能添加剂,可以显著提高推进剂的比冲。

2.5.4 固体火箭冲压发动机的直连式试验[10-12]

2.5.4.1 直连式试验系统

直连式试验的特点是用管道将空气直接引入冲压发动机进气道,通过控制空气的总压、总温和流量来模拟实际飞行状态,用来研究冲压发动机的工作特性。直连式试验是冲压发动机地面模拟试验中最简单、最经济和较有效的一种试验方式,是富燃料推进剂能量性能和动态燃烧性能、冲压发动机内部燃烧和流动过程研究的主要手段。

与固体火箭发动机地面热试车试验系统相比,固体火箭冲压发动机直连式试验系统增加了空气贮箱、空气加热和空气流量控制系统。整个试验系统由试车台架、空气供应系统、空气加热系统、测控系统等部分组成。固体火箭冲压发动机试车台架如图 2.8 所示。该系统的试车台架与固体火箭发动机地面试验试车台架基本相同。

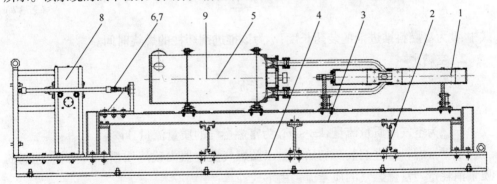

图 2.8 固体火箭冲压发动机直连式试车台架结构示意图

1—固体火箭冲压发动机;2—板簧;3—动架;4—静架;5—整流室;
6—推力传感器;7—万向挠性件;8—原位校准装置;9—管路接口。

测控系统主要测量参数包括:空气的压强、温度和流量,燃气发生器和补燃室的压强、温度,推力等;同时,测控系统还具有试验系统时序控制、手动控制、实时状态监控与系统紧急关车等功能。

2.5.4.2 固体火箭冲压发动机直连式试验

为模拟飞行状态下进入发动机的空气总温,需要对空气加热。高压空气罐的空气经管路供应系统进入加热器,提高空气总温后流经整流室,气流的压强、温度和流速趋于均匀。

带进气道的固体火箭冲压发动机被安装在试车台架上。为保证管道热膨胀与发动机测力不受干扰,将空气金属软管以垂直于发动机轴线的方式与进气道连接,使试验过程中空气进口冲量的轴向分量为零,减小对推力测量的影响。

固体火箭冲压发动机直连式试验主要测试数据有:燃气发生器压强-时间曲线、补燃室压强-时间曲线、推力-时间曲线和空气流量-时间曲线。

2.5.4.3 数据处理

固体火箭冲压发动机的主要性能参数如下:

1. 富燃料推进剂的动态燃速

在燃气发生器中,富燃料推进剂药柱的形式是端面燃烧的实心药柱,故推进剂的燃烧长度是药柱的长度。由燃烧时间和装药初始长度,可以得到富燃料推进剂一次燃烧过程的平均动态燃速

$$r_p = \frac{L}{t_b} \tag{2.37}$$

式中:L 为富燃料推进剂的装药长度;t_b 为该推进剂药柱的燃烧时间。

2. 空燃比

$$\varepsilon = \frac{\dot{m}_{air}}{\dot{m}_f} \tag{2.38}$$

式中:$\dot{m}_{air}$ 为空气的质量流量,kg/s;$\dot{m}_f$ 为富燃燃气的质量流量,kg/s。

根据富燃料推进剂装药初始质量以及燃气发生器内残渣质量,可得到推进剂的质量消耗量。富燃燃气的质量流量由下式计算:

$$\dot{m}_f = A_b \cdot \rho_p \cdot r_p \tag{2.39}$$

式中:A_b 为富燃料推进剂药柱的燃烧表面积;ρ_p 为富燃料推进剂的密度;r_p 为富燃料推进剂的燃速。

3. 直连式比冲

$$I_{sp} = \frac{\int_{t_i}^{t_i+t_a} F \mathrm{d}t}{m_p} \tag{2.40}$$

式中：m_p 为富燃料推进剂装药质量。

4. 实测特征速度

由补燃室平均压强 $\overline{P}_{ram}$ 及补燃室喉部面积，得到发动机的实测特征速度

$$C_d^* = \frac{\overline{P}_{ram} \cdot A_t}{(\dot{m}_{air} + \dot{m}_f)} \tag{2.41}$$

式中：A_t 为补燃室喷管的喉部面积。

2.5.4.4　应用案例

采用小型固体火箭冲压发动机直连式试验，在空气不加热条件下，考察不同改性硼对团聚硼富燃料推进剂性能的影响。团聚硼富燃料推进剂的配方参数如表 2.9 所示。

表 2.9　团聚硼富燃料推进剂配方

配方编号	改性硼	改性硼/%	Mg/%	AP/%	HTPB/%	GFP/%
BT01	团聚 B	25	4	36	30	5
MBT01	团聚 MgB_x	25	4	36	30	5
MBT02	团聚 MgB_y	25	4	36	30	5
MBT03	团聚 Mg15B	25	4	36	30	5

团聚硼富燃料推进剂的固体火箭冲压发动机直连式试验结果如表 2.10 所示。

表 2.10　团聚硼富燃料推进剂发动机试验结果

推进剂配方编号	BT01	MBT01	MBT02	MBT03
团聚硼类型	团聚 B	团聚 MgB_x	团聚 MgB_y	团聚 Mg15B
补燃室平均压强/MPa	0.41	0.52	0.38	0.40
平均燃速/(mm/s)	6.07	13.62	6.54	6.97
空燃比	13.7	6.4	14.5	10.7
实测比冲/((N·s)/kg)	12022.42	7741.93	11497.00	9493.25
理论比冲/((N·s)/kg)	12788.45	10076.70	12650.75	12166.15
比冲效率/%	94.01	76.83	90.88	78.03
实测特征速度/(m/s)	842.1	1024.4	803.6	839.2
理论特征速度/(m/s)	1011.3	1264.7	984.2	1110.8

（续）

推进剂配方编号	BT01	MBT01	MBT02	MBT03
燃烧效率/%	83.27	81.00	81.65	75.55
燃气一次喷射效率/%	98.71	98.29	98.04	98.58

表2.10中数据表明,含团聚硼、团聚 MgB_x 和团聚 MgB_y 的富燃料推进剂燃烧效率均大于81%;3种改性硼中,团聚 Mg15B 富燃料推进剂的燃烧效率最低;3种由团聚改性硼构成的富燃料推进剂燃速均高于团聚硼富燃料推进剂的燃速,其中含团聚 MgB_x 富燃料推进剂的燃速最高,比团聚硼富燃料推进剂燃速高1倍以上;团聚硼富燃料推进剂的实测比冲最高。

2.5.5　水冲压发动机的直连式地面试验

2.5.5.1　直连式地面试验系统[6]

水冲压发动机直连式地面试验是将水冲压发动机的进水口与试车台供水管路直接相连,通过调节进水来流的总压和流量,达到模拟水冲压发动机入口条件、研究水反应金属燃料能量释放和动态燃烧性能、水冲压发动机内部流动燃烧过程的目的。

水冲压发动机直连式地面试验系统与固体火箭冲压发动机直连式试验系统类似,主要差异在于用水替代空气。水冲压发动机直连式地面试验系统主要由供水管路系统、高精度试车台、测控系统组成,如图2.9所示。该系统的试车台架与固体火箭发动机地面试验试车台架基本相同。

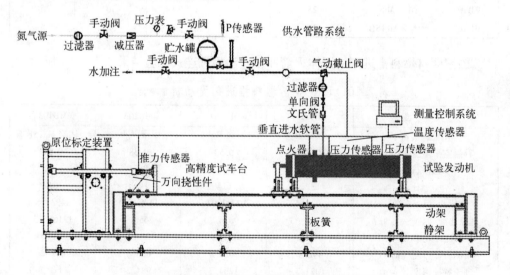

图2.9　水冲压发动机直连式地面试验系统示意图

采用挤压式供水方式,实现对燃烧室中水的稳定流量输送,供水管路系统主要包括高压氮气罐、减压阀、贮水罐、气动截止阀、文氏管及输送管路等部件。

2.5.5.2　水冲压发动机直连式地面试验

在外界点火能量的激励下,水反应金属燃料点火并自热维持燃烧,放出热量,生成含有大量炽热的凝相金属微粒和气态金属的富燃燃烧产物,在发动机内形成高温高压工作环境;在流体动压作用下,水通过供应管路进入燃烧室;部分进水经喷射雾化后受热蒸发,与燃料自持燃烧产物中的金属和碳氢化合物反应放出热量;剩余的水作为工质,吸收燃料与水反应放出的热量,转化为水蒸汽,增加发动机的工质;燃烧产物及水蒸汽经喷管膨胀后排出做功,从而使发动机产生推力。

将带进水入口的水冲压发动机安装在试车台架上。为保证发动机的测力不受干扰,进水管以垂直于发动机轴线的方式与发动机连接,使试验过程中水进口冲量的轴向分量为零。

通过水冲压发动机试验可以得到的数据有:燃气发生器压强-时间曲线、补燃室压强-时间曲线、推力-时间曲线和水流量-时间曲线。

2.5.5.3　数据处理

水冲压发动机基本性能参数[13]如下:

1. 水反应金属燃料的动态燃速

在水冲压发动机中,水反应金属燃料药柱的形式是端面燃烧的实心药柱,故燃料的燃烧长度是药柱的长度。由燃烧时间和装药初始长度,可以得到水反应金属燃料一次燃烧过程的平均动态燃速

$$r_p = \frac{L}{t_b} \tag{2.42}$$

式中:L 为水反应金属燃料的装药长度;t_b 为该燃料药柱的燃烧时间。

2. 水燃比 Φ

$$\Phi = \frac{\dot{m}_w}{\dot{m}_f} \tag{2.43}$$

式中:$\dot{m}_w$ 为进水流量;$\dot{m}_f$ 为燃料的质量流量,两者的量纲均为 kg/s。

3. 比冲

水冲压发动机的比冲定义为发动机燃烧单位质量的水反应金属燃料所产生的冲量,即

$$I_{sp} = \frac{\int_0^{t_a} F \mathrm{d}t}{m_f} \qquad (2.44)$$

式中: m_f 为燃料装药质量,kg; t_a 为水冲压发动机的工作时间,s。

4. 实测特征速度

$$C_d^* = \frac{\overline{P}_c \cdot A_t}{(\dot{m}_w + \dot{m}_f)} \qquad (2.45)$$

式中: $\overline{P}_c$ 为发动机平均工作压强; A_t 为喷管喉部面积。

2.5.5.4　应用案例

镁基水反应金属燃料配方中,AP/Mg/HTPB 的质量比为 19/73/8,燃料药柱直径 111.7mm。固定水冲压发动机结构,进行水冲压发动机直连式试验,考察水燃比对水冲压发动机性能的影响规律,试验结果如表 2.11 所示。

表 2.11　水燃比对镁基水反应金属燃料性能的影响

推进剂配方编号	W7307-a	W7307-b	W7307-c
镁含量/%	73	73	73
补燃室平均压强/MPa	2.434	2.525	2.117
平均燃速/(mm/s)	25.65	22.36	20.45
总水燃比	2.66	3.19	3.52
实测比冲/((N·s)/kg)	3125.13	3894.03	4027.96
理论比冲/((N·s)/kg)	4830.19	5109.57	5080.68
比冲效率/%	64.70	76.21	79.28
实测特征速度/(m/s)	639.8	748.4	700.5
理论特征速度/(m/s)	934.0	849.4	800.1
燃烧效率/%	68.50	88.10	87.56

由表 2.11 中数据可见,在试验的水燃比范围内,随着水燃比的增加,镁基水反应金属燃料的实测比冲、比冲效率和燃烧效率均增加。

2.5.6　固液混合火箭发动机的地面试验

2.5.6.1　固液混合火箭发动机地面试验系统[14,15]

固液混合火箭发动机试验系统由液体氧化剂贮箱、管路供应系统、试车台架、固液混合火箭发动机、测控系统等组成。图 2.10 为固液混合火箭发动机地面试验系统示意图。该系统的试车台架与固体火箭发动机地面试验试车台架基本相同。

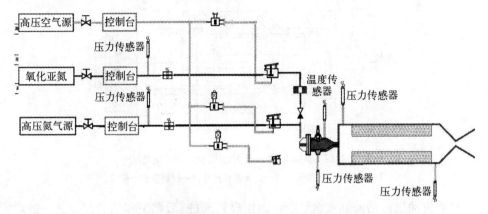

图 2.10　固液混合火箭发动机试验系统示意图

管路供应系统主要包括控制气供应系统、氮气供应系统、氧化剂供应系统三部分。

氧化剂供应系统。在贮箱中的液体氧化剂被高压气体挤压后，经减压阀、流量计和电磁阀进入喷注器，再流经药柱内通道。液体氧化剂经喷注器面板喷出后，分散成液滴，高温下进一步雾化。最简单的喷注器面板雾多孔直喷型，这样设计可一定程度降低氧化剂流速，增加氧化剂在药柱通道停留时间。喷注器面板示意图及实物如图 2.11 所示。

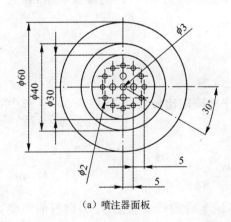

（a）喷注器面板

（b）喷注器实物

图 2.11　喷注器面板

固液混合火箭发动机试验器的示意图如图 2.12 所示。

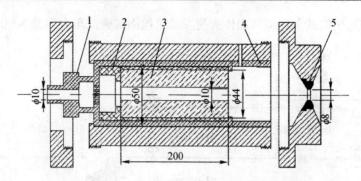

图 2.12　固液混合火箭发动机试验器的示意图
1—喷注器;2—前燃室;3—固体燃料药柱;4—后燃室;5—喷管。

试验发动机包括前燃室、燃烧室、固体燃料药柱、后燃室和喷管等部分。前燃室的主要功能包括使氧化剂降速、雾化和固定点火药包。固体燃料的燃烧属于扩散燃烧,发动机燃烧室内的燃烧反应通常不完全,须在固体燃料药柱后端增加后燃室,使未完全反应的燃气能在后燃室中继续反应。后燃室下游为石墨喷管。通过改变喷管喉径,可以控制燃烧室压强。

2.5.6.2　固液混合火箭发动机地面试验

将带燃料药柱的固液混合发动机安装在试车台架上。氧化剂管路与喷注器前的积液腔相连。氧化剂首先进入发动机,适时启动点火程序。

固液混合火箭发动机地面试验的主要测量参数包括:各管路的流量和压强、氧化剂的压强和流量、燃烧室压强及推力等。

2.5.6.3　数据处理

1. 燃料的燃面退移速率

固液混合火箭发动机中燃料燃面退移速率的确定比较复杂,将在 3.3.1.4 节中介绍。

2. 燃料的消耗速率

$$\dot{m}_f = \frac{m_{f0} - m_{f1}}{t_b} \tag{2.46}$$

式中:m_{f0} 和 m_{f1} 分别为燃料药柱的初始质量和试车后的残余质量;t_b 为燃料的燃烧时间。

3. 氧燃比

$$O/F = \dot{m}_{ox}/\dot{m}_f \tag{2.47}$$

式中：$\dot{m}_{\mathrm{ox}}$ 为氧化剂质量流量；$\dot{m}_f$ 为燃料质量流量，即燃料的消耗速率。

4. 平均比冲

$$I_{\mathrm{sp}} = \frac{\int_0^{t_a} F \mathrm{d}t}{(\dot{m}_f + \dot{m}_{\mathrm{ox}}) \cdot t_a} \tag{2.48}$$

式中：F 为发动机的推力，t_a 为发动机工作时间。

5. 实测特征速度

$$C_d^* = \frac{\overline{P}_c \cdot A_t}{(\dot{m}_{\mathrm{ox}} + \dot{m}_f)} \tag{2.49}$$

式中：$\overline{P}_c$ 为发动机平均工作压强；A_t 为喷管喉部面积。

2.5.6.4　应用案例[15]

HTPB 基固体燃料配方中，MA（镁铝合金）/Mg/C/HTPB 的质量比为 28/10/2/60。氧化剂为 N_2O，该燃料的最佳理论氧燃比为 4.0。进行固液混合发动机试验，考察氧燃比对固液混合火箭发动机性能的影响规律，试验结果如表 2.12 所示。

表 2.12　HTPB 基固体燃料的固液混合发动机试验结果

配方编号	SF - 02	SF - 01	SF - 03
平均压强/MPa	2.65	2.58	2.69
N_2O 密流/((kg/s)·m^2)	550.86	566.28	557.89
燃面退移速率/(mm/s)	1.68	1.26	1.17
氧燃比	3.47	4.97	5.46
实测比冲/(N·s/kg)	1782.82	1997.15	2067.00
理论比冲/(N·s/kg)	2359.48	2343.25	2336.91
比冲效率/%	75.56	85.23	88.45
实测特征速度/(m/s)	1285.5	1386.0	1535.1
理论特征速度/(m/s)	1593.1	1581.1	1572.5
燃烧效率/%	80.69	87.66	97.62

由表 2.12 中数据可见，在试验条件下，随着氧燃比的增加，HTPB 基固体燃料的比冲、特征速度、比冲效率和燃烧速率均增加；当试验氧燃比低于最佳理论氧燃比时，固体燃料的燃烧效率大幅度下降，即从提高发动机燃烧效率和比冲考虑，工作氧燃比应提高至最佳理论氧燃比以上。

2.6　推进剂能量性能的热力学计算[1]

2.6.1　目的

作为固体火箭发动机的能源,追求能量即比冲最高是固体推进剂配方设计要达到的首要目标。但是,由于推进剂能量性能的影响因素众多,且试验成本很高,需要建立基于推进剂配方和发动机工作条件的推进剂能量性能理论分析方法和计算软件,用以比较不同推进剂配方的理论能量性能,指导以比冲最大化为目标的推进剂配方设计。

2.6.2　计算原理

2.6.2.1　基本假设

1. 燃烧室

(1)热力学过程:发动机燃烧室中推进剂的燃烧过程为等压绝热过程,即等焓过程。

(2)化学反应:燃烧室中推进剂的燃烧反应达到化学平衡。

(3)流动特征:在燃烧室内各点燃烧产物的组成及其它参数分布均匀,即燃烧室内流动特征为零维。

2. 喷管

(1)热力学过程:在喷管的流动过程中,燃气流动为绝热可逆过程,即等熵过程。

(2)化学反应:分冻结流和平衡流两种。

在喷管流动过程中,若燃烧产物的化学反应速度大大低于流动导致的工质温度、压强等性能参数的变化速度,则假设在喷管流动过程中来不及发生化学反应,故称为冻结流。冻结流意味着喷管中燃烧产物的组成不变,与燃烧室中相同。此时,喷管出口的温度由等熵关系式求得。在冻结流条件下,计算出的推进剂比冲称为冻结比冲。

若流动导致的工质温度、压强等性能参数的变化速度大大低于燃烧产物的化学反应速度,则意味着在喷管流动过程中化学反应处处达到化学平衡,称为平衡流。在平衡流条件下,计算出的推进剂比冲称为平衡比冲。

在喷管流动过程中,随着推进剂燃烧产物温度的降低,在高温下离解的物质会进行离解的逆反应——复合反应,而复合反应的热效应是放热的。因此,平衡比冲值高于冻结比冲值。换言之,平衡比冲值是比冲的上限,而冻结比冲是比冲的下限。

实际发动机时,喷管中工质的流动特性介于平衡流和冻结流之间,也称为松弛流。

一般,推进剂的能量越高,喷管中工质的流动特性越接近于平衡流;反之亦然。

(3)流动特征:喷管中燃气的流动过程为一维定常流,即在喷管的任一横截面上,燃气的组成及性能参数分布均匀,且不随时间而变。

3. 状态方程

气态燃烧产物为理想气体,凝相产物的体积忽略不计。

2.6.2.2　基本守恒方程

1. 质量守恒方程

设固体推进剂由 l 种元素构成的化合物混合而成,且推进剂的元素集合为

$$\{C, H, O, N, Cl, Al, \cdots\}_l$$

则该推进剂的质量守恒方程为

$$\sum_{i=1}^{m} a_{ij} \cdot x_i = b_j \qquad (j = 1, 2, \cdots, l) \tag{2.50}$$

式中:$j = 1, 2, \cdots, l$ 分别代表 C、H、O、N、Cl 和 Al 等元素;b_j 为单位质量(1kg)推进剂中第 j 元素的物质的量,来自推进剂的假想化学式;a_{ij} 为第 i 种燃烧产物中 j 元素的原子数,来自燃烧产物的分子式;x_i 为单位质量燃烧产物中第 i 种燃烧产物的物质的量;m 为燃烧产物总数。

通常,根据选择的燃烧产物(共 m 种),可以得到燃烧产物元素组成的 a_{ij} 二维数组如下,其中 i 代表不同的燃烧产物。

$$
\begin{bmatrix}
j & 1 & 2 & 3 & 4 & 5 & 6 \\
i & C & H & O & N & Cl & Al \\
C & 1 & 0 & 0 & 0 & 0 & 0 \\
H & 0 & 1 & 0 & 0 & 0 & 0 \\
O & 0 & 0 & 1 & 0 & 0 & 0 \\
N & 0 & 0 & 0 & 1 & 0 & 0 \\
Cl & 0 & 0 & 0 & 0 & 1 & 0 \\
Al & 0 & 0 & 0 & 0 & 0 & 1 \\
CO & 1 & 0 & 1 & 0 & 0 & 0 \\
CO_2 & 1 & 0 & 2 & 0 & 0 & 0 \\
\cdots & & & & & &
\end{bmatrix}_{m \times l}
$$

2. 能量守恒方程

根据假设,燃烧室中推进剂通过燃烧把其化学潜能转化为燃烧产物热能的过程为等压绝热过程,即等焓过程,故有

$$H_c = H_p \tag{2.51}$$

式中:H_p为单位质量推进剂的总焓,由式(2.8)计算得到;H_c为在燃烧室压强和平衡燃烧温度时单位质量推进剂燃烧产物的总焓。

在某温度 T 下,单位质量推进剂燃烧产物的总焓为

$$H(T) = \sum_{i=1}^{m} x_i(T) H_{p_i}^0(T) \tag{2.52}$$

式中:$H_{p_i}^0$为第 i 种燃烧产物的摩尔焓。

一般地,在某温度下某物质的摩尔焓由其温度系数通过下式求得

$$H_{p_i}^0(T) = R_0 (d_{i1}T + d_{i2}T^2/2 + d_{i3}T^3/3 + d_{i4}T^4/4 + d_{i5}T^5/5 + d_{i6}) \tag{2.53}$$

式中:d_{ij}为第 i 种燃烧产物的第 j 个温度系数(共 7 个);R_0为普适气体常数。

在火箭发动机(包括燃烧室和喷管)中,单位质量推进剂燃烧产物的总焓均依据式(2.52)计算。

推进剂燃烧产物作为工质,假设喷管中其流动和反应的过程为绝热可逆过程,即等熵过程,故有

$$S_c = S_e \tag{2.54}$$

式中:S_c和S_e分别为单位质量推进剂的燃烧产物在燃烧室平衡状态时和喷管出口截面的总熵。

单位质量推进剂的燃烧产物在某温度 T 下的总熵为

$$S(T) = \sum_{i=1}^{m} x_i(T) \cdot S_{p_i}^0(T) \tag{2.55}$$

式中:$S_{p_i}^0$为第 i 种燃烧产物的摩尔熵。

一般,在某温度下某物质的摩尔熵由其温度系数通过下式求得:

$$S_i^0(T) = R_0 (d_{i1}\ln T + d_{i2}T + d_{i3}T^2/2 + d_{i4}T^3/3 + d_{i5}T^4/4 + d_{i7}) \tag{2.56}$$

3. 化学平衡方程

在固体火箭发动机的燃烧室中,推进剂在高温高压条件下燃烧。通常假设在燃烧室中推进剂的氧化还原反应达到化学平衡。

在燃烧室的高温环境中,多原子燃烧产物会发生吸热的离解反应。在喷管流动中,工质发生膨胀,热能转化为动能,同时工质的温度降低,推进剂的燃烧产物中也会发生离解产物的放热复合反应,进一步释放热量。这些反应是否进行完全,影响

着发动机的能量转化效率。依据前面的假设,喷管冻结流中工质无化学反应,而平衡流则意味着喷管中处处达到化学平衡。

描述化学平衡的数学方法很多,最常见的就是基于化学反应动力学质量作用定律的、关联产物和反应物浓度或分压的化学平衡关系式。

但是,由于发动机中固体推进剂反应的复杂性,无法准确获知其中进行的每一个反应及参与反应的物质,因此上述方法的适用性较差。

目前,常用描述体系化学平衡的方法是 Gibbs 最小自由能法。

2.6.2.3　最小自由能原理

由热力学理论可知,对于自发过程,在等温、等压和只做体积功的条件下,体系的 Gibbs 自由能总是逐渐减小的;当体系的 Gibbs 自由能减小到最小值时,不再变化,即达到化学平衡。

也就是说,若能求出满足体系的 Gibbs 自由能达到最小时的组份含量分布,即为体系的平衡组成。

对于固体火箭发动机,推进剂的燃烧和喷管流动过程均为自发过程。因此,可以依据最小自由能原理,在质量守恒方程的约束条件下,计算燃烧室中推进剂燃烧产物的平衡组成;同理,也可计算平衡流中喷管出口处燃烧产物的平衡组成。

2.6.2.4　最小自由能法求解气相反应体系的平衡组成

1. 体系的自由能函数

在燃烧室中,在等温(燃烧室平衡温度 T_c,待求)、等压(燃烧室压强 P_c,设计给定)条件下,推进剂燃烧达到化学平衡。在此推进剂燃烧过程中,推进剂燃烧产物(体系)的 Gibbs 自由能变化由反应过程中组份含量的变化所致,即化学势的变化为

$$\mu_i = \left(\frac{\partial G}{\partial x_i} \right)_{T,P,x_j} \qquad (x_j \neq x_i)$$

式中:μ_i 为在等温、等压和体系中其它组份含量不变的条件下,第 i 种燃烧产物含量变化时引起的体系 Gibbs 自由能变化,即化学势。

由热力学原理,有

$$\mu_i = \mu_i^0 + R_0 T \ln P_i \qquad (2.57)$$

式中:T 为体系的温度,K;P_i 和 μ_i^0 分别为第 i 种燃烧产物的分压(Pa)和摩尔化学势(J/mol),摩尔化学势由下式计算。后文将用 g_i^0 表示反应体系中 i 组份的摩尔 Gibbs 自由能变化,即化学势。

由 Gibbs 自由能与焓、熵之间的关系,有

$$g_i^0 = H_i^0 - T \cdot S_i^0 \tag{2.58}$$

式中,第 i 种燃烧产物的摩尔焓和摩尔熵分别由式(2.53)和式(2.56)计算。

由道尔顿分压定律,1mol 第 i 种产物的自由能函数为

$$g_i = g_i^0 + R_0 T(\ln P + \ln x_i - \ln X) \tag{2.59}$$

式中:P 为体系的压强;X 为 1kg 气相混合物系的总摩尔数。

若 1kg 反应体系中第 i 种产物的摩尔数为 x_i,则第 i 种产物的自由能函数为

$$g_i(x) = x_i[g_i^0 + R_0 T(\ln P + \ln x_i - \ln X)] \tag{2.60}$$

对式(2.60)进行无因次化,并令常数项为

$$C_i = \frac{g_i^0}{R_0 T} + \ln P$$

则有

$$g_i(x) = x_i(C_i + \ln x_i - \ln X)$$

设体系中组份数为 m,则 1kg 反应体系的总自由能函数为

$$G(x) = \sum_{i=1}^{m} x_i(C_i + \ln x_i - \ln X) \tag{2.61}$$

2. 体系自由能函数的近似表示

在最小自由能法中,求解体系的平衡温度和平衡组成采用温度迭代法。

假设推进剂平衡燃烧产物组成的初值为

$$\{y_i\} \qquad (i = 1, 2, \cdots, m)$$

该组初值需满足以下两个条件:

$$\begin{cases} y_i > 0 & (i = 1, 2, \cdots, m) \\ \sum_{i=1}^{m} a_{ij} \cdot y_i = b_j & (j = 1, 2, \cdots, l) \end{cases}$$

此时,体系的总自由能函数为

$$G(y) = \sum_{i=1}^{m} y_i(C_i + \ln y_i - \ln Y) \tag{2.62}$$

其中

$$Y = \sum_{i=1}^{m} y_i$$

令

$$\begin{cases} \Delta_i = x_i - y_i \\ \Delta = X - Y \end{cases}$$

将反应体系的总自由能函数在 $x = y$ 处用 Taylor 级数展开,取前三项得

$$G(x) \approx Q(x) = G(x)\big|_{x=y} + \sum_{i=1}^{m} \frac{\partial G}{\partial x_i}\bigg|_{x=y} \cdot \Delta_i + \frac{1}{2}\sum_{i=1}^{m}\sum_{k=1}^{m} \frac{\partial^2 G}{\partial x_i\,\partial x_k}\bigg|_{x=y} \cdot \Delta_i \cdot \Delta_k$$

求总自由能函数这个多元函数的导数,整理后得

$$G(x) \approx G(y) + \sum_{i=1}^{m}(C_i + \ln y_i - \ln Y)\cdot \Delta_i + \frac{1}{2}\left(\sum_{i=1}^{m}\frac{\Delta_i^2}{y_i} - \frac{\Delta^2}{Y}\right) \qquad (2.63)$$

3. 线性方程组

根据多元函数极值的数学求解方法,构造以质量守恒方程为约束条件的 Langrage 函数为

$$L(x) = G(x) + \sum_{j=1}^{l}\lambda_j \cdot \left(b_j - \sum_{i=1}^{m} a_{ij}\cdot x_i\right) \qquad (2.64)$$

式中:λ_j 为 Langrage 待定系数。

将式(2.63)代入式(2.64),则有

$$L(x) = G(y) + \sum_{i=1}^{m}(C_i + \ln y_i - \ln Y)\cdot \Delta_i + \frac{1}{2}\left(\sum_{i=1}^{m}\frac{\Delta_i^2}{y_i} - \frac{\Delta^2}{Y}\right)$$

$$+ \sum_{j=1}^{l}\lambda_j \cdot \left(b_j - \sum_{i=1}^{m} a_{ij}\cdot x_i\right) \qquad (2.65)$$

上式中未知数是 x_i 和 λ_j,共 $m + l$ 个。

令

$$\frac{\partial L}{\partial x_i} = 0 + (C_i + \ln y_i - \ln Y) + \left(\frac{x_i}{y_i} - \frac{X}{Y}\right) - \sum_{j=1}^{l}\lambda_j \cdot a_{ij} = 0 \qquad (2.66)$$

整理后得到

$$x_i = \frac{X}{Y}y_i + \sum_{j=1}^{l}\lambda_j \cdot a_{ij}y_i - y_i(C_i + \ln y_i - \ln Y) \qquad (2.67)$$

在参数 λ_j 和 Y 已知的条件下,利用式(2.67)可求出产物的平衡组成;利用式(2.67)还可以减少未知数的个数,即将式(2.67)代入式(2.65)时未知数个数减为 $l+1$ 个。

将式(2.67)对 i 求和,整理后有

$$\sum_{j=1}^{l}\lambda_j \cdot b_j = \sum_{i=1}^{m} g_i(y) \qquad (2.68)$$

将式(2.67)代入质量守恒方程——式(2.50),有

$$\sum_{i=1}^{m} a_{ik} \cdot \left[\frac{X}{Y}y_i + y_i\sum_{j=1}^{l} a_{ij}\cdot\lambda_j - g_i(y)\right] = b_k \qquad (k = 1,2,\cdots,l)$$

令常数

$$\gamma_{kj} = \gamma_{jk} = \sum_{i=1}^{m} a_{ij} a_{ik} y_i$$

整理得

$$\left(\frac{X}{Y} - 1\right) b_k + \sum_{j=1}^{l} \gamma_{kj} \cdot \lambda_j - \sum_{k=1}^{m} a_{ik} \cdot g_i(y) = 0 \quad (k = 1, 2, \cdots, l) \quad (2.69)$$

令

$$Z = \left(\frac{X}{Y} - 1\right)$$

有

$$\sum_{j=1}^{l} \gamma_{kj} \cdot \lambda_j + b_k \cdot Z = \sum_{k=1}^{m} a_{ik} \cdot g_i(y) \quad (k = 1, 2, \cdots, l) \quad (2.70)$$

联立式(2.68)和式(2.70),得到求解 λ_j 和 Z 的线性方程组

$$\begin{cases} \sum_{j=1}^{l} \gamma_{kj} \cdot \lambda_j + b_k \cdot Z = \sum_{k=1}^{m} a_{ik} \cdot g_i(y) \quad (k = 1, 2, \cdots, l) \\ \sum_{j=1}^{l} b_j \cdot \lambda_j = \sum_{k=1}^{m} g_i(y) \end{cases} \quad (2.71)$$

依据上述线性方程组,求得 Langrage 待定系数 λ_j 和燃烧产物的总摩尔数 X 后,代入式(2.67),可以计算得到满足等温、等压和质量守恒方程条件下的产物平衡组成。

以燃烧室中推进剂热力学计算为例,常用温度尝试法迭代求解达到化学平衡时的燃烧温度和燃烧产物平衡组成。具体步骤是在给定推进剂配方和燃烧室压强条件下:首先,假设一个燃烧温度,依据上述方法,求解该温度及上述条件下的平衡组成;然后,依据式(2.52),求出此条件下推进剂燃烧产物的总焓;最后,将此总焓与由式(2.8)求出的推进剂总焓比较。若两者相等,则此时得到的温度及平衡组成即为推进剂燃烧产物的平衡温度及平衡组成;若不等,则需改变温度,直至满足燃烧室的能量守恒方程为止。

2.6.2.5　热力学计算的输入数据

为保证基于推进剂配方、发动机工作条件和最小自由能法的热力学计算方法进行,热力学计算需要如下初始的输入数据

(1) 发动机工作条件:燃烧室压强 p_c、喷管出口压强 p_e。

(2) 喷管流动情况:冻结流或平衡流。

（3）推进剂初温 T_0（通常假设为298K）。

（4）推进剂配方：推进剂每个组份的分子式、含量和标准生成焓。

（5）选择的推进剂燃烧产物组成元素表达矩阵，即 $\{a_{ij}\}_{m \times l}$。

（6）推进剂燃烧产物的温度系数矩阵，即 $\{d_{ij}\}_{m \times 7}$。

2.6.3　应用案例[16]

1. 热力学计算的功能

作为能源材料，在推进剂配方设计的初期，比冲最高是要达到的首要目标。因此，对于给定的推进剂大配方（即推进剂主要组份——氧化剂、金属燃料、粘合剂及含能添加剂的类型确定），首先需要利用热力计算程序，计算其比冲，如表2.8所示。

以推进剂能量性能优化为目标的推进剂配方设计目的就是要得到高比冲条件下推进剂各主要组份的含量。也就是说，当推进剂主要组份（如氧化剂、金属燃料和粘合剂）的类型确定后，需要变化这些主要组份的含量，来计算其理论比冲；依据最大比冲，找到此时的推进剂配方，即完成推进剂配方设计的第一步。

2. 比冲三角图

但是，即使是最简单的 AP/Al/HTPB 三组元推进剂体系，在三者含量之和为100%前提下，试图通过固定该推进剂一个组份含量、变化其中一个组份含量（第三组份含量随之而变）的策略，要得到具有最大比冲的推进剂配方也几乎是不可能的。其原因在于：从燃烧的角度看，Al 和 HTPB 两者均为燃料，但两者完全燃烧时的需氧量和放热量均不同。因此，只有采取同时改变两个组份的含量、第三组份含量随之而变的策略，计算大量配方，才可能找到具有最大比冲的实用推进剂配方。

依据配方与比冲之间的大量计算数据，就可以做出基于 AP、Al 和 HTPB 三个组份含量变化的等比冲图，也称为比冲三角图。

同时考虑氧化剂、金属燃料和粘合剂三个组份含量变化时，比冲的相应变化规律通常用比冲三角图表示。

典型三组元推进剂——AP/Al/HTPB 推进剂的比冲三角图，如图2.13所示。

以 AP/Al/HTPB 推进剂的比冲三角图为例，比冲三角图的三个顶点分别为推进剂三大组份——AP、Al 和 HTPB 含量最高的点，顶点顺时针方向的轴为该轴逆时针方向顶点所代表组份的含量轴，顶点的若干个平行对边为该顶点所对应组份含量的等含量线，图中曲线为等比冲线。

3. 比冲三角图的用途

（1）直观地获得推进剂主要组份含量变化对比冲的影响规律

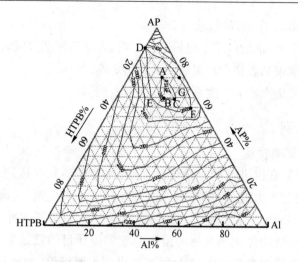

图 2.13 AP/Al/HTPB 推进剂的比冲三角图

（2）实用推进剂配方设计

从比冲三角图可以发现，每一条等比冲线对应的是一系列比冲相等的推进剂配方，这为考虑推进剂综合性能前提下找到高比冲的推进剂配方提供了基础。

根据推进剂的性能与配方的关系可知：氧化剂含量低时，推进剂的氧平衡可能太负，会造成推进剂燃烧不稳定、燃烧性能差等问题；铝粉含量高于 18% 时，推进剂的凝聚相燃烧产物含量大，在喷管中的两相流损失大，实测比冲低；若粘合剂含量太少，会造成推进剂的工艺性能问题。

因此，需要依据比冲效率、燃烧效率和推进剂的工艺性能等方面的经验，在具有最高比冲的系列配方中，选择一个综合性能好的推进剂配方，即确定推进剂的基础配方——主要组份的含量。

从图 2.13 中曲线可以得到理论比冲为 2600N·s/kg 等比冲线中三个特征点——A、B 和 C 三个配方中组份含量如表 2.7 所示，理论比冲为 2500N·s/kg 等比冲线中四个特征点——D、E、F 和 G 四个配方中组份含量如表 2.13 所示。

表 2.13 AP/Al/HTPB 推进剂理论比冲所对应的配方

配方点	A	B	C	D	E	F	G
比冲/（N·s/kg）	2600			2500			
AP/%	75.0	65.0	64.0	90.0	65.0	59.0	75.0
Al/%	15.0	20.0	26.0	0.0	15.0	36.0	22.5
HTPB/%	10.0	15.0	10.0	10.0	20.0	5.0	2.5

　　当理论比冲为 2600N·s/kg 时，A、B 和 C 三个配方中，C 配方的铝含量太高，预计其两相流损失大，实测比冲不高，应该舍弃；从工艺性能和能量性能统筹的角度，应该选择 B 配方；若工艺性能尚可，则高密度推进剂应该选择 A 配方。

　　当理论比冲为 2500N·s/kg 时，D、E、F 和 G 四个配方中，F 和 G 两个配方的粘合剂含量太低，预计无法混合均匀和浇注，故这两个配方应该舍弃；D 配方不含金属燃料，可考虑在低特征信号推进剂中使用，但密度较低；从工艺性能和能量性能统筹的角度，应该选择 E 配方。

参 考 文 献

[1]　张炜,朱慧. 固体推进剂性能计算原理[M]. 长沙:国防科技大学出版社,1996.

[2]　蔡显鄂,项一非,刘衍光. 物理化学实验[M]. 北京:高等教育出版社,1993.

[3]　黄源. AP/HTPB 推进剂 N-H 类降速单元构效关系及其应用研究[D]. 长沙:国防科技大学,2012.

[4]　郭洋. 改性硼的制备、燃烧性能及应用研究[D]. 长沙:国防科技大学,2014.

[5]　高东磊. 含硼富燃料推进剂一次燃烧性能研究[D]. 长沙:国防科技大学,2009.

[6]　黄利亚. 镁基水冲压发动机内部燃烧过程与燃烧组织方法研究[D]. 长沙:国防科技大学,2010.

[7]　薛群,徐向东. 固体火箭发动机测试与试验技术[M]. 北京:宇航出版社,1994.

[8]　QJ1047-92. 固体火箭发动机压强-时间、推力-时间数据处理规范[S].

[9]　揭锦亮. 含高能量密度化合物固体推进剂的性能研究[D]. 长沙:国防科技大学,2008.

[10]　胡建新,张为华,夏智勋,等. 冲压推进技术[M]. 长沙:国防科技大学出版社,2013.

[11]　刘兴洲,于守志,李存杰,等. 飞航导弹动力装置(下)[M]. 北京:中国宇航出版社,1992.

[12]　郭健. 固体燃料冲压发动机工作过程理论与试验研究[D]. 长沙:国防科技大学,2007.

[13]　胡凡. 镁基燃料水冲压发动机理论分析与试验研究[D]. 长沙:国防科技大学,2008.

[14]　宋志兵. 固液混合火箭发动机工作过程研究[D]. 长沙:国防科技大学,2008.

[15]　严万洪. HTPB/石蜡基燃料燃面退移速率测试及调节技术[D]. 长沙:国防科技大学,2014.

[16]　张炜,鲍桐,周星. 火箭推进剂[M]. 北京:国防工业出版社,2014.

第3章 固体推进剂的燃烧性能

3.1 固体推进剂的燃烧特征

3.1.1 固体推进剂的燃烧特点

固体推进剂燃烧时,不需要利用外界的氧,即自带氧化剂。这类自供氧、自热维持燃烧物质的燃烧又称为爆燃。

固体推进剂燃烧的基本特征[1,2]如下:

(1) 线燃速一般在几毫米每秒至几百毫米每秒之间。通常在 7MPa 下,AP 基复合固体推进剂的线燃速低于 40mm/s。

(2) 固体推进剂的燃烧过程始发于燃面及燃面以下的凝聚相反应区,其反应产物进入气相,进一步引发快速的氧化还原反应;故推进剂燃烧物质的传质方向与燃烧波阵面(燃面)的移动方向相反。

(3) 在气相,固体推进剂的燃烧完全,达到平衡燃烧温度。气相反应区的热量主要以热传导和辐射的方式传给凝聚相,故推进剂的传热方向与燃烧物质的传质方向相反。

(4) 固体推进剂燃烧时,要经过凝聚相热分解、气相氧化剂与燃料的预混、燃烧等阶段,最终转变成燃烧产物。

(5) 固体推进剂的燃速不仅与其配方特性有关,而且与环境条件(压强、初温等)密切相关。

3.1.2 固体推进剂的燃烧历程

以端面燃烧固体推进剂药柱的燃烧为例,其燃烧结构[3]如图 3.1 所示。

固体推进剂的反应区域分为凝聚相反应区和气相反应区。凝聚相反应区包括燃面及燃面以下、发生化学反应的推进剂区域。气相反应区又称为火焰区。推进剂的燃烧——氧化还原反应主要发生在气相反应区,该区域的反应热高于凝聚相反应热,故气相温度最高,最终的平衡燃烧温度为 T_f。因此传热的方向是从推进剂的气相火焰区传向推进剂凝聚相,也称为气相向燃面的热反馈。

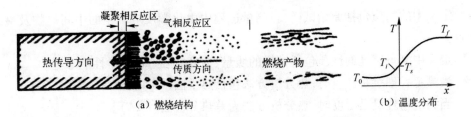

（a）燃烧结构　　　　　　　　　　　（b）温度分布

图 3.1　端面燃烧固体推进剂药柱的燃烧结构

因推进剂燃烧物质的传质方向与传热方向相反,故不存在对流传热,即气相反应区的热量以热传导和辐射的方式传递给固体推进剂药柱,使邻近燃面的推进剂温度由其初温 T_0 升高至燃面温度 T_s。

当固体推进剂的温度升高到氧化剂和粘合剂开始热分解的温度(T_i)时,推进剂开始以氧化剂和粘合剂热分解为主要反应的凝聚相反应。凝聚相反应区包括推进剂燃面及燃面以下有凝聚相反应的区域(温度从 T_i 到 T_s)。

凝聚相反应产物及未反应的铝粉等进入气相反应区,故气相反应区的反应物来自凝聚相反应。气相反应区主要发生氧化剂的富氧热分解产物与推进剂中富燃物质之间的氧化还原反应,生成最终的推进剂燃烧产物。

3.2　固体推进剂的热分解特性

前已述及,固体推进剂的氧化还原反应起始于凝聚相反应,且凝聚相反速度低于气相反应速度,故凝聚相反应对其燃烧性能有重要的影响。因此,研究凝聚相反应区中推进剂及其主要组份的热分解反应特征是十分必要的。

在推进剂气相反应的热反馈作用下,固体推进剂燃面及燃面以下区域快速升温,引发推进剂的凝聚相反应。

尽管目前热分析仪器的升温速率与推进剂中凝聚相的升温速率存在一定的差异,但热分析方法仍不失为研究固体推进剂凝聚相反应的有效手段。

3.2.1　热分析技术

3.2.1.1　热分析概述[4]

国际热分析协会(ICTAC)的命名委员会于 1977 年给热分析的定义是:热分析是在程序温度控制下,测量物质的物理性质与温度关系的一类技术。

定义中的程序控制温度是指按照设定的速率加热或冷却试样,通常是线性升温或线性降温,也可以是等温条件。

定义中的物质包括原始试样、在测量过程中由化学反应产生的中间产物及最终产物。

定义中测量试样的性质包括试样的质量、温度、热通量、力学性能等。

当测定物理量是质量时,热分析方法包括热重法(TG)及微商热重法(DTG)。

当测定物理量是温度时,热分析方法为差热分析法(DTA)。

当测定物理量是焓(热量)或热通量时,热分析方法为差示扫描量热法(DSC)。

3.2.1.2　热重分析(TGA/TG)

热重分析法(Thermogravimetric Analysis,TGA/Thermogravimetry,TG)是在程序控制温度下,测量物质的质量与温度关系的一种技术。测量的两个量之间的关系用数学表达式表示为

$$m = f(T \text{ 或 } t) \tag{3.1}$$

式中:m 为物质的质量;T 为温度;t 为时间。

热重分析技术就是把试样放在加热炉中加热并实时测量试样质量的技术,也可在降温下称量。能够进行这种测量的仪器就是热天平。其测试原理是将试样在真空或其它气氛中加热,并在加热过程中连续称取试样的质量。

微商热重法(Derivative Thermogravimetric Analysis,DTG)是将热重法得到的热重曲线对时间一阶微商的方法,得到试样的失重变化率与温度或时间的关系。记录的曲线为微商热重曲线,其峰温表示最大失重变化率处的温度。

3.2.1.3　差热分析(DTA)

差热分析法(Differential Thermal Analysis,DTA)是在程序控制温度下测量试样(S)与参比物(R)之间温度差–温度关系的一种技术。测量的两个量之间的关系用数学表达式表示为

$$\Delta T = T_S - T_R = f(T \text{ 或 } t) \tag{3.2}$$

式中:T_S 为试样的温度;T_R 为参比物的温度。

测试原理:在相同的程序升温条件下,被测试样与惰性参比物同时受热。如果在升温过程中试样没有热焓的变化,则试样与惰性参比物温度始终相等,即两者温差为零;如果试样发生了玻璃化转变、结晶、熔融、氧化、交联、降解等物理和化学变化,则在某一温度下试样产生一定的热效应,即吸收或放出热量使试样的温度与惰性参比物温度不同,表现为温差的变化。

差热分析就是测定试样与惰性参比物之间温差(ΔT)–温度(T)的变化规律,从

而得到"差热曲线"。

3.2.1.4　差示扫描量热(DSC)

差示扫描量热法(Differential Scanning Calorimetry,DSC)的定义是在程序控制温度下,测量输给试样与参比物之间的功率差-温度关系的一种技术。

DTA 有两个缺点:①试样产生热效应时,严重时会影响炉内的温度,导致升温速率出现非线性的变化,从而使校正系数 K 值变化,难以进行定量分析;②试样产生热效应时,由于与参比物、环境(炉内)的温度有较大差异,因而三者之间会发生热交换,这样就降低了对热效应测量的灵敏度和精确度。

由于这两个缺点,使得难以对 DTA 测试数据进行定量分析,只能进行定性或半定量分析工作。

为了克服 DTA 的缺点,发展了差示扫描量热法。该法对试样产生的热效应实时进行补偿,使得试样与参比物之间始终无温差、无热交换,测量的量是输给试样与参比物之间的功率差;而且试样的升温速率始终跟随炉温线性升温,保证了校正系数 K 值恒定。因此,不仅提高了测量灵敏度和精度,而且也能进行热量的定量分析。

3.2.1.5　热分析联用技术

随着现代仪器分析技术的进步,出现了一系列热分析技术的组合或热分析与其它分析仪器的联用技术。

热分析联用技术可分为两类:

第一类为不同热分析技术的组合,包括 TG-DTA 和 TG-DSC 联用等,这类热分析仪器也称为综合热分析仪。

第二类主要是热分析与其它分析仪器的联用技术,包括 TG/DSC-GC(气相色谱)、TG/DSC-IR(红外)、TG/DSC-MS(质谱)等,主要用于对样品气相热分解产物的定性或定量分析,用来研究样品的热分解机理。第二类联用技术的核心是定期快速采集样品的气相热分解产物。

3.2.1.6　热分析数据处理

1. 反应动力学参数

在描述反应动力学问题时,可以采用微分和积分两种不同的形式

$$\frac{d\alpha}{dt} = k \cdot f(\alpha) \tag{3.3}$$

$$g(\alpha) = k \cdot t \tag{3.4}$$

式中:t 为时间,s;α 为 t 时刻试样的反应程度;k 为反应的速率常数,s^{-1};$\dfrac{d\alpha}{dt}$ 为分解速率,s^{-1};$f(\alpha)$ 和 $g(\alpha)$ 分别为微分形式和积分形式的动力学机理函数,两者之间的关系为

$$f(\alpha) = \frac{1}{g'(\alpha)} = \frac{1}{d[g(\alpha)]/d\alpha} \tag{3.5}$$

速率常数 k 与反应温度 T 之间的关系用 Arrhenius 公式表示

$$k = A \cdot \exp\left(-\frac{E_a}{R_0 \cdot T}\right) \tag{3.6}$$

式中:A 为指前因子,s^{-1};E_a 为表观活化能,J/mol;R_0 为普适气体常数,8. 31J/(mol · K)。

对非等温情况,有

$$T = T_0 + \beta \cdot t \tag{3.7}$$

式中:T_0 为反应体系初始温度,K;β 为升温速率,K/s。

假设式(3.3)~式(3.5)也适用于非等温情况,则联立式(3.3)、式(3.4)、式(3.6)和式(3.7),得

$$\frac{d\alpha}{dt} = \frac{d\alpha}{\beta dT} = A\exp\left(\frac{-E_a}{R_0 \cdot T}\right)f(\alpha) \tag{3.8}$$

$$g(\alpha) = \frac{A}{\beta}\int_0^T \exp\left(\frac{-E_a}{R_0 \cdot T}\right)dT = \frac{A \cdot E_a}{\beta \cdot R_0} \cdot p(x) \tag{3.9}$$

式中:$x = E_a/(R_0 T)$;$p(x)$ 为 x 的函数。

2. 基于热分解反应峰温的表观反应动力学参数

利用不同升温速率下试样的热分解反应峰温,采用 Kissinger 法计算热分解反应动力学参数的公式为[5]

$$\ln\left(\frac{\beta}{T_p^2}\right) = \ln\frac{A \cdot R_0}{E_a} - \frac{E_a}{R_0 \cdot T_p} \tag{3.10}$$

式中:T_p 为试样在不同升温速率下 DSC 峰的峰温,K;E_a 为表观活化能,kJ/mol;A 为指前因子,s^{-1}。

在不同升温速率(5℃/min、10℃/min 和 15℃/min)条件下,测试获得试样的 DSC 曲线,进而得到它们在不同升温速率下的峰温 T_p。由 $\ln\dfrac{\beta}{T_p^2}$ 与 $\dfrac{1}{T_p}$ 的线性关系,用线性最小二乘法进行回归计算,可由 Kissinger 方程求出对应的表观活化能 E_a 和指

前因子 A。再由 Arrhenius 公式求出某一温度下热分解反应的速率常数 k。

利用不同升温速率下试样的 TG 曲线，得到同一反应程度 α 时不同升温速率下 TG 曲线的温度值，用 $\lg\beta$ 与 $1/T$ 的直线关系，由 Ozawa 法[6]，得

$$\lg\beta = \lg\frac{A \cdot E_a}{R_0 \cdot G(\alpha)} - 2.315 - 0.4567\frac{E_a}{R_0 \cdot T} \tag{3.11}$$

也可计算得到试样热分解反应的表观活化能。

3. 热分解反应机理函数

Coats 和 Redfern[7] 对式 (3.9) 进行了一种近似，得到

$$\ln\left[\frac{g(\alpha)}{T^2}\right] = \ln\frac{A \cdot R_0}{\beta \cdot E_a} - \frac{E_a}{R_0 \cdot T} \qquad (RT/E_a \ll 1) \tag{3.12}$$

假设已知 $g(\alpha)$ 函数形式，对 $\ln[g(\alpha)/T^2]$ 和 $1/T$ 进行线性回归，由拟合直线斜率可以计算出活化能 E_a，由截距可以计算出指前因子 A。

式 (3.12) 中 $\ln(AR_0/\beta E_a)$ 与温度无关，而 $\ln[g(\alpha)/T^2]$ 与 $1/T$ 均为温度的函数。对于正确的 $g(\alpha)$ 函数形式，$\ln[g(\alpha)/T^2]$ 与 $1/T$ 的关系必然为一条直线，据此可判断最可几机理函数。

选择合适的动力学机理函数主要根据以下判据：

(1) Coats-Redfern 法和 Kissinger 法计算得到的表观活化能 E_a 应该尽量一致。

(2) 利用 Coats-Redfern 法线性回归给出的线性相关系数应该尽量大。

(3) 所选机理函数对应的分解形式应与试样的状态相吻合。

根据上述原则，在对两种方法所求得的 E_a 比较的基础上，寻找最大的线性相关系数。通过逻辑分析，确定最可几机理函数（常见热分解机理函数如表 3.1 所示），得到热分解动力学方程。

表 3.1　常见的热分解反应机理函数[7]

编号	名　称	机　理	$f(\alpha)$	$g(\alpha)$
D_1	抛物线法则	一维扩散	$1/2\alpha$	α^2
D_2	Valensi 方程	二维扩散	$1/[-\ln(1-\alpha)]$	$(1-\alpha)\ln(1-\alpha)+\alpha$
D_3	Jander 方程	三维扩散（球对称）	$3/2(1-\alpha)^{2/3}[1-(1-\alpha)^{1/3}]^{-1}$	$[1-(1-\alpha)^{1/3}]^2$
D_4	Ginstling-Brounshtein	三维扩散（圆柱形对称）	$3/2[(1-\alpha)^{-1/3}-1]^{-1}$	$(1-2\alpha/3)-(1-\alpha)^{2/3}$
A_1	Avrami-Erofeev 方程	成核与生长（$n=1$）	$1-\alpha$	$-\ln(1-\alpha)$
A_2	Avrami-Erofeev 方程	成核与生长（$n=2$）	$2(1-\alpha)[-\ln(1-\alpha)]^{1/2}$	$[-\ln(1-\alpha)]^{1/2}$
A_3	Avrami-Erofeev 方程	成核与生长（$n=3$）	$3(1-\alpha)[-\ln(1-\alpha)]^{2/3}$	$[-\ln(1-\alpha)]^{1/3}$
R_2		相界面反应（圆柱形对称）	$2(1-\alpha)^{1/2}$	$[1-(1-\alpha)^{1/2}]$
R_3		相界面反应（球形对称）	$3(1-\alpha)^{2/3}$	$[1-(1-\alpha)^{1/3}]$

3.2.2　应用案例

前已述及,固体推进剂的凝聚相反应对其燃烧性能有重要的影响。因此,经常采用研究添加剂对氧化剂 AP 或推进剂热分解特性的方法,筛选对推进剂燃速有显著调节作用的添加剂,或研究添加剂的催化或抑制机理。

3.2.2.1　热分解过程中 AP 与降速剂的相互作用[8]

本小节所陈述的案例在于研究典型燃速降速剂——草酸铵对氧化剂 AP 热分解的抑制作用。

关于 AP 的热分解机理研究成果表明,在受热环境中,AP 首先通过质子转移的方式,分解生成氨和高氯酸;然后,高氯酸进一步分解成一系列含氯的氧化性分解产物。

$$NH_4ClO_4 \rightleftharpoons NH_3 + HClO_4$$

另一方面,草酸铵的吸热分解过程为

$$(NH_4)_2C_2O_4 \rightarrow NH_3 + CO_2 + H_2O$$

一般认为,草酸铵的降速机理为:在热分解过程中,草酸铵分解生成的氨抑制了 AP 向生成氨和高氯酸方向的热分解反应,从而降低了 AP 的热分解速率;另外,草酸铵分解反应为吸热过程,也抑制了 AP 的热分解速率,降低了推进剂的燃面温度,也起到了抑制 AP 热分解的作用。

那么,草酸铵是否确实抑制了 AP 的热分解过程呢? 这需要研究草酸铵对 AP 热分解特性的影响。

热分析测试条件:Al_2O_3 坩埚,升温区间一般为 25 ~ 500℃(部分样品升温至800℃),升温速率为 10℃/min,气氛为氩(Ar),流量为 40mL/min,样品质量约 15.0mg。

100 ~ 140 目的Ⅲ类 AP 和草酸铵(AO)的 TG-DSC 曲线如图 3.2 和图 3.3 所示。

可以看出,AP 的热分解过程由吸热的晶型转变、放热的低温分解(LTD)和高温分解(HTD)三个阶段组成。

在 Ar 气氛中,草酸铵(AO)的热分解至少包括一个失水阶段(失去一分子结晶水)和两个吸热分解阶段。第一吸热分解阶段的峰温为 224.4℃,失重 84.04%,吸热量为1950.4J/g;第二吸热分解阶段的峰温为 271.1℃,吸热量为 41.3J/g,失重 10.91%。

在 Ar 气氛下,AP/草酸铵(AO)混合物(质量比为 63:5)的 TG-DSC 曲线如图 3.4 所示。

对比 AP 的 DSC 曲线可以看出,AP/AO 混合物的热分解过程可大致分为 5 个阶

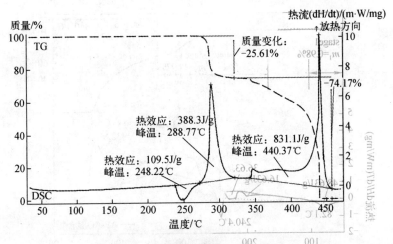

图 3.2　Ⅲ类 AP 的 TG-DSC 曲线

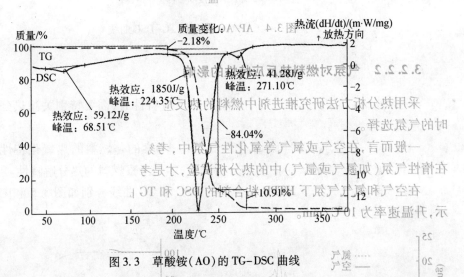

图 3.3　草酸铵(AO)的 TG-DSC 曲线

段:①AO 失水阶段;②AO 第一吸热分解阶段;③AP 晶型转变阶段;④AP 的低温分解阶段;⑤AP 的高温分解阶段。也就是说,AP/AO 混合物的热分解过程基本是 AP 和 AO 各自热分解过程的叠加。

从 AP/AO 混合物 DSC 曲线的相应峰温可以看出,添加草酸铵(AO)后,AP 的低温分解峰温由 288.8℃推迟至 304.6℃,即 AP 的低温分解受到抑制;AP 的高温分解峰温提前了 7.6℃。

上述结果表明,草酸铵确实抑制了 AP 的热分解过程。

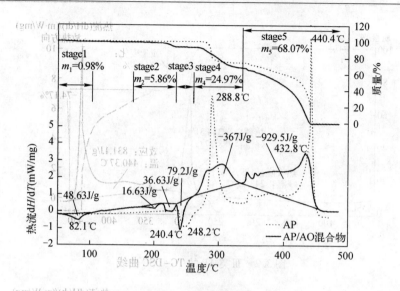

图 3.4　AP/AO 混合物 TG-DSC 曲线

3.2.2.2　气氛对燃料热反应特性的影响

采用热分析方法研究推进剂中燃料的热反应特性时,需要特别关注热分析试验时的气氛选择。

一般而言,在空气或氧气等氧化性气氛中,考察的是燃料的热氧化特性。只有在惰性气氛(如氮气或氩气)中的热分析试验,才是考察燃料的热分解特性。

在空气和氮气气氛下 HTPB 粘合剂的 DSC 和 TG 曲线分别如图 3.5 和图 3.6 所示,升温速率为 10℃/min。

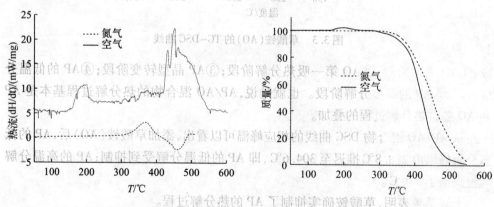

图 3.5　空气和氮气下 HTPB 的 DSC 曲线　　　图 3.6　空气和氮气下 HTPB 的 TG 曲线

由 HTPB 的 TG 曲线可以看出,尽管在空气和氮气下,HTPB 热分解均基本为一次失重的过程,但惰性气氛中 HTPB 的热失重过程要慢于在氧化性气氛(空气中的氧)中的热失重过程。

由 HTPB 的 DSC 曲线可以看出,在氮气气氛下,在 300~400℃温度范围内,HT-PB 粘合剂有一个放热峰,这是 HTPB 的解聚、环化和交联反应所致[9,10]。虽然此温度范围 HTPB 弱键的断裂需要能量,但占主导地位的是分子链间的交联和环化,故这一阶段的反应表现为放热;在 400~510℃温度范围内,出现一个吸热峰,这是 HTPB 的热分解反应,分子链的断裂和小分子碎片的挥发都需要能量,因此该过程为吸热。

在空气气氛下,在 150~240℃温度范围内,HTPB 粘合剂有一个放热峰,TG 曲线微小增重部分的温度范围与此相对应,这是 HTPB 的氧化反应;第二个放热峰(300~400℃)与氮气气氛下的第一个放热峰相同,发生 HTPB 的解聚、环化和交联反应;第三个放热峰开始于 400℃,这个放热峰主要是由于 HTPB 氧化分解反应所致。

以上试验结果表明,HTPB 在氮气中的热分解特性与空气气氛下的热氧化特性显著不同。

3.2.2.3　推进剂热分解特性与燃速的相关性[11]

一般认为,在固体推进剂燃烧过程中,凝聚相中推进剂主要组份的热分解反应,尤其是氧化剂的热分解速率决定了推进剂的燃烧速度。推进剂的热分解性能参数主要包括分解峰温、热分解表观活化能和指前因子、热分解表观速率常数等。另外,燃面温度是推进剂凝聚相反应和气相反应热反馈共同作用的结果,而且推进剂燃面温度与其燃速正相关。推进剂燃面温度可采用热电偶测推进剂燃面附近温度分布的方法获得。

由于凝聚相反应和燃面温度会显著影响推进剂的燃烧性能,上述参数与推进剂燃速应该存在某些必然的联系。

以镁含量为 50% 的镁基水反应金属燃料为例,系统研究了该燃料静态燃速与上述热分解参数、燃面温度的相关性,得到该类推进剂的静态燃速、燃面温度与燃料中 AP 的热分解峰温、热分解反应速率常数之间的关系,如图 3.7 和图 3.8 所示。

可以看出,在 0.5~2.0MPa 压强范围内,随着 AP 热分解温度的降低或 AP 热分解速率常数的增大,镁基水反应金属燃料静态燃速 r 及燃面温度 T_s 均增加。

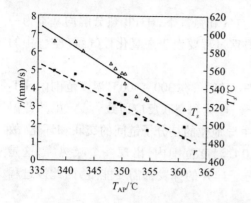

图 3.7　镁基水反应金属燃料静态燃速、燃面　　图 3.8　镁基水反应金属燃料静态燃速、燃面
　　　温度与 AP 热分解峰温的关系　　　　　　　　温度与 AP 热分解反应速率常数的关系

　　热分析认为,AP 的热分解反应是镁基水反应金属燃料一次燃烧过程的起始阶段,AP 热分解放热对燃料凝聚相分解反应性能有重要影响;AP 的热分解速度决定了水反应金属燃料凝聚相的分解反应速度,是镁基水反应金属燃料一次燃烧过程的速度控制步骤,即凝聚相热分解反应性能尤其是 AP 的热分解反应性能是镁基水反应金属燃料一次燃烧性能的重要影响因素。

3.2.2.4　用热分解方法评估推进剂组份间的相容性

　　GJB 770B-2005《火药试验方法》中 502.1"安定性和相容性　差热分析和差示扫描量热法"方法 502.1 规定用 DTA 或 DSC 曲线的峰温 T_p 评定试样的安定性。用组成混合体系的单组份相对于混合体系热分解峰温的改变量 ΔT_p 和这两个体系表观活化能的改变率 $\Delta E/E_1$,综合评价两个试样之间的相容性。

　　分解峰温的改变量定义为

$$\Delta T_p = T_{p1} - T_{p2} \tag{3.13}$$

式中:ΔT_p 为组成混合体系的单组份相对于混合体系分解峰温的改变量,K;T_{p1} 为单独组份的分解峰温,K;T_{p2} 为混合体系的分解峰温,K。

　　表观活化能的改变率定义为

$$\frac{\Delta E}{E_1} = \left| \frac{E_1 - E_2}{E_1} \right| \times 100\% \tag{3.14}$$

式中:$\Delta E/E_1$ 为单组份相对于混合体系表观活化能的改变率;E_1 为单组份的表观活化能,J/mol;E_2 为混合体系的表观活化能,J/mol。

　　安定性或热稳定性结果表达:推进剂或含能材料的 T_p 越高,其安定性越好。

评价组份间相容性的推荐性等级：

（1）当 $\Delta T_p \leqslant 2.0$℃ 及 $\Delta E/E_1 \leqslant 20\%$ 时，相容性好，1 级。

（2）当 $\Delta T_p \leqslant 2.0$℃ 及 $\Delta E/E_1 > 20\%$ 时，相容性较好，2 级。

（3）当 $\Delta T_p > 2.0$℃ 及 $\Delta E/E_1 \leqslant 20\%$ 时，相容性较差，3 级。

（4）当 $\Delta T_p > 2.0$℃ 及 $\Delta E/E_1 > 20\%$ 或 $\Delta T_p > 5.0$℃时，相容性差，4 级。

庞维强等[12]采用差示扫描量热法（DSC），以表观活化能变化率为判据，研究了高能硼氢燃烧剂——十氢十硼酸双四乙基铵（BHN）与缩水甘油叠氮聚醚（GAP）、黑索今（RDX）、奥克托金（HMX）、3-硝基-1,2,4-3-己基铅（NTO-Pb）、六硝基六氮杂异戊兹烷（CL-20）、铝粉（12.18μm）、镁粉（200～325 目 Mg）、3,4-二硝基呋咱基氧化呋咱（DNTF）和 N-胍基脲二硝酰胺盐（GUDN）等含能组份之间的相容性；同时还研究了 BHN 与聚对苯二甲酸乙二醇酯（PET，$M = 6000$）、聚乙二醇（PEG，$M = 10000$）、异氰酸酯（N-100）、端羟基聚丁二烯（HTPB）、癸二酸二辛酯（DOS）等推进剂常用组份之间的相容性。

测试结果表明，BHN 与 CL-20、Al、Mg、PET、PEG、N-100、HTPB、DOS 之间的相容性较好；与 GAP、HMX 之间轻微敏感；而与 RDX、DNTF 和 GUDN 不相容。即 BHN 与固体推进剂的主要组份相容性良好，可在 AP/Al/HTPB 体系的复合固体推进剂中应用。

3.2.2.5　用热分析联用技术研究物质的热分解机理

采用热分析与相关的分析仪器联用，探测试样热分解过程中产物的种类和含量，进而探索试样的热分解机理。

采用 GC（气相色谱）-MS（质谱）联用技术，分析了甲基乙烯基硅橡胶（PDMS）和苯基硅橡胶（PMPS）在管式炉中热分解产生的液态产物组成[13]。两种硅橡胶液态热解产物试样的 GC 谱图如图 3.9 所示。

由 GC 图谱可以看出，甲基乙烯基硅橡胶液态分解产物 GC 图谱中包含 7 个主要特征峰（编号 1～7），苯基硅橡胶液态分解产物的 GC 曲线上则多出了 8、9 和 10 号特征峰。硅橡胶液态热解产物 GC 特征峰对应的质谱图如图 3.10 所示。

将图 3.10 中的质谱图与 NIST 数据库（5.0a）的标准谱图相比照，可以确定 1 号特征峰对应于四氢呋喃（稀释溶剂）；2～7 号特征峰归属于甲基环硅氧烷（具体结构式已在图 3.10 中标识出）；但在 NIST 数据库中却未能找到 8、9、10 号特征峰对应的化合物，文献中也没有相关报道。因此，需要对 8、9、10 号特征峰质谱图进行进一步的解析。

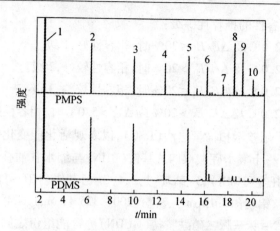

图3.9　甲基乙烯基硅橡胶和苯基硅橡胶液态热解产物的 GC 谱图

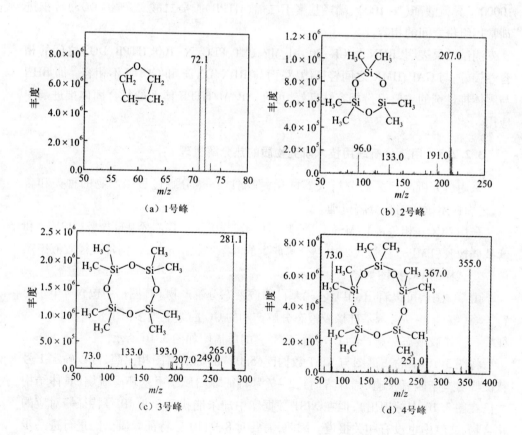

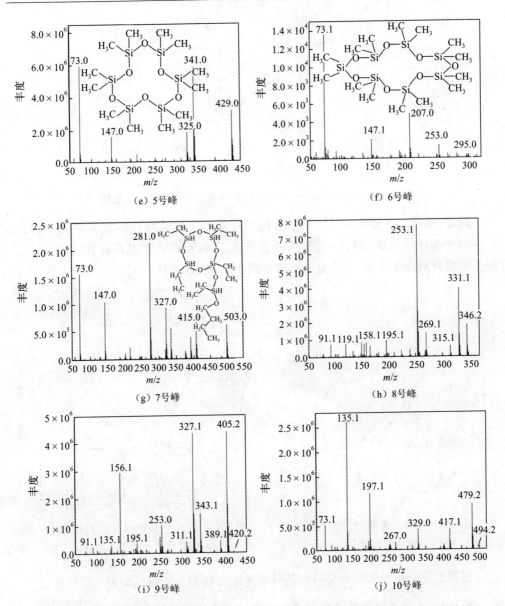

（e）5号峰　　　　　　　　　（f）6号峰

（g）7号峰　　　　　　　　　（h）8号峰

（i）9号峰　　　　　　　　　（j）10号峰

图 3.10　硅橡胶液态热解产物 1～10 号 GC 特征峰所对应物质的 MS 谱图和分子结构

　　根据质谱相关理论[14,15]解析后，确认液态热解产物 8 号 GC 特征峰对应未知物的合理化学式为 $C_{16}H_{22}O_3Si_3$，为 1,1-二苯基-3,3,5,5-四甲基环硅氧烷，其分子结构如图 3.11 所示。

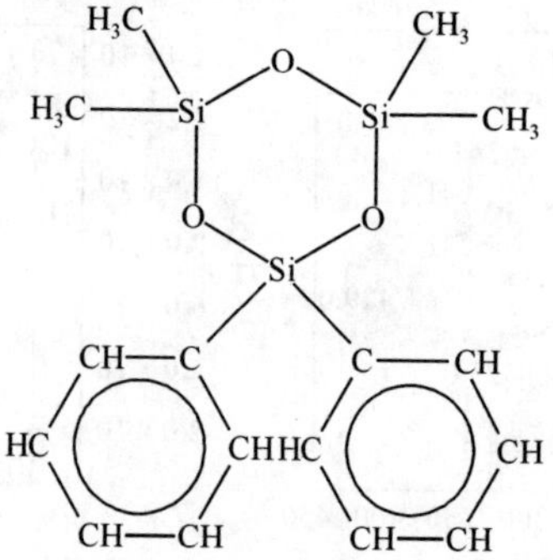

图 3.11　1,1-二苯基-3,3,5,5-四甲基环硅氧烷的分子结构

　　同理,推断出 9 号和 10 号 GC 特征峰对应的物质分别为 1,1-二苯基-3,3,5,5,7,7-六甲基环硅氧烷和 1,1-二苯基-3,3,5,5,7,7,9,9-八甲基环硅氧烷,它们的硅原子个数分别为 4 个和 5 个,分子结构如图 3.12 和图 3.13 所示。

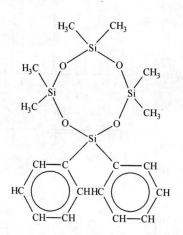

图 3.12　1,1-二苯基-3,3,5,5,7,7-
六甲基环硅氧烷的分子结构

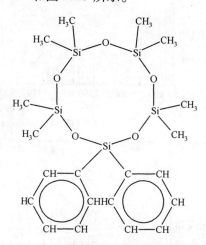

图 3.13　1,1-二苯基-3,3,5,5,7,7,9,9-
八甲基环硅氧烷的分子结构

　　根据上述分析可知两种硅橡胶热分解液态产物的主要组成如表 3.2 所示。

表 3.2　甲基乙烯基硅橡胶和苯基硅橡胶主要液态热解产物的 GC 测试结果

编号	时间/min	化 合 物	化学式	相对强度/%	
				PDMS	PMPS
1	2.3	Tetrahydrofuran[①]	C_4H_8O	—	—
2	6.2	Cyclotrisiloxane, hexamethyl -	$C_6H_{18}O_3Si_3$	80	100

（续）

编号	时间/min	化　合　物	化学式	相对强度/%	
				PDMS	PMPS
3	9.9	Cyclotetrasiloxane, octamethyl -	$C_8H_{24}O_4Si_4$	100	94
4	12.6	Cyclopentasiloxane, decamethyl -	$C_{10}H_{30}O_5Si_5$	41	45
5	14.5	Cyclohexasiloxane, dodecamethyl -	$C_{12}H_{36}O_6Si_6$	62	56
6	16.1	Cycloheptasiloxane, tetradecamethyl -	$C_{14}H_{42}O_7Si_7$	44	40
7	17.5	Cyclotetrasiloxane, tetraethylethylbutoxysiloxy -	$C_{14}H_{38}O_6Si_5$	15	14
8	18.4	Cyclotrisiloxane, tetramethyldiphenyl -	$C_{16}H_{22}O_3Si_3$	3	89
9	18.6	Cyclotetrasiloxane, hexamethyldiphenyl -	$C_{18}H_{28}O_4Si_4$	2	67
10	20.0	Cyclopentasiloxane, octamethyldiphenyl -	$C_{20}H_{34}O_5Si_5$	1	21

①四氢呋喃(Tetrahydrofuran)来自于稀释溶剂

由表 3.2 中信息可知,甲基乙烯基硅橡胶液态热解产物主要由 6 种甲基环硅氧烷组成,其中含量最高的为八甲基环硅氧烷;苯基硅橡胶液态热解产物主要包含 6 种甲基环硅氧烷和 3 种二苯基-多甲基环硅氧烷,含苯基环硅氧烷中 1,1-二苯基-3,3,5,5-四甲基环硅氧烷的含量最高。说明在受热情况下两种硅橡胶分解产生的液态产物均主要为环硅氧烷。

硅橡胶环化分解机理[13]:虽然硅橡胶分子中 Si-O 键能(451kJ/mol)要大于 Si-C 键能(326kJ/mol),硅橡胶的热解产物却大多为含有甲基或苯基的环状硅氧烷。说明硅橡胶的热分解主要为其主链上 Si-O 键的断裂,而不是主链与侧链基团间 Si-C 键的断裂,其热分解过程的主要控制因素为分子结构和热分解反应动力学,而不是键能的大小。

从成键方式来看,Si 和 O 的电负性相差(1.7)较大,导致 Si-O 键具有较强的离子性和反应活性,其本身就倾向于发生分子间和分子内的重排反应[16]。Si-O 键旋转的势垒非常低(小于 0.8kJ/mol),且 Si-O-Si 的键角(143°)很大,使得硅氧烷链极其柔顺[17,18]。这种特有的柔顺性有利于分子成环反应过渡态的形成,促进分解反应顺利进行。另外,在硅氧烷分解温度下环状结构的闭合反应也是热力学可行的(挥发性环状物的熵比线性链高)。以上因素导致了硅橡胶环化分解反应的进行。

根据硅橡胶分子结构和液态热解产物组成,推测试验所用苯基硅橡胶(PMPS)的典型环化热分解过程,如图 3.14 所示。

可以看出,硅橡胶的环化分解机理可以解释硅橡胶分解过程中大量环硅氧烷产生的原因。

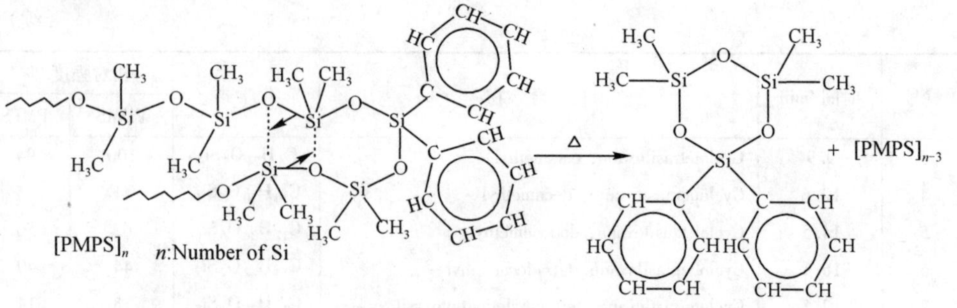

图 3.14　苯基硅橡胶典型的环化热分解历程

3.3　固体推进剂的燃烧性能参数

3.3.1　燃速

3.3.1.1　定义

线性燃速 r_p 是指稳态燃烧过程中,在垂直于推进剂燃面的方向上,单位时间内推进剂被燃烧掉的长度,其量纲为 mm/s。

3.3.1.2　固体火箭推进剂的燃速测试

在固体推进剂按平行层规律燃烧的前提下,通过测定一定长度固体推进剂药条所需要的时间,来实验确定推进剂的线燃速。

依据推进剂燃烧环境的不同,固体推进剂燃速的测试方法可分为:①静态燃速测试法;②动态燃速测试法。

静态燃速测试是在设定的惰性气氛压强下,测试规定长度固体推进剂药条(通常其截面积为 5mm×5mm 左右,其长度视推进剂燃速而定)的燃烧时间。若以熔断丝的熔断时刻作为推进剂药条燃烧时间计量的启动和终止,则称为靶线法;若以采集推进剂燃烧时发出的声波信号来测量推进剂的燃烧时间,则称为声发射法。

在静态燃速测试法中,固体推进剂药条在冷的惰性气体环境中燃烧,热损失较大,故测得的推进剂燃速偏低。

动态燃速测试法亦称发动机法。通常是测试固体推进剂在标准发动机(通常其内径为 108mm)中的燃速。因发动机处于近似绝热环境中,且发动机中推进剂的燃烧时间短,发动机向周围环境的散热几乎可以忽略。故当发动机中推进剂处于稳态燃烧状态时,推进剂处于其燃烧形成的高温环境下,故推进剂的动态燃速通常高于其静态燃速值。

　　固体推进剂静态燃速的靶线法测试系统由高压燃烧室、充气和排气子系统、压强控制子系统(高压气源、缓冲瓶、燃烧室压强控制模块)、靶线座、侧面惰性物包覆的推进剂药条、燃烧室温控子系统、数据采集及控制子系统等构成,如图 3.15 所示。其中高压燃烧室为固体推进剂药条的燃烧提供高压燃烧环境;在燃烧室压强控制模块的控制下,将高压气充填于安装好推进剂药条的靶线座、且密封的燃烧室中,至设定的测试压强;由于推进剂燃烧产生大量的燃气,会导致燃烧室内压强升高,故将燃烧室与缓冲瓶连通,以稳定燃烧室压强;推进剂药条用惰性物包覆侧面限燃,以保持推进剂在燃烧方向上以平行层燃烧的方式燃烧;燃烧室温控子系统用来控制燃烧室的温度,恒定推进剂燃速的测试环境温度;数据采集及控制子系统则用来实现燃烧室压强控制、靶线安装状态检查、点火、燃烧时间采集、排气和燃速数据处理等功能。

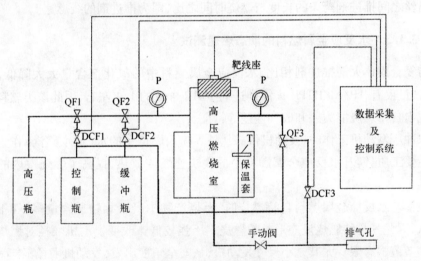

图 3.15　靶线法固体推进剂燃速测试系统图

QF—气动阀;DCF—电磁阀;P—压强传感器;T—温度传感器。

　　靶线法测固体推进剂燃速时,将用惰性物质侧面包覆(限燃)的推进剂药条按图 3.16 所示的方式固定在靶线座上。一、二靶线之间的长度即为燃速测试段推进剂药条的长度。

　　当直流电压施加到点火丝(通常是镍铬合金丝)上时,点火丝发热,点燃推进剂药条;当推进剂依平行层燃烧规律烧至第一个低熔点金属丝时,金属丝熔断,启动计时器;当推进剂燃烧至第二个低熔点金属丝时,金属丝熔断,关闭计时器。两个低熔

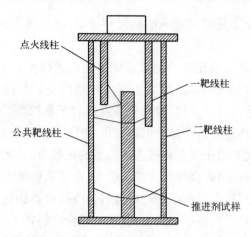

图 3.16   固定固体推进剂药条的靶线座

点金属丝之间推进剂药条的长度与燃烧时间之比,即为推进剂的线燃速。

3.3.1.3   水反应金属燃料的动态燃速测试[11]

与复合固体火箭推进剂相比,水反应金属燃料中的氧化剂含量大大降低,其中 AP 的含量仅有 AP/Al/HTPB 火箭推进剂中 AP 含量的 1/4 左右,因此该类燃料燃烧时表现出自持燃烧能力差和成气性差等特征。

水冲压发动机工作时,发动机依靠从外界喷入燃烧室的水(或水蒸汽)作为氧化剂和主要工质,镁基水反应金属燃料中的镁快速燃烧放热,提高了燃烧室内的温度和压强。

但镁基水反应金属燃料自特燃烧时,燃烧产物中凝聚相物质含量多,气相物质含量低,因此其自特燃烧反应形成的燃烧室压强较低。改变发动机喉径对燃烧室压强的调节范围有限。尤其是小尺寸发动机,从安全角度出发,发动机喉径不能太小。

为了研究在不同压强下镁基水反应金属燃料一次燃烧特性,采用小型发动机作为燃速测量的试验器,固定发动机喉径,通过向燃烧室内充填惰性气体的方法来调节燃烧室压强,测定不同压强下镁基水反应金属燃料的动态燃速。

1. 试验装置

水反应金属燃料燃速测量用发动机地面测试台系统示意图和工作图如图 3.17、图 3.18 所示。

发动机地面测试台主要包括供气系统、控制系统和测试系统三部分。供气系统包含由多个高压气瓶组成的氮气排作为供气源,含有减压阀、电磁阀及管路连接件;

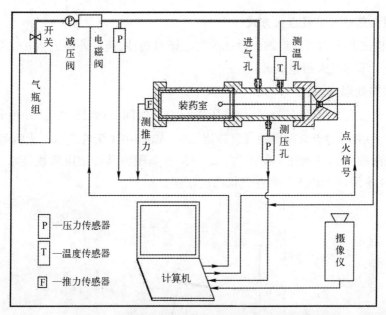

图 3.17　水反应金属燃料燃速发动机测试台系统示意图

　　（a）控制箱

　　（b）发动机工作中

图 3.18　水反应金属燃料燃速发动机测试台和工作图

控制系统包含控制箱、直流电源组等；测试系统主要包含温度传感器、压力传感器及推力传感器等元件。

　　本试验采用氮气为发动机燃烧室增压。试验时先打开增气电磁阀，使燃烧室内压强（冷流压强）保持恒定后，启动点火药包点燃药柱。药柱点火后燃烧室压强迅速增大并稳定在某压强，直至镁基水反应金属燃料燃烧完毕。压力传感器记录燃烧室内的压强变化。

2. 燃料药柱尺寸及点火方式

发动机试验采用圆柱形端面燃烧的实心燃料药柱,药柱外径为46mm,绝热层厚度为2mm。采用点火药包点火。

3. 数据处理方法

通过发动机试验可以得到燃烧室压强(P_c)-时间(t)曲线,如图3.19所示。其中A1-A2平滑段为点火前惰性气氛冷流压强,A2-B-C1尖峰表示点火瞬间压力峰,C1-C2平滑段为燃料燃烧工作压强,C2-A3下降段为燃烧结束后燃烧室压强下降段,A3-A4平滑段为熄火后惰性气氛冷流压强。

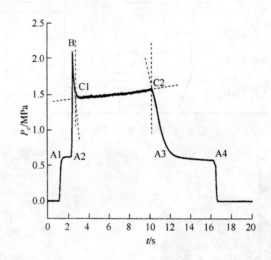

图3.19　镁基水反应燃料一次燃烧的压强-时间曲线

借鉴文献[19]中的处理方法,点火压力峰下降段切线与燃料燃烧工作压强段切线的交点为燃料起始点C1,同理获得燃烧结束时对应的压强点C2,C1和C2之间对应的时间为燃烧时间t_c,C1和C2之间的平均压强为燃烧室压强P_c,已知初始装药长度L_P,镁基水反应金属燃料一次燃烧线性燃速r_f的计算公式为

$$r_p = \frac{L_P}{t_c} \tag{3.15}$$

依据Vieille燃速经验公式,镁基水反应金属燃料的燃速公式为

$$r_p = b \cdot P_c^n \tag{3.16}$$

式中:r_p为燃料的线燃速,mm/s;b为燃速系数;P_c为燃烧室压强,MPa;n为燃速压强指数。

3.3.1.4　固液混合火箭发动机固体燃料的燃面退移速率测试[20]

固液混合火箭发动机的固体燃料中不含氧化剂或含极少的氧化剂,无法在惰性气氛中自持燃烧,因此不能用靶线法测试固体燃料的燃面退移速率。采用全尺寸发动机考核固体燃料的燃烧性能时,不仅成本昂贵,而且试验准备周期长,不能满足快速筛选固体燃料配方的目的要求。相比而言,采用缩比发动机进行地面模拟试验是比较简单、经济和有效的一种试验方式。

本研究采用 ϕ50mm 固液混合发动机试验系统测试固体燃料的燃面退移速率。

1. ϕ50mm 固液混合发动机试验系统

ϕ50mm 固液混合发动机试验系统主要由氧化剂供应系统、点火系统、发动机和测量控制系统等部分组成,其示意图如图 3.20 所示。

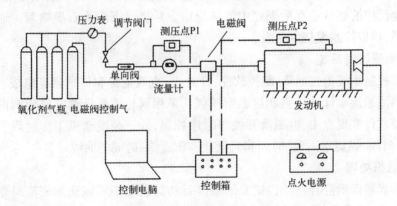

图 3.20　ϕ50mm 固液混合发动机试验系统示意图

1）氧化剂供应系统

氧气由气瓶经减压阀、流量计和电磁阀进入喷注器,再流经燃料药柱的内通道。本系统采用的喷注器面板为多孔直喷型,这样设计可一定程度降低氧化剂流速,增加氧化剂在药柱通道停留时间。

2）点火系统

采用点火药包对燃料药柱点火。

3）试验发动机

试验发动机如图 3.21 所示。

试验发动机包括前燃室、燃烧室、固体燃料药柱、后燃室和喷管等部分。前燃室的主要功能包括使氧化剂降速和固定点火药包。固体燃料的燃烧属于附面层扩散

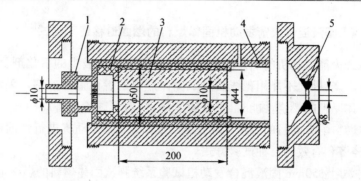

图 3.21　ϕ50mm 固液混合试验发动机

1—喷注器;2—前燃室;3—固体燃料药柱;4—后燃室;5—喷管。

燃烧,发动机燃烧室内的燃烧反应通常不完全,须在固体燃料药柱后端增加后燃室,使未完全反应的燃气能在后燃室中继续反应。后燃室下游为石墨喷管。通过改变喷管喉径,可以控制燃烧室压强。

4)测量控制系统

测量控制系统由控制箱、测控软件、计算机、直流电源和传感器等组成。采用压强传感器测量流量计前压强和后燃室压强。采用涡轮流量计测定氧化剂的体积流量。测控软件实现点火、电磁阀开关等时序控制,并记录发动机工作过程中流量计前压强–时间、燃烧室压强–时间和氧化剂体积流量–时间的曲线。

2. 数据处理

固体燃料固液混合发动机试验的最终目的是获得不同氧化剂密流时燃料的燃面退移速率,并在此基础上拟合出燃面退移速率公式。

结合发动机试验采集的数据及燃烧前后燃料药柱相关参数,可计算得到某一氧化剂密流下燃料的燃面退移速率。

1)氧化剂密流

氧化剂密流即燃料药柱内孔通道单位面积内氧化剂的质量流量。固液混合发动机中,固体燃料的燃面退移速率受多种因素影响,对于固定的固体燃料配方,燃面退移速率主要受氧化剂密流的影响,燃面退移速率的大小与氧化剂密流的幂指数成正比关系[21]。

氧化剂密流的计算公式

$$\overline{G}_{\text{ox}} = \frac{4\int_{D_1}^{D_2}\dfrac{\dot{m}_{\text{ox}}}{\pi D^2}\mathrm{d}D}{D_2 - D_1} = \frac{4\dot{m}_{\text{ox}}}{\pi D_1 D_2} \tag{3.17}$$

式中: $\bar{G}_{ox}$ 为氧化剂平均密流; $\dot{m}_{ox}$ 为氧化剂的质量流量; D_1 为燃料药柱的初始内径; D_2 为试验后的药柱内径。

式(3.17)中,氧化剂的质量流量 $\dot{m}_{ox}$ 由测量的氧化剂体积流量经转换得到:

$$\dot{m}_{ox} = \rho_{ox} \cdot \dot{V}_{ox} \tag{3.18}$$

式中: ρ_{ox} 为氧化剂的密度; $\dot{V}_{ox}$ 为氧化剂的平均体积流量,由氧化剂体积流量-时间曲线在燃烧时间内积分求平均值得到。

本系统选用的氧化剂为氧气,用气体状态方程求出氧化剂的密度

$$\rho_{ox} = \frac{m_{ox}}{V_{ox}} = \frac{P_{ox} \cdot M_{ox}}{R_0 T} \tag{3.19}$$

式中: m_{ox} 为氧气的质量; V_{ox} 为氧气的体积; P_{ox} 为氧气的压强; M_{ox} 为氧气的摩尔质量; R_0 为普适气体常数; T 为热力学温度。

2) 氧燃比

氧燃比(O/F 比)表示氧化剂质量流量与燃气质量流量的比值。其值与最佳 O/F 比越接近,发动机工作过程中燃料更接近充分燃烧。O/F 比的计算方法为

$$O/F = \frac{\dot{m}_{ox}}{\dot{m}_f} = \frac{\dot{m}_{ox}}{\Delta m_f / t_b} \tag{3.20}$$

式中: $\dot{m}_f$ 为燃气质量流量; Δm_f 为试验前后燃料质量变化。

3) 燃料的燃面退移速率

(1) 称重法。一般采用称重法求燃面退移速率[21],即通过试验前、后燃料的质量变化,反推出试验后药柱内径,进而计算出燃面退移速率。

使用称重法求取燃面退移速率需作如下假设:①药柱为内孔燃烧药柱;②燃料药柱燃烧时,其燃面满足平行退移规律,即沿药柱轴向的燃面退移速率相等。基于以上假设,试验过程中燃料药柱燃面退移过程示意图如图 3.22 所示。

燃面退移速率计算公式为

$$D_2 = \sqrt{\frac{4\Delta m_f}{\pi \cdot L \cdot \rho} + D_1^2} \tag{3.21}$$

$$r_f = \frac{1}{2}(D_2 - D_1)/t_b \tag{3.22}$$

式中: D_1 为燃料药柱的初始内径; D_2 为试验后燃料药柱的内径; Δm_f 为试验前后燃料药柱的质量损失; L 为药柱的长度; ρ 为燃料的密度; r_f 为燃料的燃面退移速率; t_b 为燃烧时间。

式(3.22)中,燃烧时间 t_b 由燃烧室压强-时间曲线(图3.23)得到。图3.23 中 A

点尖峰为点火压强峰,B 点为燃烧室压强上升到初始压强值(设计燃烧时间平均压强的 5%)的点,C-D 段为发动机工作的"稳定平衡段",D 点为试验曲线平衡段、下降段两条切线之间的角平分线与该试验曲线的交点。

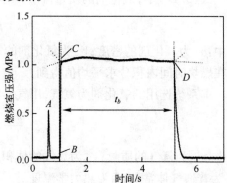

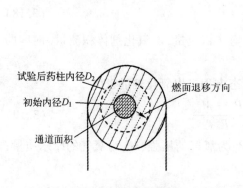

图 3.22　燃料药柱燃面退移过程示意图　　　图 3.23　典型的燃烧室压强-时间曲线

依据 GJB 97A-2001《标准试验发动机技术要求和数据处理》,燃烧时间定义为

$$t_b = t_D - t_B \tag{3.23}$$

式中:t_b 为发动机燃烧时间,s;t_D 为 D 点对应时间点,s;t_B 为 B 点对应时间点,s。

(2)解剖测量法。燃面退移速率还可由解剖测量法得到,即试验后将燃料药柱对半剖开,实际测量沿药柱轴向的各点内径,获得燃面退移速率沿轴向变化曲线,进而转化为平均燃面退移速率。相对于称重法,解剖测量法测试结果是基于实际测量得到的,更加真实。

某 HTPB 基固体燃料的燃面退移速率沿轴向变化曲线如图 3.24 所示。

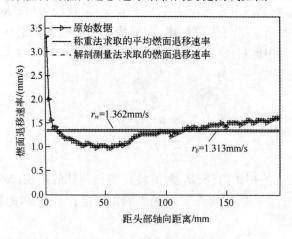

图 3.24　某 HTPB 药柱燃面退移速率与轴向距离的关系

由图 3.24 可知,从药柱头部至尾部,解剖测量法实测的燃面退移速率基本呈逐渐增加的趋势。后燃室高温及药柱内通道的流速变化是造成此种现象的主要原因。

尽管解剖测量法测试结果准确,但在实际工程应用中,逐点考察固体燃料的燃面退移速率耗时费力;且测量时需将每一个药柱进行解剖,属于破坏性测试,不利于药柱的重复利用。基于试验成本和测试精度的双重考虑,本研究选择称重法作为求燃面退移速率的方法。

3. 燃料的燃面退移速率公式

固液混合发动机中氧化剂与燃料的燃烧属于附面层扩散控制燃烧过程[22]。燃烧室压强对固液混合发动机的燃面退移速率影响较小,而与固体燃料配方、氧化剂种类和密流、发动机结构形式及尺寸等多种因素有关。固体燃料的燃面退移速率受氧化剂密流大小影响最显著,基本不受燃烧室压强影响,即

$$r_f = a \cdot G_{\text{ox}}^n \tag{3.24}$$

式中:r_f 为燃面退移速率;a 为指前因子,n 为密流指数,两者均为常数,由试验结果拟合而得。

把式(3.24)进行转换,得到

$$\ln r_f = n G_{\text{ox}} + \ln a \tag{3.25}$$

依据不同氧化剂密流下燃料的燃面推移速率数据,利用最小二乘法回归拟合,即可得到指前因子 a 和密流指数 n。

获取固体燃料的燃面退移速率公式时,一般采用保持药柱初始内径不变而改变氧化剂质量流量的方法[23]。这种方法需要的药柱较多,经济性不佳。

有鉴于此,Kumar 等[24]提出了一种新的获取燃面退移速率公式试验方法——中断燃烧测试法,即固定氧化剂质量流量,通过对同一发药柱进行多次重复点火,以上一次试验后燃料药柱内径作为下一次试验燃料药柱的初始内径。这种测试方法仅需要一发药柱,更经济,且与燃料的实际燃烧过程吻合。

3.3.2　燃速压强指数

3.3.2.1　定义

一般地,固体推进剂燃速与压强的关系为(Vieille 公式,维也里经验公式)

$$r_p = b \cdot P^n \tag{3.26}$$

式中:b 为燃速系数;P 为压强;n 为燃速压强指数。

对式(3.26)取对数,有

$$\ln r_p = \ln b + n \ln P \tag{3.27}$$

由式(3.27)可以看出,若可以测得不同压强下固体推进剂的燃速,再通过最小二乘法线性回归,即可得到燃速压强指数和燃速系数。

3.3.2.2　测试方法

同样,依据推进剂燃烧环境的不同,固体推进剂燃速压强指数的测试方法可分为静态法和动态法。

在恒定的环境温度下,在高压燃烧室中,测定不同压强下固体推进剂的静态燃速;再依据维也里经验公式,回归得到推进剂的静态燃速压强指数;依据不同压强下发动机中固体推进剂的动态燃速和维也里经验公式,得到推进剂的动态燃速压强指数。

3.3.3　燃速温度敏感系数

3.3.3.1　定义

固体推进剂的燃速与其测试环境温度的关系一般为

$$r_{p,0} = r_{p,\mathrm{ref}} \cdot \exp\left[\sigma_P (T_0 - T_{\mathrm{ref}})\right] \tag{3.28}$$

式中:$r_{p,0}$为在初温 T_0 时推进剂的燃速;$r_{p,\mathrm{ref}}$为参考初温 T_{ref} 下推进剂的燃速;σ_P 为压强固定时推进剂的燃速温度敏感系数。

将式(3.28)取对数,有

$$\ln r_{p,0} = \ln r_{p,\mathrm{ref}} + \sigma_p \cdot (T_0 - T_{\mathrm{ref}}) \tag{3.29}$$

由式(3.29)可以看出,若可以测得不同温度下固体推进剂的燃速,再依据式(3.29)通过最小二乘法线性回归,即可得到推进剂的燃速温度敏感系数。

3.3.3.2　测试方法

在恒定的压强下,测定不同环境温度下固体推进剂的静态燃速;再根据式(3.29),即可得到推进剂的燃速温度敏感系数。

3.4　含能材料燃烧性能分析技术

3.4.1　燃烧波温度分布

3.4.1.1　意义

固体推进剂燃烧时,燃面附近的凝聚相及气相温度分布对于研究固体推进剂的燃烧特征及燃烧机理具有重要意义。

依据燃面附近的温度分布(亦称燃烧波结构),可以研究推进剂燃烧过程中组份及组份之间的物理变化、化学反应及作用区域,进一步可明确推进剂燃烧过程的控制因素。因此,有必要研究推进剂的燃烧波结构。

3.4.1.2　测试方法[25]

通常,将微型钨-铼微热电偶埋设在直径为 5mm、长度为 10mm 的推进剂药条中部,药条侧面包覆。

将嵌入微热电偶的推进剂药条装在底座的支架上,然后置于带透明窗的燃烧室内,充氮气使燃烧室达到预定的压强。推进剂药条从远离热电偶端点燃后,触发热电偶的数据采集系统。

随着推进剂燃烧的进行,热电偶逐渐接近于燃面,测试到推进剂的初温及温度升高过程;随着燃面的推进,热电偶头部会到达燃烧表面,此时测到燃面温度;进而热电偶进入气相区,最后到达火焰区。这样就测得了推进剂从凝聚相升温区到气相火焰区整个燃烧波的温度分布曲线。

在测试过程中,由于热电偶材质耐热性的限制,热电偶往往测不到推进剂的稳态燃烧温度。

3.4.1.3　数据处理方法

假设推进剂的稳态燃烧按平行层燃烧规律燃烧。若忽略热辐射,则燃烧区域内的传热是从气相到凝聚相的一维热传导过程。假设燃烧波中任一单元体处于热平衡状态,推进剂燃烧过程中的稳态一维能量守恒方程为

$$\lambda \frac{\mathrm{d}^2 T}{\mathrm{d}x^2} - C \cdot \rho \cdot r_p \frac{\mathrm{d}T}{\mathrm{d}x} + Q_s = 0 \tag{3.30}$$

式中:λ 为导热系数;x 为燃烧波移动方向上的距离;T 为燃烧区域中 x 点处的温度;C 为比热;Q_s 为单位质量推进剂的凝聚相反应热;ρ 为推进剂密度;r_p 为推进剂燃速;$\mathrm{d}T/\mathrm{d}x$ 为温度梯度。

由于凝聚相反应热 Q_s 较小,可以忽略。假设 λ、C 和 ρ 为常数,考虑到 $x=0$ 时,$T=T_s$;$x=-\infty$ 时,$T=T_0$,$\mathrm{d}T/\mathrm{d}x=0$ 等边界条件,对式(3.30)进行积分,可以得到推进剂燃烧过程中凝聚相反应区的温度分布表达式

$$(T - T_0) = (T_s - T_0) \cdot \exp\left(\frac{r_p \cdot \rho_p \cdot C_p}{\lambda_p} x\right) \tag{3.31}$$

式中:λ_p 为固体推进剂的导热系数;C_p 为固体推进剂的定压比热;ρ_p 为固体推进剂的密度。

同理,由式(3.30)可得气相反应区的温度分布表达式

$$(T_f - T) = (T_f - T_s) \cdot \exp\left(-\frac{r_p \cdot \rho_g \cdot C_g}{\lambda_g}x\right) \tag{3.32}$$

式中:λ_g 为气相导热系数;C_g 为气相比热容;ρ_g 为气相密度。

式(3.31)和式(3.32)对 x 求导,可分别得到凝聚相温度分布和气相温度分布的微分方程。对两个微分方程作图,两曲线的交点即为在温度分布曲线上燃面的位置。

得到燃面温度 T_s 后,经进一步计算,可得到凝聚相反应区厚度 L_s、气相反应区厚度 L_g、凝聚相温度梯度 $(dT/dx)_s$ 和气相温度梯度 $(dT/dx)_g$ 等参数。其中

$$(dT/dx)_s = \frac{T_s - T_0}{L_s} \tag{3.33}$$

$$(dT/dx)_g = \frac{T_f - T_s}{L_g} \tag{3.34}$$

式中:T_f 为最终火焰温度。

前已述及,通过测定推进剂凝聚相附近的燃烧波温度分布,可以得到凝聚相和气相反应区两类参数。凝聚相反应区参数包括燃面温度 T_s、凝聚相反应区厚度 L_s、凝聚相温度梯度 $(dT/dx)_s$ 等参数,气相反应区参数包括气相反应区厚度 L_g 和气相温度梯度 $(dT/dx)_g$ 等参数。

这些参数对于认识固体推进剂反应区域的特征、推进剂的燃烧机理、分析催化剂的作用区域和机理具有重要意义。

由固体推进剂燃烧理论知,推进剂的燃面温度与其燃速正相关,而且燃面温度是推进剂凝聚相反应和气相放热反应向燃面热反馈的共同结果,因此燃面温度是上述参数中最核心、最关键的参数。

在燃烧机理、催化剂的作用区域和机理研究中,往往以典型推进剂或不含催化剂的基础配方为比较对象,对比含催化剂推进剂的上述参数,研究催化剂对上述参数的影响。若含催化剂推进剂的凝聚相反应区参数显著高于基础配方的相应参数,则基本可评定该催化剂对推进剂的凝聚相反应有催化作用;若含催化剂推进剂的气相反应区参数显著高于基础配方的相应参数,则基本可评定该催化剂对推进剂的气相反应有催化作用;若含催化剂推进剂的凝聚相和气相反应区参数显著高于基础配方的相应参数,则基本可评定该催化剂对推进剂的凝聚相和气相反应均有催化作用。

3.4.1.4　应用案例[26]

环境压强为 0.5MPa 条件下,硼团聚推进剂(p-0)及 Mg15B(镁包覆硼,其中镁

含量为 15%）团聚推进剂（p-7）的燃烧波结构测试结果如图 3.25 所示，具体参数列于表 3.3 中。

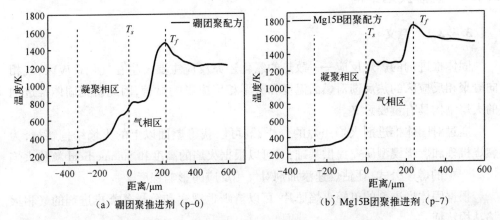

（a）硼团聚推进剂（p-0）　　　　　　（b）Mg15B 团聚推进剂（p-7）

图 3.25　含改性硼富燃料推进剂的燃烧波曲线

表 3.3　含改性硼富燃料推进剂的燃烧波结构参数

编　　号	p-0	p-7
配方特点	硼团聚	Mg15B 团聚
燃速/(mm/s)	5.64 ± 0.33	4.68 ± 0.15
燃面温度/K	752.82	1055.61
凝相区厚度/μm	328.87	267.42
$(dT/dx)_s/(K/\mu m)$	1.41	2.86
T_f/K	1471.89	1739.62
气相区厚度/μm	219.23	238.17
$(dT/dx)_g/(K/\mu m)$	3.29	2.87

数据表明：

（1）Mg15B 团聚推进剂的燃面温度显著大于硼团聚推进剂，这是燃面附近易燃金属镁的氧化放热所致。

（2）Mg15B 团聚推进剂的最终火焰温度大于硼团聚推进剂。由于 Mg15B 团聚颗粒中 B-Mg 核壳结构引入了较多的镁，镁易在低温下发生氧化放热。因此与硼相比，在推进剂一次燃烧的贫氧环境下，Mg15B 团聚推进剂的最终火焰温度高。

（3）因 Mg15B 团聚推进剂的燃面温度高，致使该推进剂的凝聚相区厚度低于硼团聚推进剂，同时凝聚相区的温度梯度也较高；但该推进剂的热值低于硼团聚推进剂，故 Mg15B 团聚推进剂的气相区厚度比硼团聚推进剂厚，且气相区温度梯度低于后者。

3.4.2　燃烧火焰结构

3.4.2.1　意义

固体推进剂的燃烧反应——放热的氧化还原反应主要发生在气相反应区,气相向凝聚相反应区的热反馈对燃面温度和凝聚相反应影响显著,因此研究固体推进剂的火焰结构具有重要意义。

通过对固体推进剂火焰照片的分析,既可以获得燃面以上的火焰结构特征,为燃烧机理和燃烧模型研究提供基础;又可以根据火焰的高度和 Summerfield 粒状火焰模型[3]中的燃速公式,评估燃速添加剂对气相反应的影响程度。

根据固体推进剂的单幅火焰照片,可以清晰地观察和分析各类推进剂的气相火焰结构特征。

如经典双基推进剂气相反应区中暗区–嘶嘶区–发光火焰区的火焰结构特征、硝胺改性双基推进剂的类双基推进剂火焰结构、复合固体推进剂的无暗区火焰结构、含铝复合固体推进剂燃烧过程中铝颗粒燃烧过程等,均主要来自对推进剂火焰照片的深入分析。

对于双基推进剂类的多层火焰结构,将其火焰照片与其气相温度分布规律(燃烧波结构)的信息结合起来,既可以相互佐证,又有利于对气相火焰区的精细分析。

根据火焰高度的差异可评判催化剂对推进剂气相反应的催化作用,其依据主要来自 Summerfield 粒状火焰模型中的燃速公式。

Summerfield 粒状火焰模型的燃面能量守恒方程为

$$\dot{m}C_p(T_s - T_0) = \lambda_g \frac{T_f - T_s}{L} + \dot{m} \cdot Q_s$$

式中:$\dot{m}$ 为推进剂的质量燃速;C_p 为推进剂的定压比热;T_0、T_s 和 T_f 分别为推进剂的初温、燃面温度和平衡燃烧温度;λ_g 为推进剂气相燃烧产物的导热系数;Q_s 为推进剂的凝聚相反应热;L 为推进剂的气相反应区厚度(火焰高度)。

上式整理后,得

$$\dot{m} = \frac{\lambda_g(T_f - T_s)}{L[C_p(T_s - T_0) - Q_s]} \tag{3.35}$$

由式(3.35)可以看出,推进剂的燃速与其气相反应区厚度(火焰高度)成反比。基于此原理,若催化剂对推进剂的气相反应有明显的催化作用,含催化剂推进剂的火焰高度应该小于基础配方推进剂的相应值。由此,可以评判催化剂是否具有对推进剂气相反应的催化作用。

3.4.2.2　测试方法

为了获得固体推进剂燃烧时气相火焰的结构及燃烧产物组成变化等方面的信息,通常将固体推进剂的片状试样放入透明燃烧室。一般地,固体推进剂透明燃烧室系统由透明燃烧室、带试样夹具的密封底座、点火子系统、加压/恒压/排气子系统、数据采集和控制子系统构成,如图 3.26 所示。

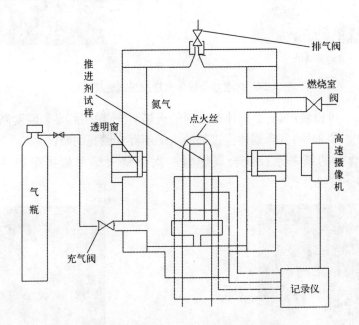

图 3.26　固体推进剂透明燃烧室系统图

透明燃烧室带有对称的四个透明窗,以便光学记录设备的摄影和光电信号的采集。若采用近距单幅摄影技术,可获得推进剂试样燃烧时的火焰照片,该方法亦称单幅摄影法;若采用高速摄影技术,可以获得推进剂试样的点火、燃烧过程中推进剂火焰变化全过程;若采用光谱分析技术,如 CARS(相干反斯托克斯拉曼散射)、PLIF(平面激光诱导荧光)等,可实时检测推进剂燃烧产物的种类和含量。

3.4.2.3　应用案例[11]

不同压强下,含铝复合固体火箭推进剂的火焰单幅摄影照片[27]如图 3.27 所示。

（a）4.0MPa　　　　　　　　　　　　　　（b）6.0MPa

图 3.27　含铝复合固体火箭推进剂燃烧火焰

由图 3.27 可以看出，复合固体推进剂的火焰明亮，说明其燃烧温度高；随压强升高，铝颗粒的燃烧加剧；复合固体推进剂的火焰不存在明显的暗区。

50％镁含量的镁基水反应金属燃料一次燃烧火焰单幅摄影照片如图 3.28 所示[11]。

（a）2.0MPa　　　　　　　　　　　　　　（b）3.0MPa

图 3.28　50％镁含量的镁基水反应金属燃料一次燃烧火焰

与含铝复合固体推进剂的燃烧火焰图片相比，从图 3.28 可以看出镁基水反应金属燃料一次燃烧火焰的特点：

（1）镁基水反应金属燃料一次燃烧气相火焰呈暗黄色，说明燃烧温度不高且明暗不均；燃面附近气相火焰中存在暗区，火焰末端伴有黑色的烟。这是镁基水反应金属燃料中氧化剂含量大大低于复合固体火箭推进剂所致。

（2）随着压强增大，镁基水反应金属燃料火焰亮度明显增加，即燃烧温度升高。低压下，明亮火焰仅存于燃面附近的薄层区域；高压下，火焰的亮度和高度均明显增大，即高压下镁基水反应金属燃料的一次燃烧更加剧烈。

（3）镁基水反应金属燃料一次燃烧火焰中看不到在氧化性气氛中金属颗粒快速燃烧形成的"火星"。

分析认为，镁基水反应金属燃料属于异质推进剂，AP、镁粒子等组份随机均匀地分散在粘合剂母体中。一次燃烧时，AP 分解产物与 HTPB 分解产物发生氧化/燃烧反应，在 AP 颗粒上方产生明亮的终焰；在燃面上镁粉以固态存在，主要作为热沉吸热升温。另一方面，燃料配方中氧化剂 AP 的含量仅为复合固体火箭推进剂中 AP 含量的 1/3 左右，因此以 AP 为中心的燃烧单元数少，且 AP 颗粒之间距离较远，因而在燃面附近的火焰中形成暗区。借助气态燃烧产物的拖拽作用，燃面上的镁粒子与部分粘合剂碎片脱离燃面，进入气相火焰，未完全燃烧的部分镁及 HTPB 碎片在火焰末端形成黑色的烟。

3.4.3 颗粒燃烧特性

3.4.3.1 意义

复合固体推进剂中金属颗粒的燃烧时间是发动机中推进剂燃烧效率的重要影响因素。金属颗粒的燃烧时间越短，发动机中推进剂的燃烧效率就越高。因此，提高金属颗粒的燃烧时间是推进剂高效燃烧的重要技术途径。

另外，通过分析不同燃烧时刻金属间化合物或合金发射光谱的变化规律，可以探索其燃烧历程。

3.4.3.2 平面火焰燃烧器

平面火焰燃烧器（图 3.29）主要由不锈钢多孔板和下部的燃气混合腔组成。在燃气混合腔内，CH_4、O_2 和 N_2 三种气体按设定的比例混合后，预混气体经过孔径均匀分布的不锈钢多孔板流出；用火源点火后，在多孔板表面和上方形成平面预混火焰，如图 3.30 所示。

通过改变 CH_4、O_2 和 N_2 三种气体的混合比，可以调节火焰的 O_2 摩尔分数和燃烧温度。

采用高速摄像机，记录金属颗粒的燃烧时间。采用光纤光谱仪，记录高温环境中金属颗粒燃烧过程中的光谱变化情况,研究其燃烧历程。

图 3.29 平面火焰燃烧器

图 3.30 多孔板表面产生的平面预混火焰

3.4.3.3 应用案例[26]

1. 硼及镁硼化合物的燃烧历程

1)硼的燃烧历程

在平面燃烧火焰的 O_2 摩尔分数为 0.22、燃烧温度为 1434K 工况下,硼粉燃烧时的光学照片和特征光谱分别如图 3.31 和图 3.32 所示。硼粉燃烧时的光谱信号形态基本不变,故截取 640ms 时刻的光谱数据。

图 3.31 硼粉的燃烧照片

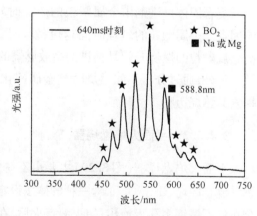

图 3.32 硼粉燃烧时的光谱信号

由图 3.32 可知,硼燃烧时会产生以 546nm 峰为中心、系列峰的连续光谱信号(波长分别为 452nm、471nm、492nm、518nm、546nm、580nm、603nm、620nm 和639nm),为 BO_2 分子的特征谱峰;589nm 归属于硼粉中的杂质——Na 或 Mg。由此可知,在燃

烧的过程中硼的主要产物为 BO_2，即发生了如下反应

$$B + O_2 = BO_2$$

在可见光波段，BO_2 分子有强烈的光谱信号，表现为图 3.31 中的绿色火焰。

2）镁的燃烧历程

在相同火焰条件下，14ms 和 63ms 时刻镁粉（粒径为 $37 \sim 50\mu m$）的燃烧光谱信号如图 3.33 所示。

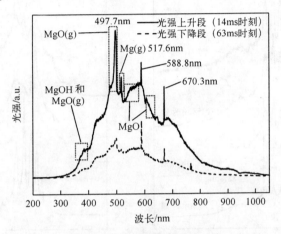

图 3.33　镁粉燃烧时的光谱信号

在 14ms 时刻，为镁的燃烧初期，处于光强上升阶段。517.6nm 处峰较强，为 Mg(g) 的光谱信号（波长为 517.6nm），即高温条件下镁首先发生气化，这一现象与镁的气相燃烧机理相吻合。

在 63ms 时刻，为镁燃烧的尾声阶段，处于光强下降阶段。光谱中 Mg(g) 的信号强度显著降低；同时，光谱中 497.7nm 和 375nm 附近有较强的 MgO(g) 和 MgOH(g) 的光谱信号。可知，在燃烧过程中镁粉主要发生了如下反应

$$2Mg + O_2 = 2MgO$$

$$4Mg + 2H_2O + O_2 = 4MgOH$$

MgOH 本身并不稳定，只是镁燃烧产生的中间产物。随着反应的进行，MgOH 最终会转变为稳定的产物 MgO 和 H_2O。588.8nm 处的光谱为 MgO(s)。

3）MgB_x 的燃烧光谱信号

从 MgB_x 开始燃烧到燃烧完毕，存在光谱信号的时间跨度为 216ms。在此过程中，MgB_x 燃烧时的光谱信号形态变化较复杂。根据光谱信号的变化情况，分别截取 15ms、42ms、58ms 及 131ms 四个时刻的光谱数据，结果如图 3.34 所示。

（1）15ms 时刻的 MgB$_x$ 燃烧光谱

MgB$_x$（15ms 时刻）、硼粉（640ms 时刻）及镁粉（14ms 时刻）的燃烧光谱如图 3.35 所示。

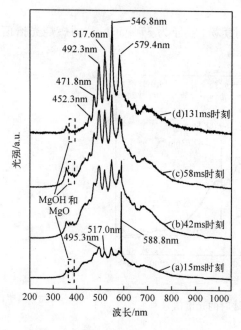

图 3.34　不同时刻 MgB$_x$ 的燃烧光谱　　　　图 3.35　MgB$_x$、硼粉及镁粉的燃烧光谱

由图 3.35 可以看出，15ms 时刻 MgB$_x$ 燃烧光谱信号基本可以看作是硼粉和镁粉燃烧光谱信号的叠加，但镁燃烧的信号强于硼燃烧的信号。

15ms 时，MgB$_x$ 的燃烧刚刚开始，此时的发射光谱如图 3.34（a）所示。以 517nm 处 BO$_2$ 谱峰强度为基准，588.8nm 处 MgO（s）的响应谱峰相对强度最高，是 MgB$_x$ 样品中镁的燃烧产物——MgO（s）所致；492nm 处和 517nm 处的 BO$_2$ 响应谱峰相对强度略低，表明此时硼的氧化反应程度较低；495.3nm 处的谱峰由硼粉 492nm 处谱峰和镁粉 497.7nm 处谱峰组合而成，此峰的相对强度却高于 517nm 处的 BO$_2$ 谱峰强度，表明此时镁的燃烧反应程度高于硼的反应程度。

上述信息表明，15ms 时刻 MgB$_x$ 的燃烧行为具有镁燃烧的典型特征。推测 15ms 时刻 MgB$_x$ 首先发生热分解反应，生成 Mg（g）；释放出的 Mg（g）进而氧化为 MgO（g），MgO（g）会继续凝结成 MgO（s）。即 MgB$_x$ 的初始燃烧光谱信号中，镁燃烧的信号强于硼燃烧的信号，燃烧光谱的整体特征与镁燃烧光谱接近。说明在 MgB$_x$ 燃烧初期，其燃烧反应以镁的燃烧为主，硼的燃烧为辅。

（2）42ms 时刻的 MgB$_x$ 燃烧光谱

随着燃烧时间的推移，42ms 时刻 MgB$_x$ 的燃烧光谱信号发生了明显变化，如图 3.34（b）所示。

与 15ms 时刻相比，588.8nm 处 MgO（s）特征峰的相对强度显著降低，表明此时燃烧产生的 MgO（s）含量显著降低；579.4nm 处 BO$_2$ 的尖峰变得清晰明显，说明硼燃烧的光谱信号在增强；但此时 495.3nm 处 MgO（g）的谱峰相对强度依然高于 517nm 处 BO$_2$ 的谱峰强度，表明此时 MgB$_x$ 的燃烧特征为以镁的燃烧为主，硼的燃烧为辅。

（3）58ms 时刻的 MgB$_x$ 燃烧光谱

如图 3.34（c）所示，58ms 时刻 MgB$_x$ 燃烧光谱中 588.8nm 处 MgO（s）特征峰的相对强度进一步降低；同时，495.3nm 处 MgO（g）的谱峰相对强度也继续降低，与 517nm 处 BO$_2$ 的谱峰强度基本持平；与 42ms 时刻 MgB$_x$ 燃烧光谱相比，471nm 和 579nm 处 BO$_2$ 的尖峰更为明显。这些现象表明，此时 MgB$_x$ 燃烧过程中镁的燃烧特征继续减弱，而硼的燃烧特征继续增强，MgB$_x$ 的燃烧逐渐由镁的燃烧向硼的燃烧转变。

（4）131ms 时刻 MgB$_x$ 燃烧光谱

如图 3.34（d）所示，131ms 时刻 MgB$_x$ 燃烧光谱中 588.8nm 处 MgO（s）的尖峰消失；495.3nm 处 MgO（g）的峰由 15ms 时刻的 495.3nm 逐渐偏移到 131ms 时刻的 492.3nm，与硼粉燃烧光谱中在此处的尖峰位置相近；与 58ms 时刻 MgB$_x$ 燃烧光谱相比，492.3nm 处的峰强已经低于 517nm 处 BO$_2$ 的峰强。同时，虚线框标注区域中 MgOH（g）和 MgO（g）的响应峰也基本消失。

上述现象说明，此时 MgB$_x$ 燃烧光谱中镁发生燃烧的迹象已经基本消失或者说被硼燃烧的光谱信号所覆盖。而 452nm、471nm、517nm 及 579nm 处 BO$_2$ 的光谱尖峰更为显著，峰强进一步增大。此时，MgB$_x$ 燃烧光谱信号与硼粉燃烧时的光谱信号基本一致，表明此阶段主要是硼的燃烧。

综上所述，依据 MgB$_x$ 的燃烧光谱信号，可明确其燃烧历程为：在 MgB$_x$ 燃烧初期，以镁的燃烧为主；随着燃烧的进行，逐渐向以硼的燃烧为主过渡。即 MgB$_x$ 一方面会直接发生燃烧反应，另一方面会吸收热量发生热分解反应，并释放出镁蒸气；释放出的镁蒸气发生快速的氧化反应；随着燃烧的继续进行，MgB$_x$ 中热分解生成的单质镁逐渐燃烧完毕；未燃烧物质中硼逐渐成为燃烧的主要燃料，继续进行燃烧反应。

2. 金属颗粒的燃烧时间

在平面火焰燃烧器上方，用高速摄像机记录金属颗粒（粒度为 328~375μm）的燃烧过程，数据处理后得到的燃烧时间如表 3.4 所示。

表 3.4　改性硼团聚颗粒的燃烧时间

样　　品	燃烧时间/ms	
	氧气摩尔分数为 0.22	氧气摩尔分数为 0.31
硼团聚颗粒	1200 ± 60	1100 ± 79
MgB$_x$ 团聚颗粒	1058 ± 70	860 ± 55
MgB$_y$ 团聚颗粒	1114 ± 73	969 ± 41

　　结果表明,在两种氧气摩尔分数条件下,Mg-B 化合物团聚颗粒的燃烧时间均低于硼团聚颗粒的燃烧时间,且 MgB$_x$ 团聚颗粒的燃烧时间最短。说明 Mg-B 化合物比硼的燃烧时间更短,预计其在发动机中的燃烧效率会高于硼。

参 考 文 献

[1]　侯林法,等. 复合固体推进剂[M]. 北京:宇航出版社,1994.

[2]　王伯羲,冯增国,杨荣杰. 火药燃烧理论[M]. 北京:北京理工大学出版社,1997.

[3]　张炜,朱慧. 固体推进剂性能计算原理[M]. 长沙:国防科技大学出版社,1996.

[4]　楚士晋. 炸药热分析[M]. 北京:科学出版社,1994.

[5]　胡荣祖,史启祯. 热分析动力学[M]. 北京:科学出版社,2001.

[6]　刘子如. 含能材料热分析[M]. 北京:国防工业出版社,2008.

[7]　胡荣祖,高胜利,赵凤起,等. 热分析动力学[M]. 北京:科学出版社,2008.

[8]　黄源. AP/HTPB 推进剂 N-H 类降速单元构效关系及其应用研究[D]. 长沙:国防科技大学,2012.

[9]　王春华. HTPB 推进剂老化性能与贮存寿命预估的研究[D]. 长沙:国防科技大学,1998.

[10]　彭培根,刘培谅,等. 固体推进剂性能及原理[M]. 长沙:国防科技大学出版社,1987.

[11]　李是良. 水冲压发动机用镁基水反应金属燃料一次燃烧性能研究[D]. 长沙:国防科技大学,2009.

[12]　庞维强,胥会祥,廖林泉,等. 高能硼氢燃烧剂与固体推进剂常用组份相容性的 DSC 法研究[J]. 固体火箭技术,2013,36(1):67-72.

[13]　杨栋. 硅橡胶基绝热材料及其热化学烧蚀机理研究[D]. 长沙:国防科技大学,2013.

[14]　王光辉,熊少祥. 有机质谱解析[M]. 北京:化学工业出版社,2005.

[15]　盛龙生,苏焕华,郭丹滨. 色谱质谱联用技术[M]. 北京:化学工业出版社,2006.

[16]　Jones R G. 含硅聚合物-合成与应用[M]. 冯圣玉,译. 北京:化学工业出版社,2008.

[17]　李光亮. 有机硅高分子化学[M]. 北京:科学出版社,1999.

[18]　周宁琳. 有机硅聚合物导论[M]. 北京:科学出版社,2000.

[19]　洪鑫,张宝炯. 火箭发动机基础[M]. 北京:科学出版社,2003.

[20]　严万洪．HTPB/石蜡基燃料燃面退移速率测试及调节技术[D]．长沙:国防科技大学,2014.

[21]　田辉,蔡国飙,王慧玉,等．固液混合火箭发动机固体燃料的燃速计算[J]．北京航空航天大学学报,2005,31(6):102-107.

[22]　宋志兵．固液混合火箭发动机工作过程研究[D]．长沙:国防科技大学,2008.

[23]　Shark C, Pourpoint L, Son F, et al. Performance of dicyclopendiene/H_2O_2-based hybrid rocket motors with metal hydride additives[J]. Journal of propulsion and power, 2013, 29(5):1122-1129.

[24]　Kumar R, Ramakrishna P. Issues related to the measurement of regression rate of fast-burning hybrid fuels[J]. Journal of propulsion and power, 2013, 29(5):1114-1124.

[25]　董存胜,张珊珊．固体推进燃烧波温度分布及其微分[J]．火炸药,1995,(1):19-23.

[26]　郭洋．改性硼的制备、燃烧性能及应用研究[D]．长沙:国防科技大学,2014.

[27]　揭锦亮．含高能量密度化合物固体推进剂的性能研究[D]．长沙:国防科技大学,2008.

第4章 固体推进剂的力学性能

4.1 复合固体推进剂的力学性能特征

4.1.1 复合固体推进剂的力学性能特征

从材料的角度看,复合固体推进剂是一种颗粒填充的聚合物基复合材料,其连续相——弹性基体由固化后的粘合剂和增塑剂组成;氧化剂、含能添加剂和金属燃料等固体填料作为分散相,起增强作用。

从发动机结构看,在壳体结合式固体火箭发动机中,固体推进剂药柱通过衬层、绝热层与发动机壳体粘结在一起,因此推进剂药柱又是固体火箭发动机结构中的一个承力构件。

作为一个工程构件,在全寿命过程中,固体推进剂药柱必须要经受固化降温和温度循环等热应力、运输振动、点火增压、重力及飞行过载等载荷的作用,而不发生任何形式的破坏,即保持药柱的结构完整性。

固体火箭发动机中推进剂药柱的破坏表现为药柱结构完整性的破坏。例如,固体推进剂药柱中的裂纹和界面脱粘往往引起推进剂燃面的异常增大,可能导致发动机的解体或壳体烧穿。

复合固体推进剂力学性能研究的是在各种载荷作用下推进剂的力学响应——应力-应变特性和破坏性质,其主要性能表征参数是单轴拉伸曲线中初始弹性模量、最大抗拉强度及其最大伸长率。目的是在高温、常温和低温条件下,使复合固体推进剂均具有适宜的抗拉强度和初始弹性模量、高的伸长率和低的玻璃化转变温度。

复合固体推进剂的应力-应变关系表现出明显的粘弹性特征。

4.1.2 复合固体推进剂的粘弹性[1,2]

复合固体推进剂是一种以橡胶状力学性能为特征、热固性粘合剂及增塑剂为基体、高填充固体填料的粘弹性材料,即该类推进剂的力学性能具有粘弹性及高填充固体橡胶状复合材料特性的两大特征。

粘弹性材料对载荷的力学响应介于弹性固体和粘性液体之间。复合固体推进

剂这类粘弹性材料的应力-应变关系(亦称本构关系)可用下式表示

$$\sigma(t,T) = E(t,T) \cdot \varepsilon(t,T) \tag{4.1}$$

式中：t 和 T 分别为载荷的作用时间和环境温度；σ 为强度；ε 为应变或伸长率；E 为弹性模量。

与弹性材料不同,粘弹性材料的应力、应变和模量都是时间 t 和温度 T 的函数,即复合固体推进剂对载荷的力学响应是加载历史、加载速率及温度的函数,其力学行为强烈地依赖于温度和载荷的作用时间。

复合固体推进剂的粘弹性力学行为具有如下特征：

(1) 对外力的响应是加载历史、作用力速率的函数,即使卸载后其应力-应变关系仍与时间有关。

(2) 应力-应变状态不可逆,一般有残余变形(塑性变形)存在。

(3) 在较低的应变和应力状态下,推进剂才遵循胡克定律,此段的弹性模量就是推进剂的初始弹性模量。

(4) 大变形或大应力状态下,应力与应变之比,即粘弹性模量仅为时间的函数,与应力大小无关,是材料的固有特性。

(5) 粘弹性行为与温度有强烈的依赖关系。

4.1.3　复合固体推进剂力学性能的时-温等效原理

在较低的应变和应力状态下,复合固体推进剂的力学性能满足高分子材料的时-温等效原理,即高温下复合固体推进剂的力学行为与低作用力速率下的力学行为等效,低温下复合固体推进剂的力学行为与高作用力速率下的力学行为等效。

基于时-温等效原理,对那些难以测试某些应变率或温度条件下复合固体推进剂的力学性能,如冲击载荷作用下的力学行为,可以采用低温下的力学性能来模拟；同样,缓慢温度变化对推进剂力学性能的影响,可以用高温下的力学性能来模拟。

4.2　宏观力学性能测试方法[1,2]

4.2.1　单轴试验

4.2.1.1　恒定应变速率试验

1. 基本原理

恒定应变速率试验是最常用的材料力学性能试验方法,亦称单轴试验。

该试验是在沿试件纵轴方向上,以恒定应变速率的方式,施加拉伸、压缩或剪切载荷,直至试件破坏,测量试件应力-应变响应的函数关系。测量参数是力和位移差。最常用的是在单轴拉伸条件下,测试试样的单轴拉伸性能,亦称单轴拉伸试验。

JANNAF 拉伸试件(哑铃形试件,如图4.1所示)广泛用于恒定应变速率拉伸试验。对于不含裂纹的均匀连续体材料来说,利用单轴拉伸试验可确定出材料的力学性质和极限性质。

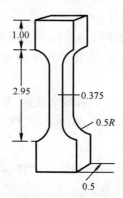

图4.1　JANNAF 单轴拉伸试验试件形状和尺寸(量纲:时)

该试验是在恒定的十字头夹具速度(拉伸速率)条件下,实时测定试件标称载荷的应变值和真应力。恒定的应变速率由拉伸速率和测试段试件的初始长度决定

$$\dot{\varepsilon} = \frac{\dot{R}}{L_0} \tag{4.2}$$

式中:$\dot{R}$ 为拉力试验机十字头夹具的运动速度;L_0 为试件测量段的初始长度。

单轴拉伸试验时,应首先根据材料的使用条件或测试要求,选定拉力试验机十字头夹具的运动速度(应变速率)。

2. 数据处理

由定应变速率试验过程中记录的力-时间数据,计算试件 t 时刻的应变和真应力:

$$\varepsilon = \frac{\dot{R} \cdot t}{L_0} = \frac{L_t - L_0}{L_0} \tag{4.3}$$

$$\sigma = \frac{F}{A_0} \cdot (1 + \varepsilon) \tag{4.4}$$

式中:L_t 为试样测试段 t 时刻的长度;A_0 为试件测试段拉伸前的横截面积;F 为应变 ε 时对应的力。

式(4.4)是对拉伸过程中试件横截面积减小的修正。

定应变速率试验中的位移差为

$$\Delta L = L_t - L_0$$

由恒定拉应变速率试验,得到典型的复合固体推进剂应力-应变关系,如图 4.2 所示。

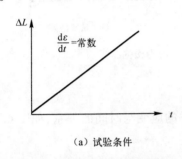
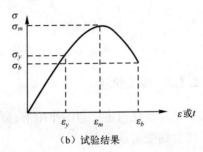

（a）试验条件　　　　　　　　　　（b）试验结果

图 4.2　复合固体推进剂的载荷和单轴拉伸应力-应变曲线

标称最大伸长率 ε_y 和标称最大应力 σ_y 为一般意义上材料的屈服极限性质。σ_m 为最大应力,ε_m 为最大应力点所对应的伸长率,即最大抗张极限性质。σ_b 和 ε_b 为断裂极限性质。一般,复合固体推进剂用 σ_m 和 ε_m 表示其极限承载能力。

由屈服之前推进剂应力-应变曲线的线性段,可确定出初始弹性模量 E,即

$$E = \frac{\sigma_l}{\varepsilon_l} \tag{4.5}$$

式中:σ_l 和 ε_l 分别为推进剂应力-应变曲线中线性段任一点的应力和应变。

单轴拉伸试验广泛用于推进剂力学性能研究、筛选试验及质量控制。

4.2.1.2　应力松弛试验

应力松弛试验是对试件施加一个阶跃应变后,保持应变不变,测量试件应力与时间的关系,如图 4.3 所示。

应力松弛试验可再现在恒定的单轴应变载荷作用下,高聚物从一种平衡状态通过分子运动过渡到另一种平衡状态的变化过程。

由恒定的应变值 ε_0 和测得的应力-时间关系,进而可计算应力松弛模量。

在 ε_0 恒定的情况下,测量值是试件承受的力和时间。应力松弛模量 $E(t)$ 为

$$E(t) = \frac{\sigma(t)}{\varepsilon_0} \tag{4.6}$$

式中:$\sigma(t)$ 为应力函数。

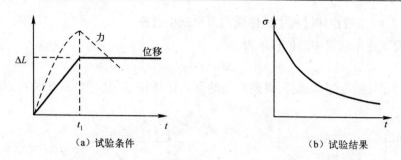

（a）试验条件 （b）试验结果

图 4.3 应力松弛试验的载荷和应力松弛曲线

4.2.1.3 蠕变试验

蠕变试验是在恒定应力的作用下，测试试件的应变与时间的关系，如图 4.4（b）所示。张力蠕变柔量定义为

$$D(t) = \frac{\varepsilon(t)}{\sigma_0} \tag{4.7}$$

式中：σ_0 为恒定张应力；$\varepsilon(t)$ 为应变函数；$D(t)$ 为张力蠕变柔量。

蠕变试验施加的应力为恒定值，即 $d\sigma/dt = 0$，如图 4.4（a）所示；蠕变试验中加载和卸载过程中，材料的应变响应如图 4.4（b）所示。要保持应力恒定，必须满足两个条件：①所施加的力不变；②试件测试段的横截面积不因试件伸长而变化。但是，当对试件施加拉力时，随试件的伸长，推进剂试件测试段的横截面积会减小——颈缩现象，即因试件测试段横截面积减小，所施加的应力将逐渐增大。这是蠕变测量中必须解决的问题。最简单的方法是在试验装置中串联一个补偿弹簧，如图 4.5 所示。

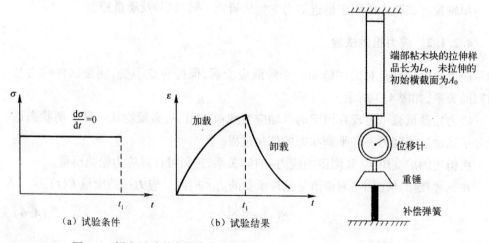

端部粘木块的拉伸样品长为 L_0，未拉伸的初始横截面为 A_0

位移计

重锤

补偿弹簧

（a）试验条件 （b）试验结果

图 4.4 蠕变试验的载荷和应变曲线 图 4.5 蠕变试验的应力补偿装置

4.2.2　动态试验

动态试验中,对试件施加应变的大小、方向与时间相关,通常施加的应变与时间的关系是以角频率为 ω 的三角函数。因此,测得试件的动态力学响应也是角频率 ω 的函数,即应力和应变二者都按正弦形式变化。

动态试验中,对试件施加的应变载荷为周期性变化的拉伸、压缩应变载荷,即

$$\varepsilon = \varepsilon_0 \cdot \sin\omega t \tag{4.8}$$

粘弹性材料的应力响应为

$$\sigma = \sigma_0 \cdot \sin(\omega t - \delta) \tag{4.9}$$

式中:ω 为试件在 2π 秒内应变的变化次数,称为角频率,Hz;δ 为试件振动的初相位,且 $0 < \delta < \pi/2$,也称滞后相位角或损耗角,rad;ε_0 和 σ_0 均为最大振幅。

粘弹性材料的应变变化落后于应力变化。动态试验中,对试件施加的应变载荷如图 4.6(a)所示,其应力响应如图 4.6(b)所示。

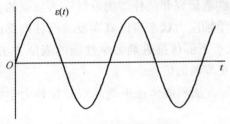
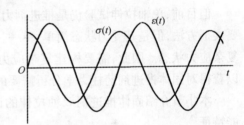

（a）动态试验的载荷曲线　　　　　　　（b）粘弹性材料的应力响应和载荷曲线

图 4.6　动态试验的载荷和黏弹性材料的应力响应曲线

定义剪切模量的模 $|G^*|$ 为应力矢量 $\boldsymbol{\sigma}$ 的数值与应变矢量 $\boldsymbol{\varepsilon}$ 的数值之比:

$$|G^*| = \frac{|\boldsymbol{\sigma}|}{|\boldsymbol{\varepsilon}|} = \frac{1}{|J^*|} \quad \text{或} \quad G^* = \frac{1}{J^*} \tag{4.10}$$

式中:$|J^*|$ 为绝对剪切柔量。

在应力矢量 $\boldsymbol{\sigma}$ 方向上,应变矢量 $\boldsymbol{\varepsilon}$ 的投影 ε' 与矢量 $\boldsymbol{\sigma}$ 相位相同,称为同相应变矢量;$\boldsymbol{\varepsilon}$ 在矢量 $\boldsymbol{\sigma}$ 垂直方向的投影 ε'' 称为异相应变矢量。

同相和异相剪切模量 G' 和 G'' 分别为

$$G' = \frac{\sigma'}{\varepsilon} = \frac{1}{J'}, G'' = \frac{\sigma''}{\varepsilon} = \frac{1}{J''} \tag{4.11}$$

所以

$$\tan\delta = \frac{\sigma''}{\sigma'} = \frac{J'}{J''} = \frac{G''}{G'} \tag{4.12}$$

式中:δ 为损耗角;E'或 G'为张力或剪切储能弹性模量;E''或 G''为张力或剪切损耗弹性模量。

$|E^*|$或$|G^*|$为复数弹性模量,且

$$E' = |E^*| \cos\delta \text{ 或 } G' = |G^*| \cos\delta \tag{4.13}$$

$$E'' = |E^*| \cdot \sin\delta \text{ 或 } G'' = |G^*| \cdot \sin\delta \tag{4.14}$$

4.2.3　双轴拉伸试验

通常,固体火箭发动机中推进剂药柱处于复杂应力、应变状态,即在复杂型面的固体推进剂药柱中,应力的方向既可能是单向的,也可能是多向的;应力状态可以是拉伸、压缩或剪切及其组合。显然,应力状态对药柱的结构完整性及失效准则有显著影响。

但目前,单轴拉伸试验仍是推进剂力学性能研究和药柱型面设计输入数据的主要表征方法,但是其受力状态简单、单一,即单轴应力状态难以真实反映药柱内部的复杂应力状态。因此,需要构建复杂应力状态下固体推进剂力学性能的表征方法,以获得对固体推进剂药柱力学分析需要的、更准确的信息。

本小节介绍固体推进剂双轴拉伸的试验方法和固体推进剂的双轴拉伸力学性能特征[3]。

4.2.3.1　基本原理

以 Kelly[4] 提出的十字形材料试件形状为基础,设计了一种新型固体推进剂双轴拉伸试件,如图4.7所示。

该试件设计对 Kelly 试件的设计改进包括:中心区过渡的两阶方形减薄技术、分离式加载臂技术、销钉连接加载孔技术等。

采用中心区过渡的两阶方形减薄技术,可以使试件测试区域内的受力状态更加均匀。采用分离式加载臂技术,使在试件的两个受力轴方向上可以施加不同应变速率的载荷。采用销钉连接加载孔技术,双轴拉伸试验时可以使试件及十字形连接部分受力更均匀。

该新型固体推进剂双轴拉伸试件的几何尺寸由18个参数唯一确定,如图4.8所示。将其中的3个作为定值,其余的15个参数作为优化算法中的变量引入优化过程。

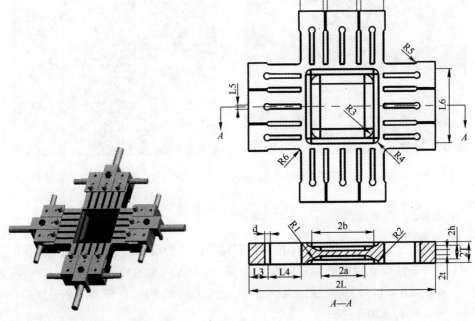

图 4.7　固体推进剂双轴拉伸　　　　　图 4.8　固体推进剂双轴拉伸
　　　试件及夹具模型　　　　　　　　　试件的结构示意图

在优化后试件的几乎整个试验区中,位移分布表现出良好的均匀性,且试件从中心到边缘的应力梯度较小。优化试件 Mises 应力和应变的最大值都在中心试验区的中间位置上,从而确保了初始屈服发生在测试区里。

4.2.3.2　试验系统

双轴试验拉伸机采用两个伺服机构独立的控制加载方式,如图 4.9 所示。

通过分别控制两个拉伸方向的应变速率,改变试件两轴的拉力比值使中心测试区得到不同的应力、应变状态,实现双向复合加载,得到不同加载路径下双拉区应力分布的设计状态。

试件夹具设计为三爪结构,且爪的滑移轴带有滑移角,以使爪可独立纵向移动,降低两轴载荷互相干扰,使得中心测试区应力分布均匀,保证变形出现在中心测试区。

双轴拉伸试件用 AP/Al/HTB 复合固体推进剂制作,图 4.10 为双轴拉伸试验过程中的拉伸状态。

 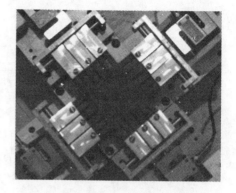

　图4.9　双轴拉伸试验系统固体推进剂　　　图4.10　固体推进剂的双轴拉伸状态

4.2.3.3　应用案例[3]

　　图4.11为 AP/Al/HTPB 固体推进剂双轴拉伸试验得到的力–时间曲线,其中图4.11(a)为等轴载荷的推进剂双轴拉伸曲线,两个方向上的拉伸速率 v_x 和 v_y 均为 10mm/min；图4.11(b)为双轴比例载荷的推进剂双轴拉伸曲线,拉伸速率分别为 $v_x = 10$mm/min 和 $v_y = 20$mm/min。

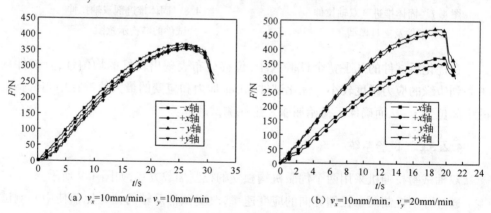

　　(a) $v_x=10$mm/min, $v_y=10$mm/min　　　　(b) $v_x=10$mm/min, $v_y=20$mm/min

图4.11　HTPB 固体推进剂双轴拉伸实验的力–时间曲线

　　由图4.11可以看出,在等轴载荷双轴拉伸条件下:

　　(1) HTPB 推进剂各方向上的力–时间曲线基本重叠,表现出复合固体推进剂的各向均匀特性。

　　(2) 拉伸速率越大,HTPB 推进剂的强度越大。

　　表4.1给出了 HTPB 推进剂双轴拉伸力学性能与单轴拉伸力学性能的试验

结果。

表 4.1 HTPB 推进剂双轴拉伸及单向拉伸的试验结果

项　目	拉伸速率/(mm/min)		等效断裂伸长率/%	结果对比
单轴载荷	10		72.0	
等轴载荷 (1:1)	X 方向 10	Y 方向 10	45.0	降低 37.5%
双轴比例载荷 (1:2)	X 方向 10	Y 方向 20	51.0	降低 29.2%
双轴比例载荷 (1:4)	X 方向 10	Y 方向 40	54.6	降低 24.2%

从表 4.1 中数据可以看出:

(1) 在双轴拉伸载荷作用下,推进剂的断裂伸长率均低于单轴拉伸条件下的相应值,表现出明显的双轴弱化效应;当两个方向上的拉伸速率 v_x 和 v_y 均为 10 mm/min 时,固体推进剂的 Mises 等效断裂伸长率比单轴拉伸相应值降低 37.5%。

(2) 在双轴比例拉伸载荷下,HTPB 推进剂的 Mises 等效断裂伸长率不同;双轴加载速率之间的比例接近等比例双拉状态时,固体推进剂的双轴弱化效应最显著。

因此,在固体火箭发动机药柱设计及药柱结构完整性的分析中,应充分重视固体推进剂力学性能的双轴弱化效应。

4.2.4　主曲线

4.2.4.1　基本原理

主曲线反映的是在某一个参考温度下、宽广的力作用时间(即作用力速率或应变速率的倒数)范围内推进剂某一个力学性能参数的变化规律。这也是时-温等效原理的应用实例。

在固体火箭发动机贮存和工作过程(即全寿命周期)中,推进剂药柱会经历各种载荷的作用,这些载荷的大小、加载时间和卸载时间、作用速率差异很大。而在推进剂药柱的型面设计、力学性能分析和长期贮存过程中的结构完整性分析中,都需要清楚在可能经历的各种载荷作用下推进剂的力学响应。这些信息往往要从推进剂力学性能的主曲线中获得。

为了获得主曲线,首先需要测试在发动机全寿命过程中各种载荷作用下固体推进剂药柱的力学响应,即测试多种环境温度、多种载荷作用速率下推进剂的单轴拉伸性能和应力松弛特性。

但是,现有的材料试验机很难测试某些极端载荷作用下推进剂的力学行为。这时也需要用到时–温等效原理。

例如,发动机的点火增压过程,燃烧室压强从常压(0.1MPa)增加到发动机稳定工作压强(如10MPa)的时间(点火延迟期)一般要求小于50ms,即燃烧室压强的增压速率达到200MPa/s,属于典型的冲击载荷作用。在常规的材料试验机上,这类载荷作用下的推进剂力学响应是无法测得的。利用时–温等效原理,可以通过测定推进剂的低温力学性能,来模拟点火增压过程中推进剂的力学响应。

又如,环境温度变化对推进剂药柱力学性能的影响是一个作用速率很慢的过程。在常规的材料试验机上,这类载荷作用下的推进剂力学响应测试需要很长的时间,即效率极低。同样利用时–温等效原理,可以通过测定推进剂的高温力学性能,来等效模拟环境温度载荷对推进剂的力学响应。

另外,复合固体推进剂是一种典型的粘弹性材料。在低的作用速率载荷作用下,复合固体推进剂可以通过粘合剂基体中高分子的取向、松弛来耗散一部分载荷,因此需要测试推进剂的应力松弛特性。

在测得多个环境温度、多种载荷作用速率下推进剂的单轴拉伸性能或应力松弛特性后,再利用时–温等效原理,把这些不同温度下、短时间范围内测得的固体推进剂力学性能参数–时间曲线进行平移和连接,形成某一参考温度下长时间范围内的性能参数–时间曲线,这样的叠加组合曲线称为主曲线。其中力学性能参数包括最大伸长率、最大抗拉强度、应力松弛模量、初始弹性模量等。

以应力松弛模量为例,根据不同温度下测定的应力松弛模量–时间曲线,得到应力松弛模量主曲线如图4.12所示[5]。

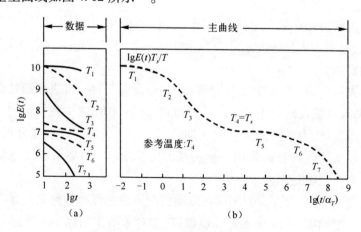

图4.12　应力松弛模量主曲线

图 4.12(a)是不同温度下所测短时间范围内应力松弛模量的试验数据,图 4.12(b)是把这些曲线平移和相连得到的应力松弛模量-时间主曲线。

4.2.4.2　主曲线的绘制方法

以复合固体推进剂单轴拉伸应力松弛模量-时间主曲线为例,主曲线的绘制方法是:以时-温等效原理为依据,将各温度($T_1,T_2,\cdots,T_n$)下的应力松弛模量-时间曲线向参考温度 T_s 下的曲线平移和连接,得到单一温度、长时间范围内应力松弛模量-时间曲线,即应力松弛模量主曲线。

根据 GJB770B-2005《火药试验方法:413.4 应力松弛模量主曲线(单向拉伸法)》规定,应力松弛模量主曲线的绘制方法[6]如下。

1. 获得 $\lg E(t)$-$\lg t$ 数据

选取 -40℃、-20℃、5℃、20℃、50℃、70℃ 等温度点,其中设 20℃ 为参考温度(T_s),测试固体推进剂的应力松弛特性;从每个温度点下的应力松弛曲线中,分别取 2s、4s、8s、20s、40s、80s、120s、200s、400s、600s、1000s 等 11 个时间点,读取相应的应力松弛模量。根据试验数据,绘制不同温度下 $\lg[E(t)T_s/T]$-$\lg t$ 的等温曲线族,如图 4.13 所示。

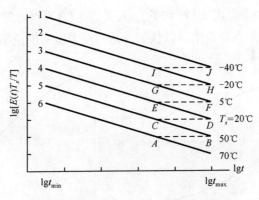

图 4.13　$\lg[E(t)T_s/T]$-$\lg t$ 等温曲线族

2. 求温度偏移因子的对数值($\lg \alpha_T$)

若 $\lg[E(t)T_s/T]$-$\lg t$ 等温曲线族是相互平行的,在相邻温度的两条曲线上,取等模量时两条曲线之间的距离为平移距离。如图 4.13 中 5℃ 曲线和 20℃ 曲线之间的距离——$\overline{EF}$ 为平移距离。

要使相邻两曲线首尾相连,并在时间轴上拓宽,平移距离如表 4.2 所示。

表 4.2　　不同试验温度下相邻两曲线的平移距离

温度平移关系/℃	平移距离	温度平移关系/℃	平移距离
70→50	$\overline{AB}$	5→20	$\overline{EF}$
50→20	$\overline{CD}$	−20→5	$\overline{GH}$
20	0	−40→−20	$\overline{IJ}$

以图 4.13 中曲线 3 向曲线 4 平移为例,将曲线 3 向左平移 $\overline{EF}$ 后,C 和 D 两点重合,两条曲线部分重合,就得到了曲线 3 与曲线 4 中 DE 段的连线。

各试验温度下的 $\lg\alpha_T$ 按照表 4.3 计算。

表 4.3　　不同试验温度下的 $\lg\alpha_T$

试验温度/℃	$\lg\alpha_T$	试验温度/℃	$\lg\alpha_T$
70	$-(\overline{AB}+\overline{CD})$	5	$\overline{EF}$
50	$-\overline{CD}$	−20	$\overline{EF}+\overline{GH}$
20	0	−40	$\overline{EF}+\overline{GH}+\overline{IJ}$
注:$T>T_s$ 时,$\lg\alpha_T<0$;$T<T_s$ 时,$\lg\alpha_T>0$;$T=T_s$ 时,$\lg\alpha_T=0$			

若 $\lg[E(t)T_s/T]-\lg t$ 等温曲线族不平行,平移距离 $\lg\alpha_T$ 的处理方法如下:

(1) 对于相邻两个温度下(T_i 和 T_{i+1},且 $T_{i+1}>T_i$)测得的应力松弛模量-时间曲线(图 4.14(a)),在两条曲线中可以找到一系列应力松弛模量相等的点 $\{\lg E_i\}$。

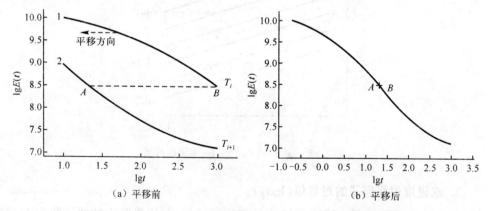

(a) 平移前　　　　　　　　　　　(b) 平移后

图 4.14　　$\lg[E(t)T_s/T]-\lg t$ 等温曲线族不平行时的平移和连接

(2) 在较低温度 T_i 测得的应力松弛模量-时间曲线(曲线 1)中,在 $\{\lg E_i\}$ 中找到最小的点 $B(\lg E_{\min})$,在较高温度 T_{i+1} 测得的应力松弛模量-时间曲线(曲线 2)中

找到与 B 点模量相等的点 A。

（3）以 A、B 之间的距离为平移量 $\lg\alpha_T$，将曲线 1 向左平移，使曲线 1 中 A 点与曲线 2 中 B 点重叠，即曲线 1 与曲线 2 的部分线段相连，就得到了更为宽广时间范围内的应力松弛模量-时间曲线（图 4.14(b)）。

与原始的曲线 2 相比，图 4.14(b) 曲线中 A 点左边延长的一段与在温度 T_{i+1} 下更短时间测得的模量是等效的。这就是时-温等效原理的应用，即短的力作用时间与低温的力学行为是等效的。

3. 主曲线的绘制

根据 $\lg\alpha_T$ 的值，计算不同温度下的折合时间 $\lg(t/\alpha_T)$。以 $\lg(t/\alpha_T)$ 为横坐标，以 $\lg[E(t)T_s/T]$ 为纵坐标绘制出散点图，拟合成光滑的曲线，即为应力松弛模量主曲线。

或者，依据图 4.14 所示的方法，将各温度（$T_1, T_2, \cdots, T_n$）下的应力松弛模量-时间曲线逐一向参考温度 T_s 下的曲线平移、连接，就得到了应力松弛模量主曲线。

4.2.4.3　应用案例

胡全星等[7] 测定的某推进剂不同温度下 $\lg[E(t)T_s/T]$ 和 $\lg t$ 数据如表 4.4 所示。

表 4.4　某推进剂不同温度下 $\lg[E(t)T_s/T]$ 和 $\lg t$ 数据

t/s		2	4	8	20	40	80	120	200	400	600	1000
$\lg t$		0.30	0.60	0.90	1.30	1.60	1.90	2.08	2.30	2.60	2.78	3.00
$\lg[E(t)T_s/T]$	−40℃	0.92	0.87	0.82	0.75	0.69	0.64	0.62	0.59	0.58	0.57	0.56
	−20℃	0.82	0.76	0.70	0.62	0.57	0.51	0.49	0.46	0.43	0.42	0.40
	5℃	0.61	0.56	0.50	0.42	0.34	0.28	0.25	0.19	0.10	0.05	−0.06
	20℃	0.52	0.47	0.41	0.36	0.31	0.26	0.24	0.22	0.19	0.19	0.20
	50℃	0.43	0.39	0.34	0.28	0.23	0.17	0.15	0.10	0.04	−0.03	−0.13
	70℃	0.43	0.38	0.34	0.28	0.23	0.18	0.14	0.10	0.03	−0.03	−0.16

根据表 4.4 中数据，绘制不同温度下 $\lg[E(t)T_s/T]$ - $\lg t$ 等温曲线族，如图 4.15 所示。

根据图 4.15，计算得到各温度下偏移因子对数值 $\lg\alpha_T$ 如表 4.5 所示。

表 4.5　不同温度下偏移因子对数值 $\lg\alpha_T$

试验温度/℃	$\lg\alpha_T$	试验温度/℃	$\lg\alpha_T$
70	1.20	5	0.50
50	1.18	−20	1.58
20	0	−40	2.28

根据 $\lg\alpha_T$ 的值,以 $\lg(t/\alpha_T)$ 为横坐标,以 $\lg[E(t)T_s/T]$ 为纵坐标绘制出应力松弛模量主曲线,如图 4.16 所示。

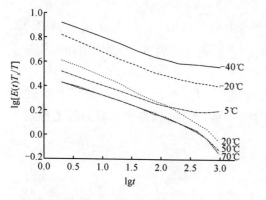

图 4.15　$\lg[E(t)T_s/T]$-$\lg t$ 等温曲线族　　图 4.16　应力松弛模量主曲线

4.3　热固性基体特性的表征方法

复合固体推进剂是一种颗粒填充的聚合物基复合材料,其连续相——弹性基体由固化后的粘合剂和增塑剂组成。因此,粘合剂预聚物与固化剂、交联剂反应后形成的网络结构及增塑剂(本书将两者的结合体称为粘合剂基体)对复合固体推进剂力学性能的影响十分显著。

复合固体推进剂的粘弹性力学行为和伸长率主要取决于粘合剂基体的性质,因此需要表征复合固体推进剂中粘合剂基体的特性。

4.3.1　交联密度及凝胶百分数

4.3.1.1　基本原理

1. 基本概念

复合固体推进剂是一种含大量固体填料的多组份复合材料,其伸长率主要取决于粘合剂预聚体固化后形成弹性体的网络结构性质。

交联密度表征了粘合剂交联网络弹性基体的交联程度,无疑是粘合剂网络结构性质中最重要的表征参数之一。该参数显著影响着弹性基体乃至复合固体推进剂的力学性能,如固化胶片及推进剂的初始弹性模量、最大抗拉强度、最大伸长率和溶胀程度等;也影响弹性体的动态力学性能,如粘弹性损耗等。因此,监测交联密度的变化是研究推进剂力学性能和老化过程中粘合剂网络结构变化的一种有效手段[8]。

一般来说,弹性体交联密度可用网链密度、交联点密度和交联点间平均分子量等参数描述。网链定义为粘合剂网络结构中连接相邻两个交联点之间的链段。网链密度系指单位弹性体体积中所包含的网链数(ν_e,量纲为 mol/cm^3)。交联点密度系指单位弹性体积体中含有的交联点数(μ_e,量纲为 mol/cm^3)。某种程度上,网链数 ν_e 和交联点数 μ_e 两者是等价的,均取决于每个交联点出发的链段数,即与网络交联官能度 Φ 有关,这种关系可用图 4.17 来说明[9]。

图 4.17 为最简单的两种典型完整网络结构(假定粘合剂网络结构中不存在悬吊链及非弹性环)。由图可以看出,在网络(a)中,$\mu_e/\nu_e = 4/8 = 1/2$;在网络(b)中,$\mu_e/\nu_e = 4/6 = 2/3$。对于一个由 Φ 官能度交联点构成的完整网络,则有 $\Phi \cdot \mu_e = 2\nu_e$,所以有

$$\mu_e = (2/\Phi) \cdot \nu_e \tag{4.15}$$

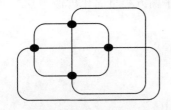 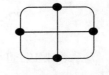

　　(a) 由4个四官能度交联点构成的完整网络　　　　(b) 由3个三官能度交联点构成的完整网络

图 4.17　弹性体简单完整网络示意图

交联点间平均分子量系指弹性体中网链(主链)的平均分子量($\overline{M}_e$,g/mol)。它可由弹性体聚合物密度 ρ 及网链密度 ν_e 数据求得,即

$$\overline{M}_e = \rho/\nu_e \tag{4.16}$$

2. 测试原理

通常将弹性体网链密度也称为弹性体交联密度,它可以采用多种方法测定。本书采用溶胀法测定 HTPB 粘合剂网络的交联密度,选择甲苯为溶胀溶剂。

溶胀法测定弹性体交联密度的基本原理:当在溶剂中弹性体达到溶胀平衡时,弹性体的最大溶胀值与其交联密度相关。交联密度越大,平衡溶胀体积越小;交联密度越小,平衡溶胀体积越大。

溶胀比 Q 可按下式计算[10]

$$Q = \frac{\dfrac{M_2 - \eta_1 M_0}{\rho_2} + \dfrac{M_1 - M_2}{\rho_1}}{\dfrac{M_2 - \eta_1 M_0}{\rho_2}} \quad\quad (4.17)$$

式中:M_0 为试样溶胀前质量,g;M_1 为试样溶胀后质量,g;M_2 为试样溶胀后再经过真空干燥的质量,g;η_1 为复合固体推进剂中固体填料的质量分数;ρ_1 为溶剂甲苯的密度,g/cm^3;ρ_2 为粘合剂预聚物的密度,g/cm^3。

交联高聚物的溶胀平衡方程[11]为

$$\ln(1 - \phi_2) + \phi_2 + \chi_1 \phi_2^2 + \frac{\rho_2 \tilde{V}_1}{M_e} \phi_2^{\frac{1}{3}} = 0 \quad\quad (4.18)$$

式中:ϕ_2 为交联高聚物在溶液中的体积分数;χ_1 为 Huggins 参数;ρ_2 为交联高聚物密度,g/cm^3;$\tilde{V}_1$ 为溶剂的摩尔体积,cm^3/mol;$\overline{M}_e$ 为交联点间的平均分子量。

当交联度不太大时,在良溶剂中溶胀比 Q 可以超过10。此时 ϕ_2 很小,将 $\ln(1 - \phi_2)$ 展开,略去高次项,即在高溶胀度下的溶胀平衡方程可简化近似为

$$\frac{\overline{M}_e}{\rho_2 \tilde{V}_1} \left(\frac{1}{2} - \chi_1 \right) = Q^{\frac{5}{3}} \quad\quad (4.19)$$

根据式(4.17),式(4.19)可变换为

$$\nu_e = \frac{1}{\tilde{V}_1} \left(\frac{1}{2} - \chi_1 \right) Q^{-\frac{5}{3}} \quad\quad (4.20)$$

粘合剂与溶剂的相互作用参数 χ_1 用 Bristow 和 Watson 半经验方程确定[12]:

$$\chi_1 = 0.34 + \frac{\tilde{V}_1}{R_0 T} (\delta_p - \delta_s)^2 \quad\quad (4.21)$$

式中:δ_p 为粘合剂的溶解度参数,$(J/cm^3)^{1/2}$;δ_s 为溶剂的溶解度参数,$(J/cm^3)^{1/2}$;R_0 为普适气体常数,$J/(mol \cdot K)$;T 为热力学温度,K。

文献 [12] 报道,HTPB 和甲苯的溶解度参数分别取 17.1 $(J/cm^3)^{1/2}$ 和 18.2 $(J/cm^3)^{1/2}$,由此计算得到 $\chi_1 = 0.39$。又已知甲苯的摩尔体积 $\tilde{V}_1$ 为 $10^6 cm^3/mol$,根据式(4.20),可计算交联密度 ν_e。

凝胶百分数 Gel% 按下式计算：

$$\text{Gel}\% = \frac{M_2 - \eta_1 M_0}{\eta_2 M_0} \times 100\% \tag{4.22}$$

式中：η_2 为推进剂中粘合剂体系质量分数。

4.3.1.2　实验方法

本案例以测试 HTPB 粘合剂基体的凝胶百分数和交联密度为表征参数，研究贮存老化过程中 HTPB 基体的老化规律[8]。

HTPB 基体样品凝胶百分数和交联密度的测定按以下步骤进行：

（1）将所测试的 HTPB 基体试样切成 5mm × 10mm × 20mm 的小药块，精确称重，得到每个小药块老化后的质量数据 M_0；将称重好的小药块分别放入 60mL 广口瓶中，往广口瓶中倒入适量甲苯液（25~30mL），甲苯液应完全浸没药块，盖上瓶盖浸泡 7 天，使药块充分溶胀。

（2）测试溶胀后试样的质量时，先将试样从广口瓶中倾入玻璃漏斗，甲苯溶剂通过玻璃漏斗流入烧杯待处理。用镊子从玻璃漏斗中轻轻夹出试样，放置在玻璃纸上，同时用秒表开始计时。在玻璃纸上翻转溶胀的试样，用滤纸拭去试样附在玻璃纸上的液体。当经过多次翻转试样擦拭后，没有发现玻璃纸上有明显液痕或者附在玻璃纸上的液体能迅速（1~2s 内）挥发掉时，迅速将试样移至已精确称重的称量瓶中并盖好瓶盖，同时秒表记录这个时间，再用电子天平精确称量出溶胀后的试样质量 M_1。同批次测试使用的时间应该基本相同，整个操作过程中要避免挤压试样。

（3）将精确称量好的溶胀试样置入真空干燥箱内低温减压干燥，直至试样质量不再变化，取出试样再次精确称重得到干燥后的质量 M_2。

4.3.1.3　应用案例

基于上述测试方法，得到的 HTPB 胶片贮存老化过程中凝胶百分数、交联密度与老化时间关系，如图 4.18 和图 4.19 所示[8]。

可以看出：随着贮存时间的延长，HTPB 胶片凝胶百分数和交联密度呈先增加后降低的趋势。

影响胶片凝胶百分数变化的因素主要包括粘合剂系统的后固化、氧化交联和降解断链。贮存前期，胶片交联密度上升，说明存在后固化现象。贮存后期，存在着粘合剂系统的降解断链，使 HTPB 胶片凝胶百分数和交联密度降低。

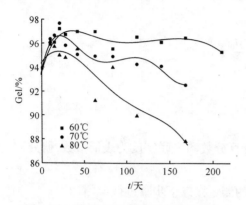

图 4.18　HTPB 胶片凝胶百分数的变化　　图 4.19　HTPB 胶片交联密度的变化

4.3.2　交联点间平均分子量

交联点间平均分子量对粘合剂基体乃至推进剂的伸长率有显著的影响。一般而言,对于同一类型的高聚物,交联点间平均分子量越大,粘合剂基体乃至推进剂的伸长率越高。

对于活性官能团位于粘合剂分子链两端、无侧链和支链的线性高聚物,即遥爪线性高聚物,如 HTPB,其交联点间平均分子量就是粘合剂预聚物的分子量。但是,对于具有侧链的粘合剂预聚物,其交联点间平均分子量应该是两个活性官能团之间主链的平均分子量。

交联点间平均分子量也可由式(4.16)求得。

4.3.3　粘合剂基体的表面特性

众所周知,复合固体推进剂力学性能的主要影响因素是固体填料、粘合剂基体和填料–基体的界面粘结性能,其中良好的填料–基体界面粘结是填料补强特性发挥和推进剂具有良好力学性能的基本保证。

显而易见,填料–基体界面性质取决于填料和粘合剂基体的表面特性。在键合剂分子设计和应用时,填料的表面特性、粘合剂基体的表面性质等信息也是必须考虑的因素。

目前,粘合剂基体——粘合剂交联网络结构、增塑剂与粘合剂相互作用的性质可以采用计算化学和试验的方法来表征。

采用计算化学的方法,可以研究粘合剂预聚物、增塑剂与粘合剂间的相互作用。这种方法充分考虑了粘合剂预聚物、增塑剂的平衡分子构型,进而研究两者之间的相互作用,是分子间相互作用的有效研究方法,已成为复合固体推进剂基体研究的新方法,是研究的热点之一。这部分的研究方法和典型案例将在第 8 章详述。

粘合剂基体的表面特性,如表面张力、酸碱性参数等,可以采用接触角法和反相色谱法测试得到。这些参数,结合通过计算化学方法得到的溶解度参数,为认识复合固体推进剂中基体的表面性质、确定填料-基体界面性质、键合剂的设计及键合机理提供了必要的信息。

粘合剂基体表面特性的测量方法和典型案例将在 4.4 节中详述。

4.4　填料或基体表面特性、填料-基体界面特性的表征方法

作为复合材料,复合固体推进剂的填料-基体界面是其力学性能的重要影响因素。由于推进剂的填料和基体种类较多,且填料、基体的极性和表面特性差异很大,故复合固体推进剂的填料-基体界面往往是弱界面。因此,在研究复合固体推进剂中典型填料-基体界面特性的基础上,设计、合成并筛选出结构合理的高效键合剂,进而改善填料-基体界面的粘结性能是提高推进剂力学性能的有效手段。

显然,要提高复合固体推进剂的力学性能,首先必须了解不同填料和基体的表面特性,进而研究填料-基体的界面特性,才能有的放矢地设计和筛选键合剂,最终显著提高复合固体推进剂的力学性能。

4.4.1　基本概念

1. 填料

填料是指复合固体推进剂中的固体颗粒填料,是大量固体粒子的集合体。以典型的四组元推进剂——AP/RDX/Al/HTPB 推进剂为例,涉及的填料主要包括高氯酸铵(AP)、黑索今(RDX)和铝粉(Al)。

2. 基体

基体是指复合固体推进剂的连续相。以典型的 HTPB 四组元推进剂为例,涉及的基体是指增塑剂 DOS(癸二酸二辛酯)增塑的 HTPB 与固化剂、交联剂交联后形成的弹性体,用 HTPB 基体表示。

3. 表面特性

表面特性是指复合固体推进剂中固体组份(包括填料颗粒和基体)表面的性质。以典型的 HTPB 四组元推进剂为例,涉及的表面特性是指颗粒填料(AP、RDX、Al)、HTPB 基体表面的性质。

4. 界面特性

界面特性是指两个物质的接触面——相界面的特性。以典型的 HTPB 四组元推进剂为例,不含键合剂时,涉及的主要界面包括 AP–HTPB 基体、RDX–HTPB 基体、Al–HTPB 基体三种界面;当含键合剂且不考虑铝粉的作用时,推进剂中的主要界面是指填料–键合剂–HTPB 基体界面,细分包括 AP–键合剂、RDX–键合剂、键合剂–HTPB 基体三种界面。

4.4.2　填料的粒度及比表面积

4.4.2.1　填料的粒度测试

采用激光粒度分布仪或沉降法,可以测试不同填料的粒度分布。

4.4.2.2　填料的比表面积测试

采用比表面积及孔径分析仪,可用氮气吸附法测试不同填料的比表面积。

对于比表面积很小的填料,如 AP,低于比表面积及孔径分析仪的测量下限时,可以用激光粒度分布仪测试给出的比表面积分析结果。

4.4.2.3　复合固体推进剂中主要填料的粒度分布和比表面积

采用 BT–9300ST 型激光粒度分布仪,测试了不同填料的粒度分布曲线,得到了Ⅰ类 AP、Ⅱ类 AP、Ⅲ类 AP、HMX 和 FLQT1#Al 的粒度分布,如图 4.20 ~ 图 4.24所示。

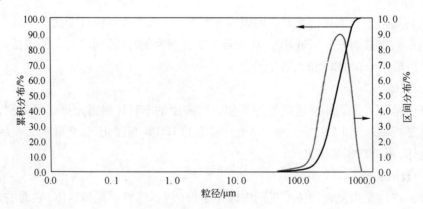

图 4.20　Ⅰ类 AP 的粒径分布图

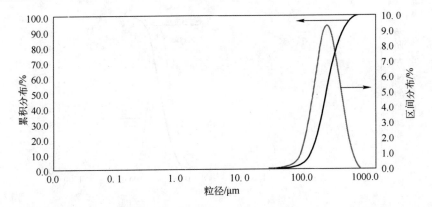

图 4.21 Ⅱ类 AP 的粒径分布图

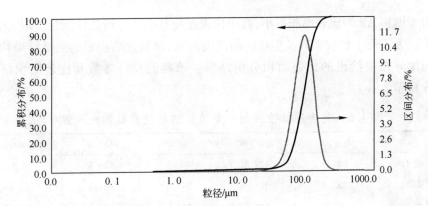

图 4.22 Ⅲ类 AP 的粒径分布图

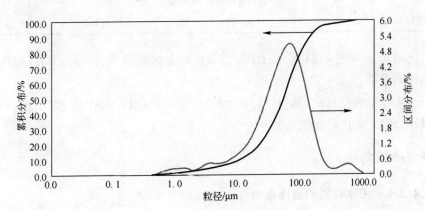

图 4.23 HMX 的粒径分布图

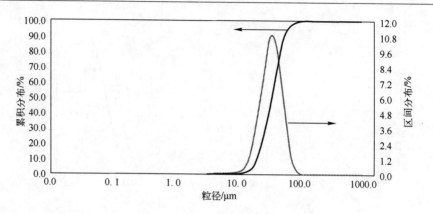

图 4.24　FLQT1#Al 粉的粒径分布图

由于填料 AP 的比表面积很小,低于比表面积及孔径分析仪的测量下限,无法测出结果。为了便于比较不同类型填料的比表面积,填料比表面积的测试结果均采用激光粒度分布仪给出的比表面积分析结果。填料的粒径参数和比表面积结果如表 4.6 所示。

表 4.6　复合固体推进剂主要填料的粒径参数和比表面积

填　　料	$D_{10}/\mu m$	$D_{43}/\mu m$	$D_{50}/\mu m$	$D_{90}/\mu m$	比表面积/(m^2/kg)
Ⅰ类 AP	221.3	429.8	409.7	680.5	6.29
Ⅱ类 AP	135.7	265.5	244.0	431.7	10.96
Ⅲ类 AP	68.0	116.7	112.4	174.6	35.95
HMX	10.7	77.7	54.4	145.1	136.30
FLQT1#Al	21.4	37.6	35.7	57.0	69.09

对比图 4.20 ~ 图 4.24 可知,HMX 的粒度分布区间最宽,铝粉(FLQT1#Al)的粒度分布区间最窄。

由表 4.6 中数据可知,铝粉(FLQT1#Al)的平均粒径最小,HMX 次之;AP 的比表面积最小,HMX 的比表面积最大。

4.4.3　接触角法

4.4.3.1　固体物质的表面张力

有多种方法可以测定液体的表面张力,而固体物质的表面张力无法直接测定。实用的办法是:首先,测定在固体物质表面上参比液(表面张力及其分量已知)的平衡接触角;再依据相关理论,计算得到固体物质的表面张力。

通常采用 Owens 二液法计算固体物质的表面能。表面自由能本质上是由分子间的相互作用引起的,在物质的表面表现为表面张力,可以通过测到已知表面张力的液体在固体物质表面的平衡接触角间接求得。

分子间相互作用力可分为极性力和色散力,因此表面张力 γ 也分为表面张力的极性分量 γ^p 和色散分量 γ^d,即

$$\gamma = \gamma^p + \gamma^d \tag{4.23}$$

根据 Fowkes 理论[13],有

$$\gamma_{sl} = (\gamma_s^{\frac{1}{2}} - \gamma_l^{\frac{1}{2}})^2 = \left[(\gamma_s^d)^{\frac{1}{2}} - (\gamma_l^d)^{\frac{1}{2}} \right]^2 + \left[(\gamma_s^p)^{\frac{1}{2}} - (\gamma_l^p)^{\frac{1}{2}} \right] \tag{4.24}$$

式中:γ_{sl} 为固-液界面张力;γ_s 和 γ_l 分别为固、液两相的表面张力;γ_s^d 为固体表面张力的色散分量;γ_s^p 为固体表面张力的极性分量;γ_l^d 为液体表面张力的色散分量;γ_l^p 为液体表面张力的极性分量。对于参比液而言,γ_l^d 和 γ_l^p 是已知的。

另外,Young 公式[13]为

$$\gamma_l \cos\theta = \gamma_s - \gamma_{sl} \tag{4.25}$$

式中:θ 为在固体表面上液体的接触角。

将式(4.25)代入式(4.24),可得

$$\gamma_l (1 + \cos\theta) = 2 (\gamma_s^d \gamma_l^d)^{\frac{1}{2}} + 2 (\gamma_s^p \gamma_l^p)^{\frac{1}{2}} \tag{4.26}$$

式(4.26)可改写为

$$\gamma_l (1 + \cos\theta) / 2 (\gamma_l^d)^{\frac{1}{2}} = (\gamma_s^d)^{\frac{1}{2}} + (\gamma_s^p)^{\frac{1}{2}} (\gamma_l^d / \gamma_l^p)^{\frac{1}{2}} \tag{4.27}$$

4.4.3.2　测试方法

采用接触角测量仪,测试在固体样品表面上不同参比液的平衡接触角。每个样品进行 5 次平行试验,结果取平均值。

接触角测试样品制备方法:

(1)填料试样:将 AP、硝胺(HMX 或 RDX)、铝等充分干燥,取少量样品在粉末压片机上压片。

(2)HTPB 基体试样:在 50℃下,将 HTPB、DOS、TDI 及 MAPO 按照配方计算比例混合均匀后,浇注到聚四氟乙烯模具中,基体厚度约 2mm;除气后放入 70℃ 恒温培养箱中固化 3 天,取出后切块得到 HTPB 基体试样。

用一系列已知表面张力及其分量的液体作为参比液,滴加在待测固体物质表面,测定其与固体试样表面相互作用的平衡接触角 θ。接触角测试用的参比液及其

表面张力[13]如表4.7所示。

表4.7　参比液及其表面张力(20℃)

参　比　液	$\gamma_l^d/(\mathrm{mN/m})$	$\gamma_l^p/(\mathrm{mN/m})$	$\gamma_l/(\mathrm{mN/m})$
水	21.8	51.0	72.8
甘油	37.0	26.0	63.0
乙二醇	33.8	14.2	48.0
甲酰胺	39.5	19.0	58.5
磷酸三甲苯酯	39.2	1.0	40.2
α－溴萘	44.6	0.0	44.6

以 $\gamma_l(1+\cos\theta)/2\ (\gamma_l^d)^{\frac{1}{2}}$ 对 $(\gamma_l^d/\gamma_l^p)^{\frac{1}{2}}$ 作图,拟合得到一条直线。由直线的斜率 $(\gamma_s^p)^{\frac{1}{2}}$ 和截距 $(\gamma_s^d)^{\frac{1}{2}}$,可求出固体试样表面张力的极性分量 γ_s^p 和色散分量 γ_s^d,进而得到试样的表面张力 γ_s 和极性分数(γ_s^p/γ_s^d)。

4.4.3.3　填料-基体的界面张力

前已述及,依据复合固体推进剂中填料和基体试样的平衡接触角测试数据,可以分别计算得到填料和基体的表面张力及其分量。

以粘合剂基体为液相物质,填料为固相物质,根据相关理论及上述数据,可以计算出填料-基体界面的界面张力和粘附功。

界面张力用来描述两相之间的相互浸润性。界面张力越小,浸润性越好。

根据 Fowkes 理论,界面张力为

$$\gamma_{f-m}=\left[\left(\gamma_f^d\right)^{\frac{1}{2}}-\left(\gamma_m^d\right)^{\frac{1}{2}}\right]^2+\left[\left(\gamma_f^p\right)^{\frac{1}{2}}-\left(\gamma_m^p\right)^{\frac{1}{2}}\right] \tag{4.28}$$

式中: γ_{f-m} 为填料-基体的界面张力; γ_f 和 γ_m 分别为填料、基体两相的表面张力; γ_f^d 为填料表面张力的色散分量; γ_f^p 为填料表面张力的极性分量; γ_m^d 为基体表面张力的色散分量; γ_m^p 为基体表面张力的极性分量;下标 f 代表填料,下标 m 代表基体。

4.4.3.4　填料-基体界面的粘附功

在等温等压条件下,单位面积的液面与固体表面粘附时对外所做的最大功称为粘附功。

在润湿粘附过程中,液体表面和固体表面消失,产生了液-固相界面。粘附功就等于这个过程表面 Gibbs 自由能变化的负值。

填料–基体界面粘附功的定义为

$$W_a = -\Delta G^\sigma = \gamma_f + \gamma_m - \gamma_{f-m} = 2\left(\gamma_f^d \gamma_m^d\right)^{\frac{1}{2}} + 2\left(\gamma_f^p \gamma_m^p\right)^{\frac{1}{2}} \qquad (4.29)$$

式中:W_a 为填料–基体界面的粘附功,mJ/m^2;ΔG^σ 为粘附过程中单位表面上 Gibbs 自由能的变化。

粘附功是固–液界面结合能力及分子间作用力大小的度量。粘附功越大,液–固界面结合越牢。

将粘合剂基体看作液体,填料为固体,则复合固体推进剂中固体填料–粘合剂基体的界面粘附功越大,代表两者的界面粘结越牢固。

4.4.4　反相气相色谱法

4.4.4.1　测试方法

反相气相色谱法[14,15]是气相色谱分析技术的一种。其特点是将待测物质或负载于担体上的待测物为固定相,测量已知物性的探针分子在分离柱中特定待测物质表面的吸附特性。

气相色谱仪选择热导检测器(TCD)。以氦气为载气,载气流速为 30mL/min。汽化室和 TCD 的温度分别为 120℃和 150℃。

采用微量进样器进样,每次进样量 0.3~0.5μL。在柱温为 50℃、70℃、90℃和 110℃条件下,以待测物为分离柱的固定相,分别测定不同极性的探针分子——正己烷、乙酸乙酯和三氯甲烷在柱中的保留时间。进行 5 次平行试验,结果取平均值。用空气为载气,测量不同柱温下的死体积。

填料为固定相的色谱柱制备:在 ϕ4mm 的不锈钢色谱柱中,直接填充已干燥好的样品(填料:担体质量比为 1:1)。固定相质量通过称重得到。在 120℃下将色谱柱老化 10h。

反相气相色谱法中的固定相既可以是复合固体推进剂的填料和粘合剂基体,也可以是填料或担体表面涂覆的液体组份,如粘合剂预聚物或键合剂等。

固定相为 HTPB/DOS 基体色谱柱的制备:在 65℃下,将 HTPB、DOS、TDI 及 MAPO 按比例加入聚四氟乙烯杯中,混合均匀,反应 2h。降至室温后,用丙酮等溶剂稀释,并加入适量担体。挥发溶剂并干燥至恒重。将干燥的固定相装入 ϕ4mm 不锈钢色谱柱中。色谱柱在 120℃下老化 10h。

4.4.4.2　固体物质表面的酸碱性参数

界面粘结的酸碱作用理论认为,两相间的酸碱作用对界面粘结程度有重要贡献。

固体物质表面的酸碱性及其与接触液体相互作用的定量表征,最早由 Fowkes 开始。他提出,物质表/界面的酸碱作用可以用 Drago 的四参数经验方程表征

$$- \Delta H_{AB} = E_A \cdot E_B + C_A \cdot C_B \tag{4.30}$$

式中:ΔH_{AB} 为固–液两相界面的酸碱作用焓;E_A 和 C_A 为表征物质 A 的两个酸碱性参数;E_B 和 C_B 为表征物质 B 的两个酸碱性参数。

若 A 为探针分子,则 B 为待测固体试样。采用反相气相色谱法(IGC),以待测固体物质为色谱柱的固定相,测试不同温度下一系列已知酸碱性参数(E_A 和 C_A)的探针分子在色谱柱内的净保留时间,计算出不同温度下在固定相中探针分子的比保留体积 V_g^0。

V_g^0 可由下式计算:

$$V_g^0 = \frac{273.15 \cdot (t_S - t_M) \cdot Q \cdot J}{T \cdot m} \tag{4.31}$$

式中:t_M 为死时间(以甲烷为参考);t_S 为探针分子的保留时间;$t_N = (t_S - t_M)$ 为探针分子的净保留时间;Q 为载气流速;m 为固定相的净质量;T 为测试温度;J 为不同温度下非理想气体压缩性的校正因子,其表达式为

$$J = \frac{3}{2} \cdot \frac{(P_i / P_o)^2 - 1}{(P_i / P_o)^3 - 1} \tag{4.32}$$

式中:P_i 为色谱柱的进口压强;P_o 为色谱柱的出口压强。

联立式(4.31)和式(4.32),即可计算出不同温度下在固定相中探针分子的比保留体积 V_g^0。

将在固定相中探针分子比保留体积的对数值($\ln V_g^0$)与温度的倒数($1/T$)作图,所得直线的斜率为 $(\Delta H_{AB} + \Delta H_V)/R_0$,即

$$\partial(\ln V_g^0)/\partial(1/T) = (\Delta H_{AB} + \Delta H_V)/R_0 \tag{4.33}$$

式中:ΔH_V 为探针分子的汽化焓;ΔH_{AB} 为固定相与流动相界面的酸碱作用焓;R_0 为普适气体常数;T 为测试时的温度;V_g^0 为比保留体积。

因探针分子的 ΔH_V 已知,故由直线斜率可以得到填料–探针分子(或基体–探针分子)的界面作用焓——ΔH_{AB}。将 ΔH_{AB} 的值代入式(4.30),联立方程,进而得到固体试样(填料或基体)表面的两个酸碱性参数(E_B 和 C_B)。

4.4.4.3　填料–基体的界面作用焓

填料–基体的界面作用焓也可以用 Drago 的四参数经验方程[15]定量表征:

$$- \Delta H_{f-m} = E_f E_m + C_f C_m \tag{4.34}$$

式中：ΔH_{f-m} 为填料-基体的界面作用焓；E_f 和 C_f 为填料的两个酸碱性参数；E_m 和 C_m 为基体的两个酸碱性参数。

填料及基体的酸碱性参数由反相气相色谱法测得，依据式（4.34）可以计算得到填料-基体的界面作用焓。ΔH_{f-m} 绝对值越大，表明填料-基体的界面作用越强。

4.4.5　DMA 法

4.4.5.1　测试原理

动态力学分析是在程序控制温度下，在按正弦函数变化的应变作用（拉伸和压缩为周期性变化）下，测试材料的动态力学性能（储能模量、损耗模量、损耗角正切）随温度或频率变化关系的一种技术。

聚合物动态力学性能与其结构、分子运动有密切关系。在正弦变化应力的作用下，聚合物的应力与应变关系中出现应变滞后于应力的现象，滞后效应是动态力学分析的基础。

复合固体推进剂属于粘弹性材料。当其受到应力作用时，一部分能量用于弹性形变，另一部分能量以热能的形式耗散。DMA 测试参数中，E' 为储能模量，表征在推进剂形变过程中因弹性形变而贮存的模量；E'' 为损耗模量，表征在推进剂形变过程中因粘性形变而以热的形式损耗的模量。力学损耗 $\tan\delta = E''/E'$ 为损耗角正切，是所损耗的能量与所贮存的能量之比，表示能量损耗的大小。

4.4.5.2　填料-基体界面层的厚度

由 Lipatov 定律，填料-基体界面层厚度与聚合物玻璃化转变时比热值的变化有关，复合材料界面层厚度的估算公式[16,17] 分别为

$$\lambda = 1 - \frac{\Delta c_p^f}{\Delta c_p^0} \tag{4.35}$$

$$\frac{(r + \Delta r)^3}{r^3} - 1 = \frac{\lambda V_f}{1 - V_f} \tag{4.36}$$

式中：λ 为界面层体积分数的常数；Δc_p^f 为复合材料比热的变化，J/（mol·K）；Δc_p^0 为基体比热的变化，J/（mol·K）；V_f 为填料的体积分数；r 为填料粒子的半径，nm；Δr 为填料-基体界面层的厚度，nm。

以式（4.35）和式（4.36）为基础，将其与 DMA 分析结合起来，得到类似于式（4.35）的表达式，令 $\lambda = \lambda_V$，则

$$\lambda_V = 1 - \frac{\Delta U_g^f}{\Delta U_g^0} \tag{4.37}$$

式中:λ_V 为界面层体积分数的面积常数;ΔU_g^f 为复合材料 DMA 曲线中损耗角正切基线的变化;ΔU_g^0 为基体 DMA 曲线中损耗角正切基线的变化。

ΔU_g 与试样的截面积 A 有关,即

$$\Delta U_g = (U_2 - U_1)/A \tag{4.38}$$

U_1 和 U_2 的求取方法如图 4.25 所示。

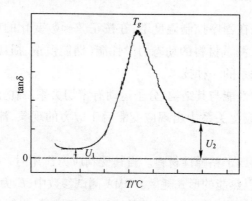

图 4.25　典型 DMA 曲线 $\tan\delta$ 与温度的关系

4.4.5.3　填料-基体界面作用参数

由聚合物连续相和无机填料分散相组成的二元复合体系的动态储能模量可由下列经验公式计算[18,19]

$$\frac{E'_{f-m}}{E'_m} = \frac{1 + 1.5B \cdot V_f}{1 - B \cdot V_f} \tag{4.39}$$

式中:E'_{f-m} 为填料-基体的储能模量,MPa;E'_m 为基体的储能模量,MPa;V_f 为填料的体积分数;B 为填料-基体的界面作用参数。

依据复合固体推进剂中主要填料和基体的 DMA 试验的损耗角正切实测数据及模拟二元复合体系的配方,根据式(4.39)可求出填料-基体的界面作用参数。

4.4.6　复合固体推进剂中主要组份的表面特性

4.4.6.1　复合固体推进剂中主要填料的表面张力

根据不同参比液(表 4.7)在填料表面接触角的测试结果,计算得到复合固体推进剂中部分主要填料的表面张力和极性分数,结果如表 4.8 所示。

表 4.8　复合固体推进剂中部分主要填料的表面张力 γ 和极性分数 p(20℃)

填　　料	γ_s^d/(mN/m)	γ_s^p/(mN/m)	γ_s/(mN/m)	p
AP	30.59	35.57	66.16	0.54
HMX	32.29	32.08	64.37	0.50
Al	32.75	28.72	61.47	0.47

由表 4.8 可知：

（1）复合固体推进剂中主要填料的表面张力大小顺序为 AP > HMX > Al，即 AP 的表面张力最大。

（2）复合固体推进剂中主要填料的极性分数大小顺序为 AP > HMX > Al，即 AP 的极性最大。

4.4.6.2　复合固体推进剂中主要填料表面的酸碱性参数

根据不同温度下在色谱柱中探针分子净保留时间的测试结果，计算得到 AP、HMX 和 Al 的比保留体积；进一步计算出 3 种填料与探针分子间的界面作用焓；根据式(4.30)，得到填料的表面酸碱性参数，结果如表 4.9 所示。

表 4.9　复合固体推进剂中部分主要填料的酸碱性参数

样　品	C(碱性)	E(酸性)	C/E
Ⅰ类 AP	10.60	5.02	2.11
Ⅱ类 AP	10.65	4.91	2.17
Ⅲ类 AP	10.61	5.06	2.10
HMX	11.02	4.74	2.32
Al	11.07	4.67	2.37

由表 4.9 中数据可以看出，5 种填料的碱性参数均大于各自的酸性参数；3 种 AP 的酸碱性参数相差不大；在本研究的 3 种填料中，填料相对酸碱性的强弱顺序为 AP > HMX > Al。

4.4.6.3　PBT 基体的表面张力

PBT 粘合剂预聚物为 BAMO(3,3-二叠氮亚甲基-氧丁环)和 THF(四氢呋喃)的无规共聚物。本案例采用的是 BAMO 和 THF 单体摩尔比为 1∶1 的无规共聚物。PBT 基体由 PBT 粘合剂预聚物、TDI 固化剂、TMP(三羟甲基丙烷)交联剂和 A3 增塑剂固化而成,其中增塑比(增塑剂与粘合剂预聚物的质量比)为1:1。

通过测试在 PBT 基体表面不同参比液的接触角,计算得到 PBT 基体的表面张力、色散分量和极性分量。

为了考察固化参数、交联羟基比和增塑比对 PBT 基体表面作用的影响,采用均匀设计的方法设计了不同的 PBT 基体配方,均匀设计使用表如表 4.10 所示。

表 4.10　PBT/A3 基体的均匀设计使用表

编　号	因素及水平		
	$R_{NCO/OH}$	$R_{3OH/2OH}$	$R_{P/B}$
PBT/A3-1	1.0	0.42	1.2
PBT/A3-2	1.1	0.63	1.8
PBT/A3-3	1.2	0.87	1.0
PBT/A3-4	1.3	0.30	1.6
PBT/A3-5	1.4	0.54	0.0
PBT/A3-6	1.5	0.75	1.4

注:$R_{NCO/OH}$指体系中异氰酸酯/羟基当量数之比;$R_{3OH/2OH}$指体系中三羟基化合物与二羟基化合物的羟基当量数之比;$R_{P/B}$指体系中增塑剂与粘合剂的质量比

根据在基体表面不同参比液的接触角测试结果,计算得到 PBT 基体的表面张力和极性分数,结果如表 4.11 所示。

表 4.11　PBT 基体表面张力和极性分数(20℃)

基　体	$\gamma_s^d/(mN/m)$	$\gamma_s^p/(mN/m)$	$\gamma_s/(mN/m)$	p
PBT/A3-1	30.42	27.67	58.08	0.48
PBT/A3-2	31.16	28.40	59.56	0.48
PBT/A3-3	31.45	29.25	60.70	0.48
PBT/A3-4	30.26	30.09	60.35	0.50
PBT/A3-5	31.14	28.96	60.09	0.48
PBT/A3-6	32.05	26.30	58.34	0.45

以表 4.10 中 3 个参数为自变量,结合表 4.11 中各基体表面张力的数据,采用 SPSS 软件对 PBT 基体均匀设计的实测数据进行回归拟合,得到 PBT 基体表面张力的回归方程

$$\gamma_s = -40.723R_{3OH/2OH} - 6.979R_{P/B} - 0.761R_{NCO/OH}^2 + 82.99R_{3OH/2OH}^2 + 3.47R_{P/B}^2 + 72.816$$

从上式分析可以看出:

(1)随着固化参数 $R_{NCO/OH}$ 的增加,PBT 基体的表面张力数值呈下降的趋势;

（2）随着交联羟基比 $R_{3OH/2OH}$ 的增加，PBT 基体的表面张力为先下降后上升的趋势，存在极小值点；

（3）随着增塑比 $R_{P/B}$ 的增大，PBT/基体的表面张力为先下降后上升的趋势，存在极小值点；

（4）三种配方因素对 PBT 基体表面张力的影响顺序均为：交联羟基比 > 增塑比 > 固化参数。

4.4.6.4　PBT 基体表面的酸碱性参数

根据不同温度下在色谱柱中探针分子净保留时间的测试结果，计算得到 PBT 基体的比保留体积；进一步计算出 PBT 基体与探针分子间的界面作用焓；根据相关理论，可以得到 PBT 基本的酸碱性参数，结果如表 4.12 所示。

表 4.12　PBT 基体的酸碱性参数

基　　体	C	E	C/E
PBT/A3-1	4.90	2.21	2.22
PBT/A3-2	3.91	2.07	1.89
PBT/A3-3	5.28	2.39	2.21
PBT/A3-4	4.22	2.09	2.02
PBT/A3-5	5.13	1.86	2.75
PBT/A3-6	4.01	2.05	1.95

以表 4.10 中 3 个参数为自变量，结合表 4.12 中各基体酸碱作用参数的数据，采用 SPSS 软件对 PBT 基体均匀设计的实测数据进行回归拟合，分别得到 PBT 基体碱性参数和酸性参数的回归方程。

PBT 基体碱性参数

$$C = -5.832R_{3OH/2OH} - 0.369R_{P/B} - 0.606R_{NCO/OH}^2 + 5.265R_{3OH/2OH}^2 - 0.321R_{P/B}^2 + 7.932$$

PBT 基体酸性参数

$$E = -2.120R_{3OH/2OH} + 0.336R_{P/B} - 0.192R_{NCO/OH}^2 + 2.082R_{3OH/2OH}^2 - 0.175R_{P/B}^2 + 2.775$$

从以上两式分析和表 4.12 中数据可以看出：

（1）PBT 基体的碱性参数均大于其酸性参数；

（2）随着固化参数的增加，PBT 基体表面的酸碱性参数均呈减小的趋势；

（3）随着交联羟基比的增加，PBT 基体表面的酸碱性参数均呈先减小后增加的趋势；

（4）随着增塑比的增大，PBT 基体表面的酸碱性参数均呈降低的趋势；

（5）三种配方因素对 PBT/A3 固化胶片表面酸碱性参数的影响顺序均为：增塑比 > 固化参数 > 交联羟基比。

4.4.7 复合固体推进剂的主要界面特性

4.4.7.1 老化过程中 HTPB 基体表/界面张力和粘附功的变化规律

复合固体推进剂是氧化剂、含能添加剂、金属燃料等固体填料与粘合剂基体复合而成的颗粒填充复合材料。若将粘合剂基体看作液体，表面/界面张力越小，固体颗粒与粘合剂之间的粘附功越大，代表两者粘结牢固，有利于提高复合推进剂的力学性能。所以，考察表面/界面张力和粘附功的变化规律[8]就可以表征 HTPB 推进剂中氧化剂与粘合剂界面的粘结效果。

用接触角法，测得氧化剂 AP（红外制样机上压片）和各老化时间推进剂提取凝胶薄片的表面张力，进而算出界面张力和粘附功，旨在研究 AP/Al/HTPB 推进剂老化过程中 AP–HTPB 基体界面的变化规律。

选择水和乙二醇作为探测液，分别测定探测液在 AP 和 HTPB 粘合剂基体上的接触角；用式（4.24）计算 HTPB 推进剂中粘合剂基体的表面张力；进而用式（4.28）和式（4.29），分别计算不同老化时间时 AP–粘合剂基体间的粘附功 W_a 和界面张力 $\gamma_{AP\text{-}HTPB}$，即 HTPB 推进剂填料–粘合剂基体的界面粘结情况可由 AP–粘合剂基体的粘附功和界面张力定量表征。

氧化剂 AP 和 HTPB 基体（老化前和70℃下贮存210天）样品的表面张力及其分量如表4.13所示。

表4.13 三组元推进剂中氧化剂 AP 和 HTPB 基体的表面张力

温度/℃	样品类型	老化时间/天	γ/(mN/m)	γ^d/(mN/m)	γ^p/(mN/m)
—	AP	0	75.7	0.5	75.2
—	HTPB	0	40.2	2.0	38.2
70	HTPB	210	27.7	3.7	24.0

由表4.13中数据可以看出，随着老化时间的延长，粘合剂基体表面张力的色散分量 γ^d 增大，极性分量 γ^p 减小；粘合剂基体的极性分量与填料的相应值差距在扩大，即粘合剂基体与填料的极性匹配变差。

AP/Al/HTPB 中 AP–HTPB 界面的粘附功 W_a、界面张力 $\gamma_{AP\text{-}HTPB}$ 与老化时间的关系分别如图4.26和图4.27所示。

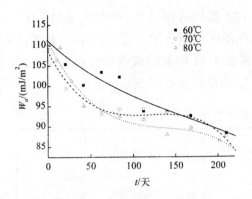

图 4.26　粘附功与老化时间的关系

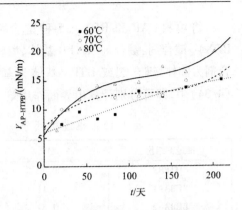

图 4.27　界面张力与老化时间的关系

可以看出,随老化时间的延长,热老化贮存条件下 HTPB 三组元推进剂 AP-粘合剂基体的粘附功减小,界面张力增大,表明 AP-粘合剂基体的粘结变差;3 个贮存温度下,温度越高,粘附功越低。数据表明,温度升高或贮存时间增加,HTPB 推进剂中 AP-粘合剂基体的粘结变差。

4.4.7.2　用酸碱性参数评价键合剂与填料、基体间的作用[20]

采用反相气相色谱法,以 AP、RDX、5 种硼酸酯键合剂(负载于惰性担体上)、HTPB 基体等待测物质分别为固定相,填充色谱柱;以两种已知 E、C 值的液态物质(乙酸乙酯和氯仿)为流动相(亦称探针分子),测出不同温度下在固定相中探针分子的比保留体积;按式(4.30),计算出待测物质的 E、C 值。

上述待测物质表面的酸碱性参数结果如表 4.14 所示。

表 4.14　四组元推进剂部分主要组份表面的酸碱性参数

推进剂组份	C	E	C/E
AP	1.260	0.806	1.56
RDX	1.410	0.606	2.30
HTPB 胶片	0.114	0.028	4.07
BEBA-1	1.110	0.068	16.3
BEBA-2	1.190	0.360	3.30
BEBA-3	1.350	0.174	7.76
BEBA-4	1.323	0.130	10.2
BEBA-5	1.357	0.159	8.50
注:BEBA-X 为硼酸酯键合剂			

将填料(AP 和 RDX)、5 种键合剂、HTPB 基体两两组合,即形成填料(AP、RDX)-键合剂、键合剂-HTPB 基体、填料(AP、RDX)-基体间三类界面,以填料或键合剂为固体,键合剂或 HTPB 基体为基体,将表 4.14 中的酸碱性参数对应代入式(4.34)中,即可分别计算出界面作用焓 ΔH_{f-m},结果如表 4.15 所示。

表 4.15 推进剂部分主要界面的界面作用焓(kJ/mol)

推进剂组份	AP	RDX	HTPB
HTPB	0.70	0.74	—
BEBA-1	6.11	6.72	0.54
BEBA-2	7.52	7.94	0.61
BEBA-3	7.73	8.41	0.68
BEBA-4	7.44	8.15	0.65
BEBA-5	7.72	8.42	0.68

由表 4.15 中数据可以看出,AP-HTPB 基体、RDX-HTPB 基体和键合剂-HTPB 基体三类界面,5 种硼酸酯键合剂与填料 AP、RDX 的界面作用焓均远大于 HTPB 基体与 AP、RDX、硼酸酯键合剂的界面作用焓,说明硼酸酯键合剂可以优先吸附在 AP、RDX 颗粒表面上。这是由于键合剂的极性基团与推进剂中填料颗粒的极性更相近所致。另一方面,依据 ΔH_{f-m} 越大界面粘结越好的判据,在 5 种键合剂中,对 AP 界面改性效果最好的键合剂分别为 BEBA-3 和 BEBA-5,对 RDX 界面改性效果最好的键合剂分别为 BEBA-5 和 BEBA-3。

4.4.7.3 PBT 推进剂中主要填料-基体的界面特性

1. 填料-基体的界面张力和界面粘附功

此处 PBT 基体系指 A3 增塑的 PBT 交联弹性体。

由相应的接触角测试数据及相关理论,计算得到 PBT 推进剂中主要填料-基体界面的界面张力和界面粘附功,结果如表 4.16 和表 4.17。

表 4.16 PBT 推进剂中主要填料-PBT 基体之间的界面张力

填 料	界面张力/(mN/m)					
	PBT/A3-1	PBT/A3-2	PBT/A3-3	PBT/A3-4	PBT/A3-5	PBT/A3-6
AP	0.50	0.41	0.32	0.23	0.34	0.72
HMX	0.19	0.12	0.07	0.07	0.09	0.29
Al	0.05	0.02	0.02	0.07	0.02	0.06

表 4.17　PBT 推进剂主要填料-PBT 基体之间的界面粘附功

填　料	界面粘附功/(mJ/m²)					
	PBT/A3-1	PBT/A3-2	PBT/A3-3	PBT/A3-4	PBT/A3-5	PBT/A3-6
AP	123.75	125.31	126.55	126.28	125.92	123.80
HMX	122.27	123.81	125.00	124.66	124.38	122.43
Al	119.51	121.01	122.15	121.76	121.55	119.76

由上述表 4.16 和表 4.17 中的数据可知：

（1）PBT/A3-3 基体、PBT/A3-4 基体与填料 AP、HMX 的界面张力较小，界面粘附功较大，说明 PBT/A3-3、PBT/A3-4 基体与填料 AP、HMX 的润湿性较好，粘结强；

（2）PBT/A3-3 对填料 Al 的界面张力最小，粘附功最大，因此 PBT/A3-3 对填料 Al 的润湿性好、粘结强；

（3）由界面张力数据可知，3 种填料在 PBT 基体上的浸润性顺序为 Al > HMX > AP；

（4）由粘附功数据可知，3 种填料与 PBT 基体粘结强度顺序为 AP > HMX > Al。

由此可见，AP 与 PBT 基体间界面粘结强度较牢固，HMX 与 PBT 基体间界面粘结强度稍弱。

2. 填料-基体的界面作用焓

由反相气相色谱法测得的 AP、HMX、Al 粉、PBT 基体的酸碱性参数，对应代入 Drago 方程，可计算出填料-PBT 基体的界面作用焓，结果如表 4.18。

表 4.18　PBT 推进剂主要填料-PBT 基体的界面作用焓

基　　体	界面作用焓 ΔH_{f-M}/(kJ/mol)				
	Ⅰ类 AP	Ⅱ类 AP	Ⅲ类 AP	HMX	FLQT1#Al
PBT/A3-1	264.82	264.95	265.42	270.85	271.16
PBT/A3-2	217.72	217.68	218.25	222.15	222.31
PBT/A3-3	285.62	285.76	286.27	292.10	292.44
PBT/A3-4	231.78	231.80	232.32	236.73	236.95
PBT/A3-5	267.58	267.92	268.14	274.41	274.87
PBT/A3-6	221.55	221.55	220.08	226.18	226.37

由表 4.18 中数据可以看出：

（1）PBT/A3-3 基体与各填料之间的粘结作用最强，PBT/A3-2 基体与各填料之间的粘结作用最弱。

（2）对比填料-基体之间的界面作用焓，Al-PBT 基体 > HMX-PBT 基体 > AP-PBT 基体。

4.4.7.4　PBT 推进剂填料-基体的界面厚度及界面作用参数

采用 DMA-Q800 型动态力学分析仪，测试不同配方 PBT/A3 固化胶片（基体）及模型推进剂样品的储能模量、损耗模量、玻璃化转变温度和损耗角正切。

测试参数：形变模式为拉伸模式，升温速率为 3℃/min，拉伸频率为 1Hz，拉伸幅度 15μm，测试温度范围 -70 ~ 70℃。

PBT/A3 固化胶片的固化剂为 TDI，固化参数 $R_{NCO/OH}$ 为 1.50；TMP 与 PBT 的羟基当量数比 $R_{3OH/2OH}$ 为 1.8；增塑剂 A3 与 PBT 质量比（增塑比，$R_{P/B}$）为 1.4。固化胶片及模型推进剂的配方如表 4.19 所示，在 70℃条件下固化 72h。

表 4.19　PBT/A3 固化胶片及模型推进剂配方

配方编号	PBT/%	A3/%	AP/%	HMX/%	Al/%
P0	41.7	58.3	0	0	0
P1	33.3	46.7	20.0	0	0
P2	33.3	46.7	0	20.0	0
P3	33.3	46.7	0	0	20.0

上述样品的 DMA 测试结果如表 4.20 所示。

表 4.20　PBT/A3 固化胶片及模型推进剂的动态力学性能

配方编号	T_g/℃	E'/MPa	E''/MPa	tanδ
P0	-51.40	1890.2	516.1	3.23
P1	-45.76	2029.1	427.3	2.71
P2	-46.67	5858.6	1222.4	2.56
P3	-48.46	6558.3	1357.2	2.15

由表 4.20 中数据可见，加入填料后，PBT/A3 模型推进剂的玻璃化转变温度和储能模量升高，损耗角正切值减小；含 20% AP 的 PBT/A3 模型推进剂玻璃化转变温度最高，说明 AP 对玻璃化转变温度的影响最大；配方 P2、P3 模型推进剂的储能模量和损耗模量显著高于含 AP 模型推进剂的储能模量和损耗模量，说明 HMX、Al 与 PBT/A3 基体有较强的相互作用，即该两种填料与 PBT 基体界面粘结性能较好。

不同配方 PBT/A3 固化胶片及模型推进剂的界面层厚度和界面作用参数如表 4.21 所示。

表 4.21　PBT/A3 固化胶片的界面层厚度和界面作用参数

配方编号	$\Delta r/\mathrm{nm}$	B
P0	—	—
P1	941.8	0.20
P2	286.8	3.14
P3	380.1	4.63

由表 4.21 中数据可见，AP 与 PBT 基体的界面层最厚，是 HMX 与 PBT 基体界面层厚度的 3.28 倍，是 Al 与 PBT 基体界面层厚度的 2.48 倍。AP 与 PBT 基体界面作用参数最小，说明该界面相互作用最弱；HMX、Al 与 PBT 基体界面作用参数较高，界面相互作用较强。

参 考 文 献

[1]　张炜,鲍桐,周星.火箭推进剂[M].北京:国防工业出版社,2014.

[2]　侯林法,等.复合固体推进剂[M].北京:宇航出版社,1994.

[3]　贾永刚.固体火箭发动机 HTPB 推进剂药柱力学性能表征技术研究[D].长沙:国防科技大学,2012.

[4]　Kelly A A. Problems in creep testing under biaxial stress system[J]. J Strain Analysis,1976,11:1-6.

[5]　彭培根,刘培谅,张仁,等.固体推进剂性能及原理[M].长沙:国防科技大学出版社,1987.

[6]　GJB770B-2005.火药试验方法:413.4 应力松弛模量主曲线(单向拉伸法)[S].2005.

[7]　胡全星,姜豫东,李健,等.推进剂松弛模量主曲线即 WLF 方程参数的拟合处理[J].固体火箭技术,2003,26(2):46-48.

[8]　张兴高.HTPB 推进剂贮存老化特性及寿命预估研究[D].长沙:国防科技大学,2009.

[9]　Mark J E. Experimental determinations of crosslink densities[J]. Rub. Chem. Tech.,1982,55:762-768.

[10]　芦明,黄志萍.丁羟弹性体的交联密度[J].固体火箭技术,1994,17(3):54-60.

[11]　金日光,华幼卿.高分子物理[M].北京:化学工业出版社,2007.

[12]　励杭泉,张晨.聚合物物理学[M].北京:化学工业出版社,2007.

[13]　吴人杰.高聚物的表面与界面[M].北京:科学出版社,1998.

[14]　杜美娜,罗运军,杨寅,等.反相气相色谱法研究端羟基聚丁二烯(HTPB)粘合剂的表面性

质[J]. 含能材料, 2007,15(6):646-649.

[15] 喻鸿钢,邓剑如,申红光,等. 丁羟推进剂组份间界面酸碱作用研究[J]. 固体火箭技术, 2009,32(6):659-663.

[16] Bhattacharya S K. 金属填充聚合物性能和应用[M]. 杨大川,刘美珠,译. 北京:中国石化出版社,1992.

[17] 高乃奎,彭宗仁,谢恒堃. EPDM/Al(OH)3复合材料界面结构参数表征研究[J]. 复合材料学报,2000,17(4):124-126.

[18] Ziegel K D, Romanov A. Modulus reinforcement in elastomer composites. Ⅰ. inorganic fillers [J]. Journal of Applied Polymer Science, 1973, 17(4): 1119-1131.

[19] Ziegel K D, Romanov A. Modulus reinforcement in elastomer composites. Ⅱ. polymeric fillers [J]. Journal of Applied Polymer Science, 1973, 17(4): 1133-1142.

[20] 崔瑞禧. AP/RDX/Al/HTPB复合固体推进剂用硼酸酯键合剂设计、应用和机理研究[D]. 长沙:国防科技大学,2012.

第 5 章　固体推进剂的贮存老化性能

5.1　概述

在贮存和使用过程中众多物理、化学等因素的综合作用下,复合固体推进剂的性能(力学性能、燃烧性能和能量性能)逐渐发生劣化,这种现象即为老化。从推进剂制造完毕开始,到由老化引起的推进剂关键性能达不到使用指标要求、失去使用价值的时间称为贮存期,也称使用期或使用寿命[1]。

推进剂的使用寿命是由其贮存老化性能决定的,而推进剂的使用寿命又决定着固体火箭发动机的贮存使用期限。因此,推进剂必须在具有良好贮存性能的前提下,才能满足发动机设计的能量性能、力学性能和燃烧性能要求。

在贮存和使用过程中,固体推进剂普遍存在老化现象。引起老化的原因可分为化学老化和物理老化[1]。化学老化是指在贮存过程中,推进剂发生的化学反应所引起的性能变化;物理老化则是指在贮存过程中,由某些物理因素(如组份的相变、组份迁移、应力/应变、环境水分等)所引起推进剂或其中某些组份的物理状态变化所导致的性能变化。

事实上,这两种变化往往同时发生且互相影响,因此推进剂的老化是一个复杂的物理、化学变化过程。所有这些变化都将引起推进剂内部细观结构和外观变化,致使推进剂的力学性能降低和燃烧性能变化。

推进剂品种不同,贮存和使用条件各异,故老化现象、性能变化规律也不相同。归纳起来,推进剂老化表现在:

(1)外观变化;

(2)物理、化学性能变化;

(3)力学性能、燃烧性能等变化;

(4)药柱-衬层(绝热层)界面粘结强度变化等。

实际上,在贮存过程中,推进剂不可能同时发生上述现象和变化。一般情况下,变化较显著的是力学性能和界面粘结性能。

5.2　复合固体推进剂老化机理的研究方法

5.2.1　微观形貌法(SEM)

5.2.1.1　基本原理

通过加速老化前后推进剂试样切面或单轴拉伸断面的电子扫描显微照片,可以分析复合固体推进剂中填料–基体界面粘结的变化情况。

5.2.1.2　应用案例[2]

未老化和80℃热加速老化202天后AP/Al/HTPB推进剂切面的扫描电镜图,如图5.1所示。

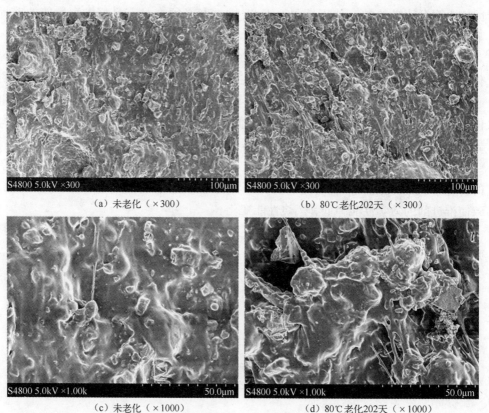

（a）未老化（×300）　　　　　　　（b）80℃老化202天（×300）

（c）未老化（×1000）　　　　　　　（d）80℃老化202天（×1000）

图5.1　未老化和80℃老化202天AP/Al/HTPB推进剂切面的扫描电镜图

　　由图 5.1 可以看出,未老化的 HTPB 推进剂中氧化剂、铝粉等固体填料与粘合剂的界面粘结情况良好;经过 80℃ 条件下 202 天的深度老化,氧化剂、铝粉等固体填料与粘合剂的粘结变差,部分固体填料与粘合剂基体之间出现空洞,即发生明显"脱湿"。

　　在热加速老化过程中,氧化剂 AP 缓慢分解放出气体,破坏了吸附其表面上粘合剂的粘附。AP 分解还有可能导致 AP 晶体颗粒破裂。在热应力的作用下,粘合剂网络收缩,造成聚合物网络结构的塌陷,也使填料-基体界面粘附点易受到破坏。这些都可能在推进剂承载时造成填料-基体的"脱湿"。

5.2.2　红外光谱法

5.2.2.1　基本原理

红外光谱分析的基本原理可以参见现代仪器分析的相关书籍。

红外光谱分析(包括透射法 IR 及 FTIR 光谱)主要用来分析复合固体推进剂中粘合剂网络等有机物或高聚物中基团的变化情况。

5.2.2.2　应用案例[2]

　　在 80℃ 烘箱中,将 HTPB 预聚物放置不同贮存时间。HTPB 贮存前后的红外谱图如图 5.2 所示。

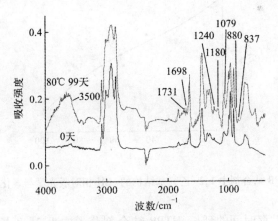

图 5.2　HTPB 贮存前后的红外谱图

　　从图 5.2 可以看出,热加速老化后,在 1698cm^{-1} 和 1731cm^{-1} 处 HTPB 各产生一个新峰,这是羰基吸收峰,是醛、酯、羧酸的吸收峰;1079cm^{-1} 处 C-O 伸缩振动峰变大,表明 HTPB 被部分氧化,产生 C—O 键;老化后 1180cm^{-1} 处出现新吸收峰,表明 HTPB 氧化形成酯或醚;另外,3500cm^{-1} 处吸收加强、变宽,表明有大量的羟基产生;老化后 837cm^{-1} 处出现吸收峰,表明有—O—O—键形成;老化后 880cm^{-1} 和 1240cm^{-1} 处出现吸收峰,表明有环氧化合物形成。结果表明,在贮存过程中 HTPB 粘合剂被空气中的氧部分氧化,发生了氧化交联反应,有多种氧化产物产生。

为定量研究贮存过程中 HTPB 特征吸收峰强度的变化,采用内标法研究 910cm^{-1} (1,2-乙烯基结构的=CH)、966cm^{-1}(反-1,4 结构的=CH)和 1698cm^{-1}(羰基)处吸收峰的变化。根据 Lambert-Beer 吸收定律,有

$$A = \lg \frac{I_0}{I_t} = \varepsilon \cdot b \cdot C \qquad (5.1)$$

式中:A 为吸光度;I_0 为入射光强度;I_t 为透射光强度;ε 为摩尔吸光系数,L/(mol·cm);b 为吸收层厚度,cm;C 吸收物的摩尔浓度,mol/L。

由式(5.1)可知,吸收峰的强度正比于吸收物的摩尔浓度。为了消除吸收层厚度带来的误差,用 1437cm^{-1} 吸收峰(亚甲基)作为内标,用相对吸光度(两吸收峰吸光度的比值 $A_{910cm^{-1}}/A_{1437cm^{-1}}$、$A_{966cm^{-1}}/A_{1437cm^{-1}}$ 和 $A_{1698cm^{-1}}/A_{1437cm^{-1}}$)作定量分析,图 5.3~图 5.5 分别给出了在 60℃下 HTPB 粘合剂 1,2-乙烯基结构的=CH 相对吸光度、反-1,4 结构的=CH 相对吸光度和羰基相对吸光度随贮存时间的变化。

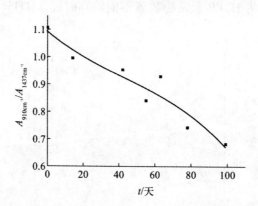

图 5.3　HTPB 粘合剂中 1,2-乙烯基结构的=CH 相对吸光度与老化时间的关系

可以看出,随贮存时间的延长,HTPB 粘合剂分子中 1,2-乙烯基结构的=CH 和反-1,4 结构的=CH 相对吸光度减小,羰基的相对吸光度增大。表明在贮存过程中 HTPB 粘合剂中的双键被空气中的氧气部分氧化,发生了氧化交联反应。即 HTPB 粘合剂氧化形成过氧化物和氢过氧化物,如图 5.6 所示[3]。

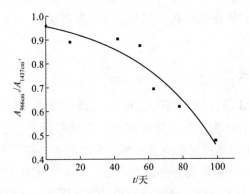

图 5.4　HTPB 粘合剂中反-1,4 结构的=CH 相对吸光度与老化时间的关系

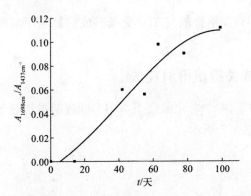

图 5.5　HTPB 粘合剂中羰基相对吸光度与老化时间的关系

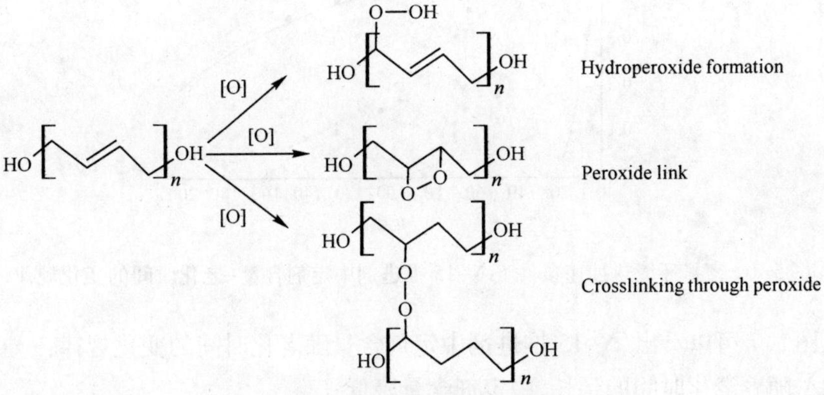

图 5.6　HTPB 粘合剂在空气中的氧化产物

　　由于 HTPB 烯丙基上的 C-H 键能较小,烯丙基氢容易受氧的攻击,形成氢过氧化物,然后分解成自由基,进一步引起降解和交联。

HTPB 粘合剂及其氧化性产物也存在着主链的断裂,形成饱和或不饱和的醛、酸和醇。

5.2.3　计算化学法

降解断链是 HTPB 推进剂的老化机理之一,降解断链与化学键的键能有关。试验确定 HTPB 固化胶片的键能存在诸多困难。但随着量子化学的发展,可以通过理论计算获得键能,为 HTPB 推进剂老化试验研究工作提供理论上的指导。

依据 HyperChem 软件,采用半经验量子化学计算的 AM1 算法计算了聚氨基甲酸酯基团中 C–N、N–H 和 C–O 的键能,同时也计算了聚丁二烯结构上的 C–H、C–C 和 C=C 的键能。计算结果见 8.1.4 节。

计算结果表明,HTPB 粘合剂与 TDI 交联形成的氨基甲酸酯基团中的弱键包括 C–N 键和 C–O 键。

5.2.4　组份迁移或关键组份消耗法[4]

热加速老化条件下,4 个老化温度下 N–15 推进剂热加速老化时中定剂含量与老化时间的关系,如图 5.7 所示。

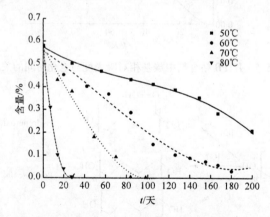

图 5.7　密封环境热加速条件下 N–15 推进剂中定剂含量-老化时间的变化规律

从图 5.7 可以看出,N–15 推进剂中定剂含量随老化时间的变化规律:

（1）随着老化时间的延长,中定剂含量降低;

（2）温度越高,中定剂的含量下降得越快;

（3）50℃、60℃、70℃、80℃下 N–15 推进剂中定剂含量-老化时间变化速率曲线存在拐点,其拐点分别为 113 天、99 天、36 天和 12 天。

　　硝酸酯的热分解对 N-15 推进剂老化性能的影响突出,最常用的改进方法是在推进剂中加入中定剂。加入中定剂并不能阻止硝酸酯的分解,但中定剂能吸收硝酸酯分解放出的高活性氮氧化物自由基,使之变为惰性的自由基,抑制氮氧化物对推进剂的自催化作用。

　　中定剂的加入能使推进剂的贮存期大大延长。贮存中,硝酸酯不断发生热分解,中定剂也不断被消耗,中定剂的消耗量与推进剂的贮存老化性能有一定的关系,所以中定剂被消耗的程度是衡量推进剂贮存老化性能优劣的重要指标之一。

5.3　贮存老化试验

　　固体推进剂的老化试验是研究和表征推进剂贮存性能的方法。归纳起来,老化试验可以分为两类:①自然贮存老化试验;②人工加速老化试验。固体推进剂老化试验的研究对象又包括无应力状态下的方坯药、承受力学载荷的推进剂试件、药柱和发动机。

5.3.1　自然贮存试验

　　自然贮存老化试验的特点是在推进剂实际贮存条件下,在预定时刻测定推进剂性能参数的变化,以确定其老化特性。这种试验方法的优点是所得结果贴近实际、准确可靠;缺点是试验周期长、成本高,而且由于自然条件多变,结果的重复性差。

5.3.2　加速老化试验

　　人工加速老化试验是用人为的办法,在室内或设备内模拟大气环境条件或指定条件,并强化某一环境因素或某几个因素,在预定时刻测定固体推进剂性能参数的变化规律。然后根据试验结果,建立适当的评估方法,在假设老化机理一致的前提下,外推评价正常贮存条件下的老化特性。

　　这种试验方法的优点是可以在短期内获得结果,贮存条件易于控制,成本相对较低;缺点是由于人工模拟条件与实际贮存条件不同,故加速老化试验结果仅具有参考价值。通常用加速老化试验得到的老化性能来快速评价或比较推进剂的老化特性。

　　常用的人工加速老化试验是热加速老化试验和预应变条件下的热加速老化试验(也称热-力耦合加速老化试验)。

在推进剂配方研制阶段,受到研制周期等制约,不宜开展自然贮存老化试验,一般会采用人工加速老化试验。在配方定型和型号应用阶段,往往会同时进行自然贮存老化试验与人工加速老化试验,将两者的结果相互对照,全面评价推进剂的贮存老化性能。

5.3.2.1　热加速老化试验

热加速老化试验是固体推进剂加速老化试验中最常用的试验方法。其特点是在水分含量、环境气氛(空气中或密封)等因素固定的条件下,通过升高温度,研究推进剂的老化规律。

一般而言,环境温度越高,需要的加速老化试验时间就越短。但热加速老化试验的上限温度设定需要考虑两方面的因素:①推进剂的安全性。由于推进剂是热的不良导体,且老化过程中的氧化还原反应多为放热反应,故加速老化温度过高时,可能导致推进剂发生自燃。尤其对于推进剂药柱及发动机的热加速老化试验,更应该控制温度的上限。②老化机理一致,即高温条件下与常温贮存时反应机理的一致性。有些反应在常温下进行得很慢,甚至不发生,所以在高温下进行热加速老化试验的现象可能与常温不同。

在确定了热加速老化试验温度上限后,一般往下再选择至少2个温度,同时设定取样的时间方案后,即可开展热加速老化试验。到达规定的取样时间后,取出的试样需放置一段时间,待恢复到常温后再测试其性能。

5.3.2.2　湿加速老化试验

湿加速老化试验主要考察在高湿度条件下固体推进剂性能的劣化规律。环境水分的存在,易使氧化剂颗粒表面局部溶解,造成复合固体推进剂中氧化剂-粘合剂基体间界面的"脱湿"和氧化剂的热解,使推进剂力学性能显著下降。因此,推进剂药柱宜在低相对湿度下贮存。

现代固体火箭发动机普遍采用干燥惰性气体加压密封的方式,有效抑制了水分和氧化性气氛对推进剂贮存性能的不利影响,因此现在较少研究水分对推进剂老化性能的影响。

5.3.2.3　力学损伤加速老化试验[5]

1. 基本原理和试验方法

复合固体推进剂是一种粘弹性材料,在交变载荷作用下其应变滞后于应力,两者之间存在一个相位差(耗散角)。即在交变载荷作用下,推进剂会产生能量耗散。从能量耗散角度来说,推进剂某些自然贮存老化(如运输过程的振动载荷、长期贮存过程的温度变化等)与其在交变载荷作用下是等效的。因此可以用交变载荷来加速推进剂的老化过程,这种加速老化方法也称为机械加速老化。

推进剂试件采用 GJB 770B-2005 哑铃形 B 型试件。推进剂的应变往复拉伸试验采用万能试验机。

采用递增应变的循环加载方式进行推进剂的应变往复拉伸试验,加载曲线如图5.8所示。

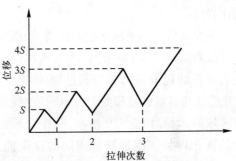

首先以预定速度把试件拉伸至一定伸长量 S,迅速以相同速率卸载使试件应力恢复为零;再快速以原速率加载拉伸试件位移至 $2S$;如此往复每次增加拉伸位移 S 直至试件拉断。以该试验作为考察丁羟推进剂机械加速老化特性的一种方法。

图 5.8　递增应变幅值往复拉伸
试验的加载曲线

由热力学定律可知,能量转化是物理过程的本质特征。推进剂的老化是能量驱动下的一种状态失稳现象,它源于推进剂内部微缺陷的产生和不断发展,也反映在推进剂宏观力学性能的不断劣化并最终失效。因此,能量耗散与推进剂性能的老化直接相关,耗散量反映了推进剂性能的劣化程度。

从本质上讲,固体推进剂的机械加速老化过程,是一种外界输入的周期性能量在推进剂中非均匀耗散的不可逆过程。一方面,在交变加载过程中推进剂的粘弹性使应变滞后于应力,形成滞后环。这种滞后作用会消耗一定外界输入的机械功,转变成热能耗散于周围环境。另一方面,在反复拉伸作用下推进剂会发生疲劳,不断有新的损伤出现,在颗粒与基体间形成新的脱粘面或在基体内部形成新的裂纹,消耗部分能量。

按照能量守恒定律,对单位体积的推进剂来说,有

$$W_t = W_h + W_e + W_d + E_k \tag{5.2}$$

式中:W_t 为单位体积总的输入体积功;W_h 为单位体积与外界交换的热能;W_e 为单位体积可恢复的弹性能;W_d 为单位体积材料破坏的耗散能;E_k 为系统的动能。

在循环载荷作用下,$E_k = 0$。当忽略该过程中推进剂的温度变化、与周围环境之间的热交换时,$W_h = 0$,则式(5.2)可写成

$$W_t = W_e + W_d \tag{5.3}$$

其中,耗散能 W_d 用于形成推进剂的内部损伤和塑性变形,其变化满足热力学第二定律,即内部状态改变符合熵增加的趋势。

在递增应变幅值往复拉伸载荷作用下,在每一次应变循环加载过程中推进剂都会有一定的能量耗散。但不同递增应变幅值往复拉伸条件下,推进剂试件耗散能量的能力不同。通过测试推进剂试件的耗散能,可以评价在循环载荷作用下推进剂的老化程度。

在递增应变幅值循环载荷作用下,推进剂耗散能的定义为:每个加、卸载周期内推进剂试件的耗散能为其加载过程的应力-应变曲线与其卸载过程的应力-应变曲线围成区域的面积,如图 5.9 所示,图中阴影部分的面积即为该次加卸载周期的耗散能。在 n 个加卸载周期内试件的总耗散能为各个加卸载周期耗散能之和,它反映了推进剂试件与外界输入的能量交换能力。

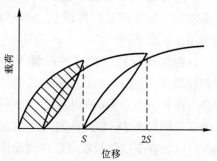

图 5.9　单次应变循环中推进剂的耗散能

按照能量观点,当材料产生粘塑性变形后,材料能继续承受的粘塑性变形能已大大降低,即材料的本构能已经降低,这也是由材料细观结构发生变化而引起材料性能下降的一种表现,符合损伤的定义。

因此,可以根据材料弹性能的耗散定义损伤变量。即损伤变量可定义为

$$D_i = 1 - \frac{W_d^i}{W_d} \tag{5.4}$$

式中: W_d^i 为损伤后材料的耗散能; W_d 为未损伤材料在相同载荷下的耗散能。

2. 应用案例

研究对象为某 AP/Al/HTPB 推进剂。

在递增应变循环加载作用下,推进剂的应力-应变特性与试验条件——加载速率、应变递增量及测试温度等有关,所以需要研究这些试验控制参数对推进剂耗散能量值的影响规律。

首先研究递增位移(应变)幅值变化对 HTPB 推进剂的应力-应变特性的影响规律。图 5.10 和图 5.11 分别给出了常温、拉伸速率为 100mm/min、递增位移的幅值(应变)分别为 5mm 和 20mm 的递增应变循环载荷作用下,HTPB 推进剂的应力-应变曲线。

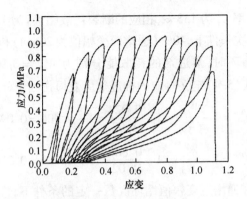

图 5.10　5mm 递增应变幅值往复拉伸条件下 HTPB 推进剂的应力-应变曲线

(25℃,100mm/min)

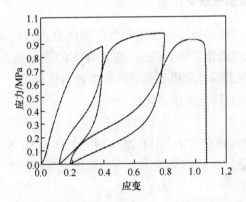

图 5.11　20mm 递增应变幅值往复拉伸条件下 HTPB 推进剂的应力-应变曲线

(25℃,100mm/min)

上述结果表明:

(1)在递增应变往复拉伸的初始两三个循环中,推进剂的最大应力逐渐增加;中间的数个循环中,推进剂的最大应力基本恒定;推进剂断裂前的几个循环中,推进剂的最大应力逐渐下降,表现出力学性能的失效;

(2)随着递增应变循环中应变幅值的增加,推进剂试样断裂时的循环次数下降,表明大递增应变条件下推进剂的循环承载能力下降;

(3)递增应变幅值越小,推进剂的耗散能越大。

复合固体推进剂是粘弹性材料,其耗散能受测试条件的影响较大,主要表现出如下规律:拉伸速度越大、试验温度越低、递增应变幅值越小,推进剂的耗散能越大。

按照温度为 20℃、拉伸速率为 5mm/min 的测试条件,该推进剂未经应变循环载荷作用时的断裂伸长率 ε_b 为 138%，相应的断裂耗散能 W_{di} 为 $1.02\,\mathrm{mJ/mm}^3$。根据试验数据知：在循环 10 次条件下，40%（递增应变幅值为 20mm）和 70%（递增应变幅值为 35mm）递增应变循环时，推进剂的耗散能分别为 $W_{id}^{0.4} = 0.924\,\mathrm{mJ/mm}^3$ 和 $W_{id}^{0.7} = 0.806\,\mathrm{mJ/mm}^3$，按照式（5.4）定义对应的推进剂应变损伤因子分别为

$$D_i^{0.4} = 1 - \frac{W_{id}^{0.4}}{W_{di}} = 1 - \frac{0.924}{1.02} = 1 - 0.906 = 0.094$$

$$D_i^{0.7} = 1 - \frac{W_{id}^{0.7}}{W_{di}} = 1 - \frac{0.806}{1.02} = 1 - 0.789 = 0.211$$

上述结果表明，在递增应变幅值循环次数一定的条件下，应变幅值越大，推进剂的损伤越严重。

5.3.2.4 双因素加速老化试验

双因素加速老化试验是指同时强化两个环境因素进行的加速老化试验，如升高温度和湿度的联合加速老化试验、在预应变条件下的热加速老化试验（热-力耦合）等，关注的是在多种因素耦合作用下推进剂的性能劣化规律。

应用案例——热-力耦合加速老化试验[2]。

1. 试验方法

本案例研究了 15% 预应变下 HTPB 推进剂的老化行为，考察了热-力耦合作用对 HTPB 推进剂加速老化行为的影响规律。施加预应变所采用的定应变夹具实物图如图 5.12 所示。

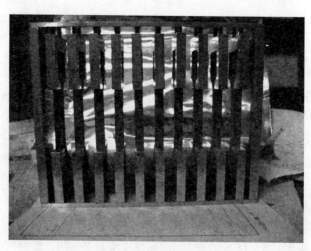

图 5.12 定应变夹具的实物图

　　HTPB 推进剂热-力耦合作用下加速老化试验采用定应变夹具,将哑铃形试样施加 15% 的预应变;然后试样连同夹具一起用铝箔袋密封后,放入 60℃、70℃ 和 80℃ 三个不同温度的烘箱中进行热加速老化试验。按预先确定好的老化时间取出试样,贮于干燥器内冷却一天后,取出样品,进行性能测试。

　　老化试验的其它条件及老化试验步骤参考 QJ2328A—2005《复合固体推进剂高温加速老化试验方法》。

2. 试验结果

　　15% 的预应变条件下 HTPB 推进剂 3 个老化温度下最大伸长率随老化时间的变化规律,如图 5.13 所示。

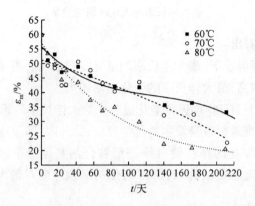

图 5.13　热-力耦合作用下 15% 的预应变 HTPB 推进剂
最大伸长率与老化时间的关系

　　从图 5.12 可以看出:三个老化温度下,随老化时间延长,预应变 HTPB 推进剂试样的最大伸长率降低;温度越高,最大伸长率降低越明显。

　　在预应变 HTPB 推进剂贮存试样的单轴拉伸试验数据处理时,最大伸长率、断裂伸长率的计算是以老化后推进剂永久变形后的长度为初始长度计算得到的,但老化后预应变推进剂试样永久变形后的长度较老化前均有不同程度的伸长。为了提高伸长率数据可比性,进行推进剂老化分析,作如下修正

$$\varepsilon' = \left[(1 + \varepsilon) \cdot L/L_0 - 1 \right] \times 100\% \tag{5.5}$$

式中:ε' 为修正后的伸长率;L 为哑铃件实测标距长度;ε 为实测伸长率;L_0 为哑铃件名义标距长度,取 70.0mm。

　　修正后 15% 的预应变条件下 HTPB 推进剂最大伸长率随时间变化,如图 5.14 所示。

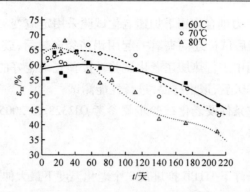

图 5.14　修正后热–力耦合作用下 15% 的预应变 HTPB 推进剂
最大伸长率与老化时间的关系

从图 5.13 可以看出：

（1）在 3 个贮存温度下，最大伸长率均呈先略有增加后明显降低的趋势；

（2）贮存温度越高，最大伸长率的变化速率越大。

热–力耦合作用下 HTPB 推进剂老化过程中最大伸长率的影响因素主要有两个：①内因，即在老化中推进剂自身发生的化学反应；②外因，即预应变的影响。

在老化初期，预应变的存在使得推进剂粘合剂基体分子链由蜷缩状态变得伸展，推进剂试样有一定程度的伸长，所以老化初期预应变对最大伸长率的提高是有利的。

在老化中期和后期，内因的影响逐渐发挥出来。由于 HTPB 复合固体推进剂是一种以粘合剂为基体的高固体颗粒填充的复合弹性体，该弹性体的网络结构特性会直接影响它的力学性能。

在推进剂贮存老化过程中，由于氧化剂 AP 缓慢分解产物的作用，使粘合剂基体中的"弱点"处（如碳–碳双键）发生氧化交联反应，造成推进剂最大伸长率下降。另外，预应变还能加剧推进剂粘合剂基体和固体填料之间的界面"脱湿"现象。随着"脱湿"现象的发生，分散相和连续相之间的物理吸附或化学吸附力降低，或附加交联破坏，使整个体系内的应力传递能力遭到削弱，于是填料的补强效果很快下降，造成推进剂最大伸长率降低。

从试验结果可以看出，HTPB 推进剂老化后期最大伸长率降低趋势明显并且降低幅度较大，如 80℃ 贮存 210 天时修正前最大伸长率比初始值下降 66%，修正后也下降了 37%，而老化过程中最大抗拉强度值比初始值最大下降 24%。由此可以看出，最大伸长率比最大抗拉强度的降低幅度更大。

但固化降温、自身重量、运输振动、贮存温度循环、点火增压和飞行过载等载荷因素对预应变条件下 HTPB 推进剂的应变能力提出了一定的要求。贮存过程中 HT-PB 推进剂最大伸长率随贮存时间的延长有可能下降到临界值以下,造成 HTPB 推进剂出现裂纹以致断裂,发生发动机窜火以致爆炸等危险工况。

寿命预估时 HTPB 推进剂的最大伸长率一般取从初值下降 30% 作为临界值,老化后期最大伸长率已达到并低于此临界值。因此,最大伸长率是预应变条件下 HT-PB 推进剂力学性能劣化的主要指标。

与单纯热老化条件下相比,热-力耦合作用对 HTPB 推进剂的凝胶百分数后期影响显著,使 HTPB 推进剂凝胶的 C–N 键降低得更迅速,说明预应变的存在促进了粘合剂基体弱键的断裂。

DMA 试验的损耗角正切结果表明,与老化前和单纯热老化相比,热-力耦合作用下 $\tan\delta$ 的 α 松弛过程变化较大,峰值明显降低,峰形变得平坦。即在预应变贮存条件下,填料–基体的粘结变弱。

另外,随着老化时间的延长,预应变和无应变作用下 HTPB 推进剂填料–基体界面的粘附功和临界脱粘应力均为降低的趋势,界面张力均为增加的趋势,可见预应变和贮存老化均会使填料–基体界面的黏结变差;预应变作用下推进剂热加速老化后粘附功和临界脱粘应力的值远低于无应变条件下热加速老化的值,界面张力的值远高于无应变热老化的值,可见预应变的存在加剧了推进剂填料–基体界面粘结的劣化,从而影响推进剂的力学性能。

热-力耦合作用下加速老化过程中填料–基体界面的脱湿现象比热加速老化过程中填料–基体界面的脱湿现象更严重,说明填料–基体界面的脱湿是热-力耦合作用下 HTPB 推进剂的主要老化机理之一。

5.4　贮存期预估

固体推进剂贮存期是指在设定的贮存条件下从推进剂制造完毕到某关键性能降低到其低限(阈值)所经历的时间。在此时间里,推进剂能满足所要求的各项性能最低指标,不自动着火,不过度老化到不能使用。

Boyars[6] 定义"安全贮存期"为推进剂在贮存时不自动着火的时间。"安全有用期"为贮存时推进剂没有过大的危险、尚可使用的时间。"有用期"为推进剂从制造完毕到恰好满足设计的内弹道要求的时间。实际上,"贮存期"包含了"安全期"和"有用期"的含义。

固体推进剂的贮存期是由两方面的因素决定的:①推进剂中所发生的化学反

应;②物理和机械的因素,其中包括如载荷、组份的迁移、湿气的影响等因素。

固体推进剂贮存期,可以通过试验测定某些参数的变化规律加以确定,也可以从理论上进行估算。其中贮存老化试验是性能参数变化规律的来源、建立贮存期预估方法的基础。

5.4.1   固态推进剂贮存期预估的基本方法

5.4.1.1   贮存期预估步骤

固体推进剂贮存期预估的步骤:

(1)试验获得固体推进剂的性能随时间、温度的劣化规律。通常,通过人工加速试验,如热加速试验,获得上述规律。

(2)在此基础上,依据相应的数学模型,获得固体推进剂的性能随时间、温度变化规律的数学表达式。

(3)依据推进剂药柱结构完整性分析结果,确定推进剂力学性能的下限阈值。再将性能阈值和实际贮存温度代入推进剂的性能随时间、温度变化规律的数学表达式,得到贮存期。

5.4.1.2   性能阈值的选取

此处的固体推进剂性能,既包括推进剂的宏观性能——能量性能、燃速、力学性能、感度等,也可以是推进剂的细观性质——粘合剂网络结构参数(如交联密度、凝胶百分数等)、填料–基体界面粘结参数(如粘附功等),还可以是推进剂中的关键组份——HTPB 推进剂中的防老剂、双基推进剂及 NEPE 推进剂中的中定剂或稳定剂含量等。

通常,在推进剂的老化过程中,推进剂的能量性能和燃烧性能变化不大,故推进剂的贮存老化性能更关注其力学性能的变化。另一方面,不同粘合剂/增塑剂体系构成的复合固体推进剂体系的力学性能劣化规律差异较大,故应关注的力学性能关键参数也不同。如老化后 HTPB 推进剂伸长率降低、抗拉强度增加,故伸长率是关键力学性能参数;而老化后 NEPE 推进剂则伸长率增加、抗拉强度降低,故抗拉强度是关键力学性能参数。

防老剂或中定剂的作用是利用其分子中离域 π 键的超共轭特性,捕捉粘合剂、增塑剂分解产生的自由基,变成反应活性较低的自由基,延缓粘合剂和增塑剂由自由基引发的进一步分解。因此,防老剂或中定剂的作用是十分重要的。若防老剂或中定剂含量太低或消耗殆尽,则粘合剂和增塑剂分解速率会迅速变大,导致推进剂的性能迅速劣化。通常,用防老剂或中定剂含量降低至其初始含量的 1/2 作为其阈值。

对于高能推进剂而言,安全性是应十分关注的指标。因此,需要在加速老化试验中,实时监测其热感度、机械感度等的变化情况。由感度数据预估的推进剂贮存期即安全贮存期。

在获得推进剂力学性能、防老剂或中定剂含量、感度等关键参数随时间、温度的劣化规律后,依据各自的阈值,分别可以得到其各自的贮存期。一般,把 3 个贮存期中最短的作为推进剂的贮存期。

至于推进剂的细观性质随时间、温度的劣化规律,其用途有两个:①发现推进剂的老化主要影响因素,进而有针对性地改善推进剂的贮存老化性能;②建立推进剂宏观力学性能与其细观性质的相关关系,为采用微量取样方法预估和监测推进剂的宏观力学性能提供数据支持。

5.4.2 双基推进剂贮存期预估的数学模型

5.4.2.1 贝塞洛特方程

根据国军标火药试验方法 GJB 770B—2005 中的规定,采用热加速老化法预估双基推进剂的贮存期。双基推进剂贮存期与热加速温度之间的关系满足贝瑟洛特(Berthelot)方程

$$T = A + B \cdot \lg\tau \tag{5.6}$$

式中:T 为温度,℃;τ 为贮存期,天;A、B 为常数。

通常情况下,以安定剂消耗 50% 作为双基推进剂的贮存期限。在某一热加速温度下,以测得的安定剂含量为纵坐标,以贮存时间为横坐标作曲线;曲线中安定剂消耗 50% 所对应的时间即为贮存期;不同的环境温度 T_i 对应于不同的贮存期 τ_i。根据推进剂配方的特点、贮存或使用的要求,也可用硝化棉特性粘度或推进剂的失重分数来确定贮存期。

对于一般双基推进剂,选取 65℃、75℃、85℃、95℃ 4 个热加速试验温度,依据式(5.6)通过 T_i 和 τ_i 计算出常数 A 和 B,进而推算出常规贮存温度(标准中为 30℃)时的贮存期。对于安定剂消耗快、贮存期短的推进剂,应增加 55℃ 作为热加速试验温度之一。

依据试验结果,常数 A、B 可按照式(5-1)线性回归得到。

试样的贮存期按下式推算

$$\tau_{30} = 10^{\frac{30-A}{B}}$$

(5.7)

式中：τ_{30} 为30℃条件下的贮存期，天。

5.4.2.2　Eying 公式

固体推进剂中交联弹性体的应力与应变之间存在一定关系，因此尝试在 Eying 型动力学公式基础上，利用推进剂的应力–应变关系，同时建立应变因素与推进剂寿命的关系[7]。

推进剂贮存过程中应力的作用表现为使粘合剂基体发生蠕变。假设 Eying 动力学公式适用于描述应力状态下推进剂发生蠕变的过程，即在推进剂的老化过程中，内部应力的作用等效于降低了推进剂老化的表观活化能，如下的 Eying 动力学公式在此过程中成立：

$$\tau = \tau_0 \exp\left(\frac{E_{age} - \gamma\sigma_0}{R_0 T}\right)$$

(5.8)

式中：τ 为时间，天；τ_0 为常数；E_{age} 为老化过程的表观老化活化能，J/mol；γ 为表示应力对活化能的作用系数，J/（mol·MPa）；σ_0 为预应力，MPa；R_0 为普适气体常数；T 为热力学温度，K。

设在预应力 σ_0 作用下推进剂性能 P 的变化速率为

$$k = \frac{P_\tau - P_0}{\tau}$$

(5.9)

式中：P_0 和 P_τ 分别推进剂性能的初始值和贮存时间为 τ 时刻的值。

根据式(5.9)，式(5.8)变为

$$k = \tau_0' \exp\left(\frac{\gamma\sigma_0 - E_{age}}{R_0 T}\right)$$

(5.10)

式中

$$\tau_0' = \frac{P_\tau - P_0}{\tau_0}$$

对式(5.10)取自然对数，有

$$\ln k = \ln\tau_0' - \frac{E_{age}}{R_0 T} + \frac{\gamma}{R_0 T}\sigma_0$$

(5.11)

即老化表观反应速率与预应力呈指数关系。依据推进剂加速老化的试验数据，可以得到应力对活化能的作用系数 γ；得到 γ 后，再根据不同温度下加速老化的数据，求得老化过程中的表观活化能。

5.4.2.3　应用案例

衡淑云等人[8]研究了单基发射药(由 NC 和 DPA 组成)、双基发射药(由 NC、NG 和 C2 组成)、三基发射药(由 NC、NG、NQ 和 C2 组成)、改性双基推进剂(由 NC、NG、C2、AP、TEGN、RDX、HMX 和 DINA 等组成)的热加速老化性能,其中 C2 为 2 号中定剂(DPA,1,3-二甲基-1,3-二苯基脲),NQ 为硝基胍,TEGN 为二缩三乙二醇二硝酸酯,DINA 为二乙醇硝胺二硝酸酯。

共研究了 16 种单基发射药、13 种双基发射药、2 种三基发射药、13 种双基推进剂、19 种改性双基发射药和 8 种改性双基推进剂的热加速老化性能。

分别在 65℃、75℃、85℃、90℃ 和 95℃ 温度下,对上述推进剂试样进行热加速老化试验。定期取样,跟踪测试火药热分解过程中有效安定剂含量的变化。一般,随着老化时间的延长,不同温度下有效安定剂的含量下降。以有效安定剂消耗 1/2 所需时间 τ 作为安全贮存寿命的临界点。对不同温度 T 下的 τ 值,用线性最小二乘法按式(5.6)的 Bethelot 方程进行线性回归,求出推进剂的老化分解温度系数 r_{10} 和常温(30℃)下的安全贮存寿命 τ_{30}。此处温度系数 r_{10} 是指温度每升高或降低 10℃ 对老化分解速率或安全贮存临界时间 τ 增大或下降的倍数。

综合试验和数据安全贮存寿命可得如下规律:一般单基、双基、三基发射药及双基推进剂贮存寿命均能达到 40 年以上;大多数改性双基推进剂的贮存寿命低于 40 年,是硝酸酯体系中加入的 AP、TEGN、RDX 或 HMX、DINA 等含能成分影响所致。

5.4.3　复合固体推进剂贮存期预估的数学模型

5.4.3.1　国军标法

1. 基本方法

根据航天行业标准 QJ2328A—2005《复合固体推进剂高温加速老化试验方法》的规定,在热加速老化试验中,一般选取不小于 3 个高于常规贮存温度的试验温度点。

推进剂热加速老化试验中,试验温度的选取应遵循以下原则:

(1) 老化试验温度不小于 3 个,相邻温度间隔一般为 10℃;

(2) 从安全角度考虑,HTPB、CTPB 等推进剂的最高试验温度不超过 80℃,NEPE 等高能推进剂的最高试验温度不超过 70℃;

(3) 温度外推幅度不超过 25℃。

尽管在较高的试验温度下,可以在较短的时间内得到试验数据,但鉴于高温和低温反应机理、速率的差异,热加速老化试验中的最高试验温度不宜过高,即应该在老化机理一致的前提下,选择热加速老化试验中的最高试验温度。

采用推进剂方坯试样进行老化试验,得到在不同热加速温度下推进剂性能-老化时间的变化规律。依据上述关系,确定其性能与时间关系数学模型,求得各温度下性能变化速度常数。并根据速度常数与温度的关系进行外推,得到常温下的速度常数,以此预估推进剂的贮存寿命,从而得到性能与贮存温度、贮存时间的关系。

表示推进剂性能 P –时间 t 关系的数学模型有以下 3 种常见形式

$$P = P_0 + K \cdot \lg t \tag{5.12}$$

$$P = P_0 + K \cdot t \tag{5.13}$$

$$P = P_0 e^{-K \cdot t} \tag{5.14}$$

式中:t 为老化时间,天;P 为 t 时间对应的性能值;P_0 为性能初始值;K 为与温度相关的性能变化速度常数。

具体采用哪一种数学模型,应根据试验得到的推进剂某一具体性能参数-贮存时间的变化规律确定。这里的性能参数通常为单轴拉伸力学性能(最大抗拉强度或最大伸长率)、燃速、防老剂/中定剂含量等。

性能变化速度常数与温度的关系通常用 Arrhenius 方程表示:

$$K = A \cdot e^{-\frac{E_{\text{age}}}{R \cdot T}} \tag{5.15}$$

式中:A 为指前因子,天;E_{age} 为老化的表观活化能,J/mol;R_0 为普适气体常数,J/(mol·K);T 为热力学温度,K。

高温加速老化试验中,每个老化温度下可获得一组老化时间 t 与性能 P 的数据

$$t_1, t_2, \cdots, t_n$$

$$P_1, P_2, \cdots, P_n$$

对式(5.12),令 $X = \lg t, Y = P, a = P_0, b = K$;对式(5.13),令 $X = t, Y = P, a = P_0, b = K$;对式(5.14),令 $X = t, Y = \ln P, a = \ln P_0, b = -K$,则三个数学模型公式均可用直线方程 $Y = a + bX$ 表示。

根据各温度下老化时间 t 与性能 P 的数据,用最小二乘法可以求出系数 a、b 和相关系数 r,进而由式(5.15)求得各温度 T 对应的性能变化速度常数 K。

式(5.15)变换可得

$$\ln K = \ln A - \frac{E_{\text{age}}}{R_0} \cdot \frac{1}{T} \tag{5.16}$$

根据各温度 T 对应的性能变化速度常数 K 的数值,采用最小二乘法,可以求得 A 和 E_{age}。

求得 A 和 E 后,由式(5.15)可以外推计算得到常规贮存温度下的性能变化速度常数;再根据适用的推进剂性能–时间关系数学模型,结合规定的性能失效判据(阈值),确定常规贮存温度下的贮存寿命。

2. 应用案例[2]

某 AP/Al/HTPB 复合固体推进剂,分别在50℃、60℃、70℃和80℃四个试验温度下进行热加速老化试验,以其最大伸长率为关键性能参数,分别根据对数模型、线性模型和指数模型,可求得在热加速老化条件下最大伸长率的回归结果。

将不同热加速温度下推进剂最大伸长率–老化时间关系分别代入对数、指数和线性关系,发现在热加速老化条件下,基于指数模型的 HTPB 推进剂性能–时间的线性回归方程线性相关系数最高,因此选择指数模型作为老化模型,如表5.1所示。

表5.1　基于指数模型的 HTPB 推进剂性能–时间关系的线性回归方程

参　　数	温度/℃	回　归　方　程	相　关　系　数	置信概率/%
热加速老化条件下最大伸长率	50	$\ln\varepsilon_m = -0.5129 - 0.0005721t$	−0.7700	>95
	60	$\ln\varepsilon_m = -0.5157 - 0.001553t$	−0.9182	>99
	70	$\ln\varepsilon_m = -0.4895 - 0.004913t$	−0.9745	>99
	80	$\ln\varepsilon_m = -0.5049 - 0.009181t$	−0.9810	>99

将表5.1中的数据按式(5.15)进行回归,可得各性能变化速率常数 $K(T)$ 与热力学温度 T 的关系,如表5.2所示。

表5.2　性能变化速率常数 $K(T)$ 与热力学温度 T 的关系

参　　数	回　归　方　程	相　关　系　数	置信概率/%
热加速老化条件下最大伸长率	$\ln K = 26.0957 - 10836.2544/T$	−0.9955	>99

对最大伸长率取3个温度下回归结果的平均值 $\varepsilon_{m,0}$,将表5.2中回归得到的各性能变化速率常数 $K(T)$–热力学温度 T 关系和 $\varepsilon_{m,0}$ 的平均值代入式(5.14),求得在热加速老化条件下 HTPB 推进剂以最大伸长率为老化性能评定参数老化动力学方程式的具体形式分别为

$$\varepsilon_m(T,t) = 0.6030 \cdot e^{\left[-2.1539 \times 10^{11} \cdot e^{(-10836.2544/T)} \times t\right]} \tag{5.17}$$

式中:t 为老化时间,天;$\varepsilon(T,t)$ 为温度 T、老化时间 t 后最大伸长率的现状值,%;T 为热力学温度,K。

取最大伸长率从初值下降30%作为 HTPB 推进剂的临界值,计算得到常温25℃下热加速老化 HTPB 推进剂老化反应速率常数的上限值 K_s 和贮存寿命,如表5.3所示。

表 5.3　HTPB 推进剂常温老化反应速率常数和贮存寿命

参　　数	25℃下老化反应速率常数 K_s	贮存寿命/年
热加速老化	5.5625×10^{-5}	18.0

5.4.3.2　时–温等效原理法[9]

复合固体推进剂是典型的粘弹性材料,其力学性能同时是温度和时间的函数。在性能–温度–时间关系中,既可以在恒定时间的条件下,测量性能–温度的关系;也可以在恒定温度的条件下,测量性能–时间的关系。

在一定的温度范围内,升高温度会加速材料的松弛进程。在较低温度下,用较长时间才能观察到的某一松弛行为,可以在较高温度下用较短的时间获得。换言之,改变温度尺度和改变时间尺度可以达到等效的效果,这就是时–温等效原理。

用松弛模量为表征参数时,时–温等效原理可表示为

$$E(t, T) = E(\xi, T_{ref}) \tag{5.18}$$

式中: T_{ref} 为参考温度; ξ 为等效时间。

温度对材料粘弹性特性的影响可以表示为

$$E(\lg t, T) = E(\lg t - \lg \alpha_T, T_{ref}) \tag{5.19}$$

式中: α_T 为平移因子。

在参考温度 T_{ref} 下松弛模量主曲线的做法已在 4.2.4 节介绍,在此不再赘述。

试验发现,复合固体推进剂的偏移因子 α_T 满足 WLF 方程

$$\lg \alpha_T = \frac{C_1 \cdot (T - T_{ref})}{C_2 + T - T_{ref}} \tag{5.20}$$

式中: C_1 和 C_2 为材料常数。

时–温等效原理为粘弹性材料的力学特性测量提供了极大的方便。当需测量某低温下长时间的力学特性时,可用等效的高温下短时间力学特性代替。因此,时–温等效原理广泛用于复合固体推进剂的寿命预估中,使得长达几年甚至十几年后的力学特性可以通过高温老化试验在短时间内测得,即热加速老化试验。

例如,利用时间–温度等效原理,可以把一系列热加速老化温度下测得的推进剂最大伸长率–时间曲线,通过平移和连接,得到某一参考温度(如实际贮存温度)下较宽时间范围内完整的最大伸长率主曲线。当明确了最大伸长率的下限阈值时,从主曲线中即可以得到实际贮存条件下该推进剂的贮存期。

5.5　绝热层-衬层-推进剂界面的老化规律

固体火箭发动机中衬层-推进剂、绝热层-衬层等界面粘接性能的好坏,直接影响固体发动机的性能发挥和安全使用。

通过研究,力求能够掌握高能固体发动机中推进剂-衬层界面及绝热层-衬层界面老化的细观参数变化规律,建立相应的老化动力学模型。

5.5.1　试件及取样位置

试件为推进剂-衬层-绝热层联合粘接试件。推进剂为 NEPE 推进剂,衬层采用 HTPB 基衬层材料,绝热层采用 EPDM(三元乙丙)绝热材料。

图 5.15 为推进剂-衬层-绝热层联合粘接试件的取样位置,各取样点的特征如表 5.4 所示。

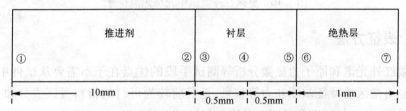

图 5.15　推进剂-衬层-绝热层粘接试件的取样位置

表 5.4　推进剂-衬层-绝热层粘接试件的取样位置及特征

标号	位 置 特 征	特 征
①	推进剂,距离推进剂-衬层界面 10mm	推进剂本体
②	推进剂邻近衬层的位置,距离推进剂-衬层界面 50μm 以内	邻近推进剂-衬层界面的推进剂
③	衬层邻近推进剂的位置,距离推进剂-衬层界面 50μm 以内	邻近推进剂-衬层界面的衬层
④	衬层中部	衬层本体
⑤	衬层邻近绝热层的位置,距离衬层-绝热层界面 50μm 以内	邻近衬层-绝热层界面的衬层
⑥	绝热层邻近衬层的位置,距离衬层-绝热层界面 50μm 以内	邻近衬层-绝热层界面的绝热层
⑦	绝热层,距离衬层-绝热层界面 1mm	绝热层本体
②-③		推进剂-衬层界面
⑤-⑥		衬层-绝热层界面

以显微红外测试为例,界面区域具体的取样位置如图 5.16 所示。图中光斑位置表示测试区域,光斑尺寸为 $50\mu m \times 50\mu m$。图 5.16(a)中光斑表示邻近推进剂-衬层界面的推进剂,对应于图 5.15 中的位置②;图 5.16(b)中光斑表示邻近衬层-绝热层界面的衬层,对应于图 5.15 中的位置⑤。

推进剂　衬层

衬层　绝热层

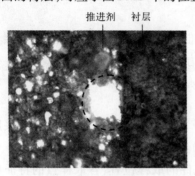 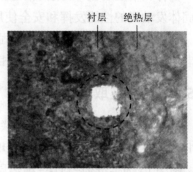

（a）推进剂-衬层界面　　　　　　　　　　（b）衬层-绝热层界面

图 5.16　显微红外测试中光斑焦点位置

5.5.2　表征方法

显微红外光谱和原子力显微分析等测试手段的优点在于不需要从试件中取样,可原位测得微区的特征基团和力等信息,是目前较为可行的材料微区成分和力学性能分析手段。

因此,采用上述分析测试手段,获得推进剂-衬层-绝热层粘接试件中典型位置的关键官能团含量、细观力学性能随老化时间的变化规律。

5.5.2.1　红外光谱分析

红外光谱分析技术的基本原理将在 7.4.1 节中介绍。本研究所用显微红外光谱测试为 Nicolet 5700 傅里叶变换红外光谱仪。

在衬层部分,选择波数为 $1508cm^{-1}$ 的固化剂 TDI 分子中芳环的 C=C 伸缩振动为内标峰,$1272cm^{-1}$ 处 RO-NO$_2$ 中 NO$_2$ 对称伸缩振动峰作为硝酸酯基团的特征峰,以特征峰与内标峰的峰高比值,作为硝酸酯基团相对含量的表征参数。

在推进剂部分,选取的内标峰是 $1173cm^{-1}$ 处粘合剂 PEG 主链中醚键 C-O-C 的伸缩振动,特征峰的选取与衬层中相同。

5.5.2.2　原子力显微分析

原子力显微镜(Atomic Force Microscope,AFM)是研究固体材料表面结构的分析仪器。它通过检测待测样品表面与微型力敏感元件之间极微弱的原子间相互作用力,来研究物质的表面结构及性质。

其测试原理是:将一个对微弱力极端敏感的微悬臂一端固定,另一端的微小探针尖接近样品。探针尖与样品表面之间的相互作用力使微悬臂发生形变或运动状态发生变化。扫描样品时,利用传感器检测这些变化,即可得到作用力分布信息。从而以纳米级分辨率获得表面形貌结构等信息。

AFM 测力的主要机制[10]是基于将微悬臂梁中针尖受力后的变形转变为光电信号,从而获得 AFM 针尖与试样作用的力–位移曲线。通过对力–位移曲线的分析,获得试样的力学特性。

本研究所用试样微区力学性能表征采用俄罗斯 NMD 公司的 Solver–Pro 型原子力显微镜(AFM)的力学性能测试模块。采用接触模式。测试时,垂直移动探针,使探针与试样接触,调节探针压入试样的位移量,记录针尖与试样作用的力–位移曲线。以该曲线的斜率即弹性模量表征试样的力学性能。

5.5.3　应用案例

5.5.3.1　显微红外谱图

利用显微红外光谱技术,对不同热加速温度(60℃、65℃和70℃)、不同老化时间的推进剂–衬层–绝热层联合粘接试件中 7 个典型位置进行显微红外扫描,得到的典型显微红外谱图如图 5.17 所示。

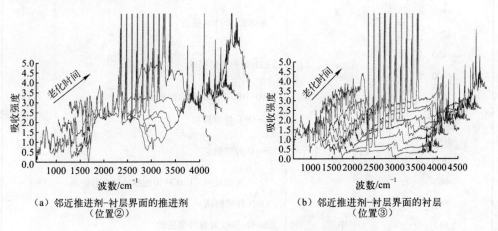

（a）邻近推进剂–衬层界面的推进剂（位置②）

（b）邻近推进剂–衬层界面的衬层（位置③）

图 5.17　试样不同老化时间的系列红外光谱(70℃)

推进剂红外谱图中主要峰的归属如表 5.5 所示。

表 5.5　推进剂红外谱图主要峰的基团归属表

波数/cm⁻¹	强　度	归　属
2252	强	$-N=C=O$ 反对称伸缩振动
1700	中等	氨基甲酸酯中 $C=O$ 伸缩振动
1647	强	NO_2 不对称伸缩振动
1581	强	氨基甲酸酯中 $N-H$ 变形振动
1280	强	$RO-NO_2$ 中 NO_2 对称伸缩振动
1173	强	$C-O-C$ 伸缩振动
848	弱	$O-N$ 伸缩振动
732	强	氨基甲酸酯中 $N-H$ 面外弯曲振动

衬层红外谱图中主要峰的归属如表 5.6 所示。

表 5.6　衬层红外谱图主要峰的基团归属表

波数/cm⁻¹	强　度	归　属
3600~3100	中等-强	OH 伸缩振动
2897	强	CH_2 伸缩振动
2831	强	
1700	中等	$-CONH-$ 中 $C=O$ 伸缩振动
1647	强	NO_2 不对称伸缩振动
1508	强	芳环 $C=C$ 伸缩振动
1450	中等	
1430	强	CH_2 对称变形振动
1400	强	
1272	强	$RO-NO_2$ 中 NO_2 对称伸缩振动
1180	强	$C-O-C$ 伸缩振动
1060	强	$Si-O$ 伸缩振动
1038	强	
960	强	反-1,4 结构的 $CH=CH$ 伸缩振动和变形振动
848	中等	$O-N$ 伸缩振动
810	中等	$Si-O-Si$ 反对称伸缩振动

绝热层红外谱图中主要峰的归属如表 5.7 所示。

表 5.7　绝热层红外谱图主要峰的基团归属表

波数/cm⁻¹	强　度	归　属
2962	强	CH_3反对称伸缩
2939	强	
2916	强	CH_2伸缩振动
2842	强	
1742	中等	$C=O$伸缩振动
1180	弱	$C-O-C$伸缩振动
1060	强	$Si-O$伸缩振动
1038	强	
810	中等	$Si-O-Si$反对称伸缩振动
748	中等	CH_2面内摇摆振动

由不同热加速温度条件下不同老化时间试样的显微红外谱图,依据 5.5.2.1 小节的方法进行定量分析,得到同一位置硝酸酯基团的相对含量随热加速温度、老化时间的变化规律。

5.5.3.2　热加速老化过程中硝酸酯含量的变化规律

热加速老化温度为60℃时,老化过程中推进剂–衬层–绝热层联合粘接试件中推进剂和衬层的 5 个典型位置的硝酸酯基团相对含量变化规律,如图 5.18 所示。图中推进剂–衬层界面上的硝酸酯基团相对含量为位置②和③上硝酸酯基团相对含量的算术平均值。

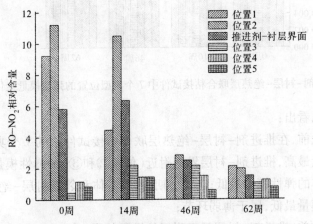

图 5.18　推进剂和衬层中典型位置硝酸酯基相对含量随老化时间的变化规律(60℃)

从图 5.18 中可以看出：

（1）在推进剂和衬层之间，存在明显的硝酸酯迁移现象；

（2）由于衬层中不含硝酸酯，故推进剂和衬层之间存在硝酸酯的浓度梯度，如老化前推进剂和衬层中硝酸酯基团相对含量差异最大；

（3）在推进剂中，由于衬层中不含硝酸酯，故存在推进剂中硝酸酯向衬层迁移的趋势，故邻近推进剂-衬层界面的推进剂中硝酸酯含量高。

（4）随着时间的增加，各材料及界面处硝酸酯的迁移逐渐趋于平衡，如 46 周后推进剂和衬层中的硝酸酯基团相对含量基本相当。

5.5.3.3　热加速老化过程中联合试件模量的变化规律

利用 AFM 的力学性能测试模块，测量了不同热加速温度（60℃、65℃和70℃）、不同老化时间推进剂-衬层-绝热层联合粘接试件中 7 个典型位置的模量。

热加速老化温度为 60℃时，老化过程中推进剂-衬层-绝热层联合粘接试件中 7 个典型位置的弹性模量变化规律如图 5.19 所示。

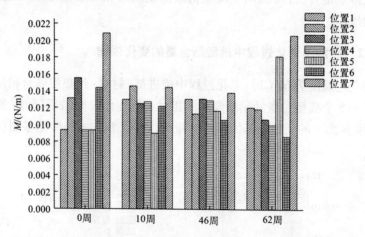

图 5.19　推进剂-衬层-绝热层联合粘接试件中 7 个典型位置的弹性模量变化规律（60℃）

从图中可以看出：

（1）未老化前，在推进剂-衬层-绝热层联合粘接试件中的 7 个典型位置中，绝热层的弹性模量最高，推进剂-衬层界面附近（位置②和③）的弹性模量次之，推进剂本体和衬层本体的弹性模量最低；老化后期，衬层本体和邻近衬层-绝热层界面附近的绝热层弹性模量最低，属于薄弱环节；

（2）未老化前，推进剂-衬层界面附近的模量较高，这是衬层中过量的 TDI 参与了推进剂的固化所致;在老化过程中,随着推进剂中硝酸酯的迁移,推进剂-衬层界面附近的弹性模量下降,也属于薄弱环节。

(3)在老化过程中,推进剂的弹性模量呈升高的趋势,可能是存在后固化现象。

(4)在老化过程中,衬层的弹性模量先升高后略有降低,应该是 HTPB 先氧化交联后弱键断裂造成的。

(5)在老化过程中,衬层-绝热层界面附近的绝热层弹性模量逐渐下降。

热加速老化温度为60℃时,老化过程中推进剂-衬层-绝热层联合粘接试件中推进剂-衬层-绝热层本体及推进剂-衬层、衬层-绝热层两个界面的弹性模量变化规律如图 5.20 所示。图中推进剂-衬层界面上的弹性模量为位置②和③上弹性模量的算术平均值,衬层-绝热层界面上的弹性模量为位置⑤和⑥上弹性模量的算术平均值。

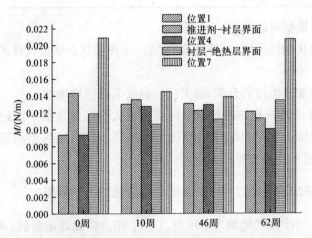

图 5.20　推进剂-衬层-绝热层本体及推进剂-衬层、衬层-绝热层两个界面
的弹性模量变化规律(60℃)

从图 5.20 中可以看出,随着老化时间的增加,推进剂-衬层界面的弹性模量略有下降,衬层-绝热层界面的弹性模量先降低后升高;除老化后期(62 周)外,推进剂-衬层界面的弹性模量高于衬层-绝热层界面的弹性模量。

5.5.3.4　热加速老化过程中联合试件最大抗拉强度的变化规律

不同老化温度下(60℃、65℃、70℃),推进剂-衬层-绝热层联合粘接试件的宏观力学性能随老化时间的变化情况如表 5.8 所示。

表5.8 推进剂-衬层-绝热层联合粘接试件的宏观力学性能

60℃		65℃		70℃	
t/周	σ_m/MPa	t/周	σ_m/MPa	t/周	σ_m/MPa
0	0.437	0	0.437	0	0.437
6	0.441	3	0.405	2	0.370
10	0.465	5	0.387	3	0.307
14	0.467	7	0.440	4	0.316
18	0.396	11	0.362	5	0.375
22	0.456	15	0.420	6	0.381
26	0.367	17	0.402	7	0.342
30	0.371	19	0.456	8	0.363
34	0.370	21	0.412	9	0.374
38	0.366	23	0.374	11	0.281

注:测试温度为20℃,拉伸速率为0.2mm/min

从表5.8中数据可以看出:

(1)随着老化时间的增加,推进剂-衬层-绝热层联合粘接试件的最大抗拉强度呈下降的趋势;

(2)随着热加速温度的升高,最大抗拉强度下降速率增加;

(3)推进剂-衬层-绝热层联合粘接试件最大抗拉强度的下降趋势与其中的薄弱环节——邻近推进剂-衬层界面处的衬层、衬层、邻近衬层-绝热层界面处绝热层的AFM弹性模量下降趋势相同。

5.5.3.5 热加速老化过程中联合试件的老化动力学模型

选用指数模型作为老化动力学模型,以 σ_m 作为性能评定参数,求得热加速老化条件下推进剂-衬层-绝热层试件的老化动力学方程为

$$\sigma_m(T,t) = 0.4356 \cdot e^{\left[-4.1379 \times 10^{13} \cdot e^{(-12156.5195/T)} \cdot t \right]} \qquad (5.21)$$

式中:t 为老化时间,周;$\sigma_m(T,t)$ 为温度 T、老化时间 t 后最大抗拉强度,MPa;T 为热力学温度,K。

选用线性模型作为老化动力学模型,以位置③处(邻近推进剂-衬层界面的衬层)材料的AFM弹性模量 M 值作为性能评定参数,求得热加速老化条件下该关键位置的老化动力学方程为

$$M(T,t) = 0.0139 - e^{(76.724 - 28886/T)} \cdot t \qquad (5.22)$$

参 考 文 献

[1]　张炜,鲍桐,周星.火箭推进剂[M].北京:国防工业出版社,2014.

[2]　张兴高.HTPB 推进剂贮存老化特性及寿命预估研究[D].长沙:国防科技大学,2009.

[3]　Sarkar S,Adhikari B. Thermal stability of lignin-hydroxy-terminated polybutadiene copolyurethanes [J]. Polymer Degradation and Stability,2001,73:169-175.

[4]　赵永俊.NEPE 推进剂贮存老化性能研究[D].长沙:国防科技大学,2008.

[5]　贾永刚.固体火箭发动机 HTPB 推进剂药柱力学性能表征技术研究[D].长沙:国防科技大学,2012.

[6]　彭培根,刘培谅,张仁,等.固体推进剂性能及原理[M].长沙:国防科技大学出版社,1987.

[7]　张昊,彭松,庞爱民.固体推进剂应力和应变与使用寿命关系[J].推进技术,2006,27(4):372-375.

[8]　衡淑云,韩芳,张林军,等.硝酸酯火药安全贮存寿命的预估方法和结果[J].火炸药学报,2006,29(4):71-76.

[9]　许进升.复合推进剂热黏弹性本构模型实验及数值仿真研究[D].南京:南京理工大学,2013.

[10]　朱纪军,王静,赵冰,等.基于 AFM 的微纳米结构力学特性测量[J].微细加工技术,2000 (2):55-61.

第6章 固体推进剂羽流的特征信号

6.1 基本概念

6.1.1 火箭排气羽流的特征信号

在固体火箭发动机燃烧室中,固体推进剂通过燃烧反应将其化学潜能转变为燃烧产物的热能;在喷管中,作为工质的燃烧产物绝热膨胀,同时将其热能转换为动能,从喷管中高速喷出。与低温和低压的大气环境相比,在喷管出口的外部,高温燃烧产物进一步扩散、反应,形成膨胀型的发光火焰流场,称为排气羽流。

由于发动机排气羽流的存在及其与周围环境的相互作用,会形成烟雾、辐射、对探测或制导信号衰减等多种效应,统称为排气羽流的特征信号。排气羽流特征信号的危害主要是衰减甚至屏蔽对导弹的各种制导信号(雷达波、激光、红外、可见光等),暴露导弹的飞行轨迹或发射平台的位置等,从而对导弹的精确制导、生存能力和突防能力造成危害。

固体导弹排气羽流的特征信号主要取决于喷管出口处推进剂燃烧产物特性,点火器、衬层、绝热层和喷管的烧蚀对排气羽流特征信号的影响相对较小。

为了评估固体推进剂排气羽流的特征信号,各军事发达国家建立了相关的测试评估方法,构建了各种实验测试系统,来检测及表征推进剂羽流的特征信号;同时建立了各种理论模型和评估软件,来预示推进剂羽流的特征信号。

根据 Agard[1] 的定义,火箭或导弹排气羽流的特征信号(简称特征信号)是包含有导弹系统或火箭发动机排气全部性能或特性的术语,此性能或特性可被用作探测、识别或拦截执行任务的发射平台及导弹。

羽流的特征信号主要包括烟雾、辐射能的激发、能见度(视程或能见距离)和雷达波吸收等。

6.1.2 烟雾

通常,固体微粒分散于空气介质中称为"烟",而液体微粒分散在空气介质中称为"雾"。

火箭发动机的排出物中有凝聚相的固体或液体微粒,如金属燃料的氧化物、含金属离子添加剂的反应产物等。它们被可见光散射或吸收,就产生了肉眼可见的"烟雾",一般简称为"烟"。

羽流中的物质主要源自固体推进剂的燃烧,是大量气态与少量凝聚相产物的混合物。以 AP 为氧化剂的复合固体推进剂气态燃烧产物的主要成分为 HCl、CO_2、H_2O、CO、H_2、N_2 等,固态粒子或液滴有 Al_2O_3、Fe_2O_3 等。羽流中的物质还有少部分来自点火器、衬层、绝热层、喷管材料等燃烧、热分解、机械侵蚀和剥蚀的产物。

构成羽流的物质中凝聚相物质还可以细分为一次烟和二次烟两类。

6.1.2.1　一次烟

一次烟是由发动机喷管直接排出的推进剂气态燃烧产物、固态或液态凝聚相粒子所组成的混合物。

对紫外光、可见光或红外光而言,一次烟同时有吸收、发射和散射三种作用,所以很容易被探测到。一次烟相应的光学量值主要取决于混合物中粒子的数量、尺寸和种类。一次烟的主要来源如下:

(1) 固体推进剂中金属燃料(Al、Mg 等)燃烧产生的、凝聚态的金属氧化物(如 Al_2O_3、MgO 等)。

(2) 固体推进剂中燃速催化剂、燃烧稳定剂和二次燃烧抑制剂等的燃烧产物,如 PbO、CuO、Fe_2O_3、TiO_2、ZrO_2、KOH 等。

(3) 固体推进剂不完全燃烧产生的碳粒子,还包括衬层、绝热层、喷管材料等与推进剂高温燃气接触的其它材料热解或反应产生的碳粒子。

这些粒子的粒径在亚微米或纳米尺度范围内 $(10^{-2} \sim 10^{-1} \mu m)$[2]。

这些凝聚态粒子对羽流特征信号影响很大,尤其在较短的波长范围内。

6.1.2.2　二次烟

在适当的环境温度和相对湿度条件下,由推进剂燃气中的水凝聚成小液滴形成的烟雾也称羽流的二次烟。

火箭发动机中推进剂燃烧生成的凝聚相粒子(如碳粒子、氧化铝粒子、铅盐/钾盐/铜盐等反应生成的金属氧化物粒子),在适当的条件下可成为非均质晶核,促进了羽流中水蒸汽的凝聚。试验表明[3],随着晶核半径的下降,晶核数量增大;推进剂配方中无金属元素的化合物,如硝酸铵、粘合剂、硝胺等,对晶核数量无显著影响;无

AP或低AP含量推进剂生成的晶核浓度很低，而AP燃烧生成的HCl等可溶于水的气体大大增加了羽流中水的冷凝数量和速率。此外，在低温和高相对湿度的环境条件下，二次烟也呈现增大趋势。所以不同国家或地区，因环境不同或同一国家因四季不同，同样配方的推进剂出现二次烟的概率也有差别。

羽流的二次烟主要来源于水和气态含卤素化合物。经典的AP/Al/HTPB复合固体推进剂主要由C、H、O、N、Cl等元素组成，其燃烧产物中还有大量的HCl。若采用含能添加剂(如硝胺炸药)部分取代AP，构成四组元高能推进剂，可以在一定程度上减少推进剂燃烧产物中HCl的含量。但是，水是H元素氧化的必然产物，而推进剂配方中不可能完全取消H元素，因此推进剂燃气中水的存在是不可避免的，即二次烟是难以消除的。从这个观点上看，绝对"无烟"的推进剂至少目前是不存在的，所谓"无烟"推进剂实际上只是"微烟"或"少烟"推进剂而已。

总之，推进剂的配方对羽流二次烟生成起了重要的作用。减少二次烟需要降低燃气中水和气态含卤素化合物的含量，并尽可能控制冷凝核的尺寸和数量。

6.1.3　高温燃烧产物及二次燃烧引起的辐射

热力计算结果表明，典型复合固体推进剂的燃烧产物在喷管出口处的温度为2100K左右。也就是说，推进剂的排气羽流本来就是个热源，而且是一个高辐射强度的热源。

推进剂燃烧羽流发射光谱的最大强度在短波和中红外波段之间，它是凝聚相燃烧产物粒子的连续辐射、气态燃烧产物分子受热激发后的振动-旋转或纯旋转型辐射(发射、辐射和吸收)的叠加。

推进剂的比冲反比于其气态燃烧产物平均分子量的平方根。故从提高能量的目标出发，推进剂配方总是设计成负氧平衡的，即燃烧产物是非完全氧化的(氧化剂与燃料含量比低于完全氧化的理论化学计量比)，即低相对分子量的CO、H_2等不完全氧化产物的含量比较高，这对提高能量是有益的。热力计算结果表明，在喷管流动过程中，这种还原能力高的气体混合物含量变化相对较小。于是，在喷管出口下游，大量高温的CO、H_2还原性气体与大气中的氧混合，会发生二次燃烧，生成大量的热，并产生明亮的可见光辐射、强烈的红外及紫外光辐射。此现象称为羽流的二次燃烧，也称为后燃。

推进剂燃烧产物中的CO与空气中的O_2反应，进而生成CO_2是二次燃烧的主要化学反应。而CO_2是红外辐射的主要来源之一。二次燃烧使CO_2浓度增加，其结果是增大了排气羽流下游的红外辐射强度，导致羽流可探测性增加。

此外,羽流中固体粒子连续发射的辐射与其表面温度的 4 次方成正比,也与浓度成正比。由于二次燃烧使羽流温度剧升,从而使固体粒子的辐射加剧,也引起羽流的可探测性增大。

在大气中传输时,羽流二次燃烧引起的可见光辐射会因大气的吸收和散射而衰减。如在特别晴朗的天空,二次燃烧引起的可见光辐射能见度可达 50km;一般晴天为 20km,中等雾天仅为 0.2km。

综上所述,推进剂燃气中 CO 和 H_2 两种还原性气体的存在是产生二次燃烧的根源。但因提高比冲的目标所限,推进剂配方的设计不可能使 CO 和 H_2 的含量有大的变化。

此外,其它众多因素,如导弹的飞行速度、飞行高度、燃烧室压强和温度、喷管膨胀比、喷管出口处燃烧产物的温度、发动机喷管的数量等,均影响二次燃烧的概率和喷管排气羽流中的着火点位置。

因为上述各参数在复杂的推进剂燃烧产物羽流中相互影响,且这种影响并没有加和性,所以二次燃烧是一种复杂的现象,其参数的研究是十分困难的。

二次燃烧现象的不良后果如下:

(1) 二次燃烧引起羽流温度升高,从而使羽流可见光强度增大、红外和紫外辐射增加,增大了导弹的可探测性;温度升高,使羽流中离子及自由电子浓度升高,增大了对制导雷达波的衰减和导弹的雷达波散射截面积;

(2) 二次燃烧提高了羽流的湍流程度,加大了对制导激光束的干扰,增大了在雷达制导信号中的噪声;

(3) 二次燃烧改变了一次烟、二次烟的数量和种类,使羽流中 H_2O 和 CO_2 三原子分子的含量增大。两者均是红外辐射的主要来源,这将导致羽流的可探测性增加;

(4) 二次燃烧引起火箭发动机噪声增加,也提高了羽流的可探测性等。

6.1.4　能见度

能见度是指在一定条件下用肉眼观察目标的可能性(或概率)。

目标的能见度取决于:目标的大小、形状和颜色,目标与背景的对比度,目标相对于太阳照射的方位,观察者目视分辨能力和大气的目视范围等。

6.1.5　雷达波的吸收

当频率为几千兆赫的雷达波穿过推进剂燃气羽流时,在电磁场作用下,燃气中的自由电子和离子产生运动。由于电子比离子轻几万倍,受电磁场力作用后,电子的运动速度要比离子运动速度快几百倍。这些高速运动的自由电子与羽流中质量较大的中性气体分子（如 H_2、HCl、O_2 等）碰撞时,把雷达波能量转化为燃气分子的热运动,从而造成雷达波吸收能量的衰减。

雷达波衰减值的大小不仅取决于雷达波的频率,还取决于所通过羽流中电离介质的特性——自由电离密度和碰撞频率。二次燃烧使羽流温度上升,会提高自由电子的密度和相互碰撞频率,从而导致雷达衰减效应增加。

当推进剂的燃气中有碱金属和碱土金属存在时,即使是十万分之一的痕量,当温度足够高（2000K 以上）时,就能引起燃气的显著电离,产生自由电子,从而显著衰减了穿过羽流的雷达波。因此固体推进剂的组份中应严格控制碱金属的含量。尽管铝的电离能较大,但在推进剂中其加入量从 10% 增加到 20% 时,在海平面可使雷达波信号衰减增大 5 倍;7500m 高空使信号衰减量增大 3～4 倍。所以推进剂中铝的含量应尽可能低,如控制在 5% 以内或加入电子捕获剂。

上述分析表明,火箭发动机排气羽流的产生是一个复杂的物理化学过程,如湍流、电子激发、电离等,其中产生的烟雾和羽流二次燃烧产生的辐射是羽流特征信号的两个主要表征参数,而能见度和雷达波吸收是由前两者派生的表征参数,它们一起构成了羽流特征信号的 4 个表征参数。

为了评价和对比不同推进剂的特征信号,对特征信号的主要表征参数采用表 6.1 所示的方式进行表征。

表 6.1　排气羽流特征信号表征参数[4]

项目	表征参数/量纲	测试条件	其它表征参数
烟雾	透过率/%	固定发动机装药条件、固定波长、固定波段（GJB 770B—2005 801.1）	消光系数、烟雾体积浓度和质量浓度
微波衰减	微波衰减/dB	固定发动机条件、固定微波频率范围	无
辐射特性	辐射亮度/(W/($cm^2 \cdot Sr$)) 辐射强度/(W/Sr)	固定发动机条件、固定波长范围	辐射能、辐射温度、辐射通量等

6.2　固体推进剂羽流特征信号的测试

固体火箭发动机的排气羽流有如下特点:

（1）燃气的温度高。在燃烧室内,复合固体推进剂的燃烧温度为 3000～4000K;

经喷管膨胀后,喷管出口的温度为 2100K 左右。一般来说推进剂的能量越高,排出的燃气温度也越高;

（2）燃气中含有大量的气态燃烧产物,如 CO、CO_2、H_2O、H_2、N_2 等;

（3）燃气中含有凝聚相产物。一般为碳粒子、HCl 液滴及金属氧化物颗粒,如 Al_2O_3、PbO、CuO、Fe_2O_3 等;

（4）由于高温电离作用,燃烧产物中产生大量的自由电子(e^-)、离子(K^+、Na^+、Al^+、OH^- 等)和自由基($\cdot OH$ 等);

（5）二次燃烧现象。在高温时,燃气中未完全氧化的 CO、H_2 等可燃气体与空气中的氧进一步反应,形成二次燃烧,放出大量的热,并使燃气的温度上升而发光;

（6）由于大气环境条件中温度、湿度的作用,含 AP 推进剂的燃气在空气中形成二次烟雾,它是 H_2O 和 HCl 的共沸液滴烟云。

推进剂排气羽流的这些特点在测试中应充分考虑,例如,需要考量推进剂燃气羽烟的动态特征、化学反应状态等,才能设计合理的测试方法。本节主要讨论羽流的光学透过率、红外辐射和微波的测试技术。

6.2.1　羽流的光学透过率测试

6.2.1.1　测试原理[3,4]

固体发动机羽流光学透过率的常用测试方法:①透过率法;②亮度对比法;③不透明计法等。其中透过率法是最为常用的试验方法,其基本原理是朗伯-比尔定律。

1. 透过率法

当一束单色光通过均匀的介质时,设入射光强度为 I_0,吸收光强度为 I_a,透射光强度为 I_t,反射光强度为 I_r,则有

$$I_0 = I_a + I_t + I_r \tag{6.1}$$

透过率 T_{tr}(Transmittance)表示透射光的强度 I_t 与入射光强度之比 I_0,即

$$T_{tr} = \frac{I_t}{I_0} \tag{6.2}$$

透过率越大,推进剂羽流对光的吸收越少;透过率越小,推进剂羽流对光的吸收越多。

吸光度 A_{tr} 为透过率的负对数,即

$$A_{tr} = -\lg T_{tr} = -\lg \frac{I_t}{I_0} \tag{6.3}$$

比尔定律阐述了吸光度与介质浓度的关系,而朗伯定律则构建了吸光度与介质

厚度的关系。两者综合即为朗伯-比尔定律。

朗伯-比尔定律:当一束平行的单色光通过均匀、无散射现象的溶液时,在单色光强度、溶液温度等不变的条件下,溶液吸光度与溶液浓度、溶液厚度的乘积成正比,即

$$A_{tr} = K \cdot b \cdot c_s \tag{6.4}$$

式中:K 为吸光系数;b 为测量的光程(溶液厚度);c_s 为溶液浓度。

K 的物理意义是单位溶液浓度、单位溶液厚度时溶液的吸光度。随 b 和 c_s 的量纲不同,K 值也不同。当 b 的量纲为 cm、c_s 的量纲为 g/L 时,K 用 α 表示,称为质量消光系数;当 b 的量纲为 cm、c_s 的量纲为 mol/L 时,K 用 ε 表示,称为摩尔消光系数。

朗伯-比尔定律不仅适用于有色溶液,也适用于无色溶液、气体或固体的非散射均匀体系;不仅适用于可见光区的单色光,也适用于紫外和红外光区的单色光。

联立式(6.3)和式(6.4),K 用 α 表示时,朗伯-比尔定律可以表示为

$$I_t = I_0 \cdot \exp(-\alpha \cdot c_s \cdot b) \tag{6.5}$$

该定律有两个假设条件:①吸收截面与入射辐射强度、介质浓度无关;②介质中的粒子之间彼此独立地散射。要满足这些条件,只有当介质浓度小到一定数值时(光透过率≥5%)才成立。

对于烟雾的分散体系,根据 Mie 散射原理,可以得到质量消光系数为

$$\alpha = \frac{3}{4\rho} \int [n(r) Q_e(I, r/\lambda)/r] \, dr$$

或

$$\alpha = \sum_{i=1}^{s} \frac{N_i \pi d_i Q_e(I, r/\lambda)}{4}$$

式中:Q_e 为弥散射因子(电磁消光界面与几何界面之比);ρ 为烟雾体系的密度;I 为复反射指数;r 为烟雾粒子半径;λ 为波长;$n(r)$ 为粒径的粒数分布密度函数;d_i 为第 i 种烟雾粒子的直径;N_i 为单位体积中第 i 种烟雾粒子的数量;S 为烟雾粒子的总数。

由以上两式可以看出,如果粒子的粒径分布改变,质量消光系数 α 也随之变化。烟雾粒子的凝聚和沉降等动力学过程、或者产生不同粒度分布的新烟雾,都将改变 $n(r)$。对于吸水性烟雾,如 HCl 形成的二次烟,其尺寸分布还取决于相对湿度,因此 α 也是相对湿度的函数。对于浓密的烟雾,复散射可能发生,应采用校正因子进行计算处理。

因为 I 和 $n(r)$ 未知,质量消光系数 α 通常只能用实验的方法获得。透过率测试的装置示意图如图 6.1 所示,可以根据需要改变测量的波长范围以及测量的角度等。

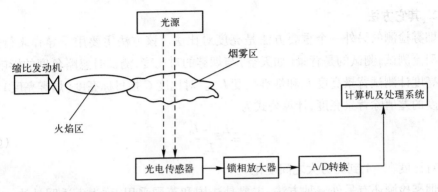

图 6.1　排气羽流透过率测试示意图[5]

透过率测试系统中,光源一般选用卤素钨灯、高压汞灯、能斯特灯、Globar 灯等,其选用的原则是保证出射光的平行、均匀。由 Wien 位移定律确定需要的波长。根据相应波段,探测器一般采用硫化铅、硒化铅、锑镉汞、锑化铟等化合物探测器、硅光二极管及热释电器件等。探测器一般都有固定的波长响应曲线,选择探测器时,还应考虑测试的光强范围、响应时间、信噪比等因素。

图 6.2 示出了不同测试波长范围所对应使用的光源和探测器。

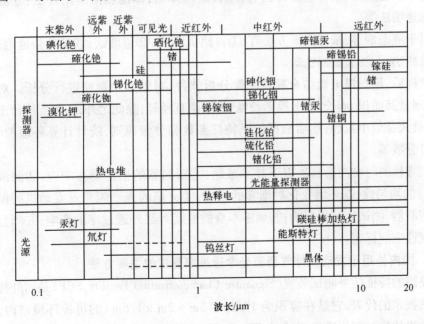

图 6.2　不同波长范围常用的探测器及光源

2. 其它方法

烟雾检测的另外一个重要方法是亮度对比法。该方法主要用于导弹飞行过程中的羽流测试,测试的是背景(如天空)与烟雾的对比度,测试时忽略色度的影响,分别用亮度计测试背景亮度 L_b 和烟雾亮度 L_{sm}。对比度 C 指目标亮度(烟雾亮度)和背景亮度的差值除背景亮度,计算公式为

$$C = \frac{L_{sm} - L_b}{L_b} \tag{6.6}$$

对比度在 -1 到无穷大之间变化。

烟雾检测还有另外一种方法,主要是法国和英国采用,称为不透明计法。其测试的是能见度(量纲为长度单位),是光信号穿透烟雾介质的长度阈值。其测定方法是:以透过率的方法测量消光系数,然后推算出能见度的距离,也就是测试光信号不能透过烟雾长度时。

3. 羽流中颗粒的测量

与羽流透过率测试直接相关的另外一个重要测试内容是对烟雾中颗粒的测量。一种方法是直接取样,另一种是采用激光散射的动态测量方法。

对于固态烟雾,采样主要方法有:①自然沉降法;②滤膜溶解图片法;③滤膜采样后的透明法等。

对于液态烟雾,采样主要方法有:①自然沉降法;②包埋法;③玻片快速附着法;④冲击瓶法;⑤滤膜抽滤法等。

取样后,用扫描电镜结合颗粒图像分析软件,对烟雾中颗粒进行分析。对一个颗粒,测量其面积、周长、X/Y 投影长度、等效圆直径等;除此之外,还需要统计出总粒子数、最大及最小粒径;然后根据粒子特征参数和分级原则,统计计算各级粒子数、粒数百分数等。

烟雾检测时应注意解决以下技术难题:①探测器的快速动态响应;②测试目标(烟雾)的均匀性;③环境变化对烟雾的影响;④火焰的强烈闪光及发动机的振动噪声对探测器、测试光路的影响;⑤烟雾本身的温度对红外透过率的影响;⑥测量传感器的线性响应标定。

4. 国内外用于发动机排气羽流光学透过率测试的主要方法

美国的特征信号测试装置(Signature Characterization Facility,SCF)是国外特征信号测试技术的代表,它是在容积为 $19.2m^3$($6m \times 2m \times 1.6m$)的可控环境室内,对缩比发动机的排气羽流进行测试,如图 6.3 所示。在发动机轴线的不同夹角位置,布置不同波段的透射仪、燃气粒子检测仪,进行烟雾透过率测试及烟雾形成机理研究;用

摄像机、红外热像仪以及红外光谱分析仪等测试仪器,进行红外辐射性能研究。

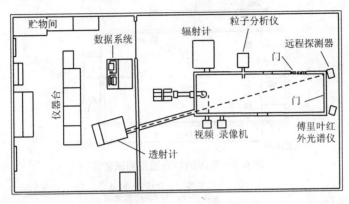

图 6.3　美国的特征信号测试装置[6]

SCF 环境箱的试验温度控制范围为 $-40 \sim 60℃$,相对湿度控制范围为 $20\% \sim 100\%$。可进行烟雾透过率、燃气粒度及粒度分布、红外辐射能、燃气的组份浓度等项目测试。

法国火炸药公司(SNPE)应用亚声速风洞环境作为烟道(图 6.4)。在风洞口,采用紫外到远红外波段的透射计,测试烟雾透过率;用不同波段的激光($0.63\mu m$、$1.06\mu m$、$10.6\mu m$)等为光源,测试烟雾的激光透过率。

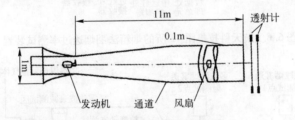

图 6.4　法国的亚声速风洞烟雾计

英国使用烟雾通道测试的方法,如图 6.5 所示。在发动机羽流烟雾通道的不同位置,测试多波段的烟雾透过率,评价发动机排气羽流的烟雾性能。

国内航天科技集团 42 所[7]仿照美军 SCF 烟箱,建立了发动机环境试验箱(烟箱),容积约 $19.6 m^3$。在此基础上,研制了烟雾的可见光、近/中/远红外透过率测试系统。其烟箱法羽烟透过率测试装置如图 6.6 所示。

兵器工业集团公司 204 所建立了推进剂羽流光学透过率测试通道,具有可见光衰减、近/中/远红外衰减、激光衰减、微波衰减等测量检测手段。推进剂羽流光学透过率测试通道如图 6.7 所示。

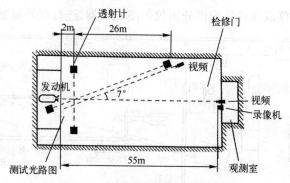

图 6.5　英国的烟雾通道测试装置

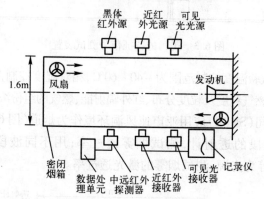

图 6.6　航天科技集团 42 所的烟箱法羽烟透过率测试装置

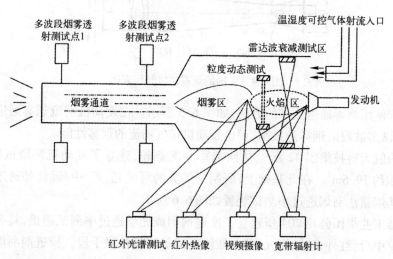

图 6.7　兵器工业集团公司 204 所的推进剂羽流光学透过率测试通道

6.2.1.2　应用案例

航天科技集团 42 所[7]建立了发动机环境试验箱(烟箱),建立了烟雾可见光、近/中/远红外透过率测试系统。

利用该系统,测试了不同配方推进剂羽流一次烟和二次烟的光学透过率,测试结果如表6.2和表6.3所示。

表 6.2　一次烟的光学透过率(烟箱法)

配　　方	含量/%		可见光透过率/%	红外透过率/%
	Al	AP		
1	1	51.5	81.20	91.60
2	6	51.5	37.20	54.50
3	1	54.0	79.20	89.67
4	1	37.0	80.05	90.69
5	3	52.0	51.90	72.08

表 6.3　二次烟的光学透过率(烟箱法)

配方	含量/%		可见光透过率/%	红外透过率/%
	Al	AP		
6	1	37	68.87	91.68
7	1	53	66.42	89.07
8	3	53	43.84	72.26

测试结果表明,随着 Al 粉含量的增加,一次烟的光学透过率降低;AP 含量对一次烟的光学透过率影响幅度较小;二次烟的光学透过率也主要受 Al 粉含量的影响。Al 粉含量增加,二次烟的光学透过率降低;AP 含量对二次烟的光学透过率影响较小。

6.2.2　羽流的红外辐射测试

6.2.2.1　测试原理

火箭发动机排气羽流是一个热源,类似于发出辐射的无限个点源。每个点源的辐射与温度、气相或凝聚相燃烧产物的局部浓度密切相关。燃气羽流的总发射率并不等于各个点源的发射率总和,这是因为每个发射点的部分辐射被其它点所吸收或散射了。

推进剂羽流发射光谱的最大强度在短波到中红外波之间,是粒子的连续辐射与气体分子受热激发后的振动-旋转或纯旋转型(发射、吸收和散射)的叠加。羽流的温度提高及燃烧产物的化学反应(如二次燃烧),会相应提高辐射的总强度,并改变其光谱特性。

排气羽流中的辐射点源及其发射光谱经大气传输到四周。在传输过程中,由于大气的吸收和散射,随波长的不同,辐射能的衰减也不同。

羽流的红外辐射测试基于普朗克(Plank)辐射定理。普朗克辐射定理用量子物理的概念补充了经典物理理论,是辐射测量的基本定律。普朗克辐射定理可以表示为

$$M_\lambda = \frac{2\pi\hbar \cdot c^2}{\lambda^5} \cdot \frac{1}{e^{c \cdot \hbar/(\lambda\kappa T)} - 1} \tag{6.7}$$

或

$$M_\lambda = \frac{c_1}{\lambda^5} \cdot \frac{1}{e^{c_2/(\lambda T)} - 1} \tag{6.8}$$

式中:M_λ 为光谱辐射通量密度,W/m^3;λ 为波长,m;$\hbar$ 为普朗克常量,$6.6256 \times 10^{-34} W \cdot s^2$;$T$ 为热力学温度,K;c 为光速,$2.9979 \times 10^8 m/s$;c_1 为第一辐射常数,$3.7418 \times 10^{-16} W \cdot m^2$;$c_2$ 为第二辐射常数,$1.4388 \times 10^{-2} m \cdot K$;$\kappa$ 为玻耳兹曼常数,$1.3805 \times 10^{-25} W \cdot s/K$。

根据普朗克辐射定理,凡是热力学温度大于 0K 的物体都能辐射电磁能,物体的辐射强度与其温度、表面的辐射能力有关,辐射光谱分布也与辐射的物体温度密切相关。

普朗克辐射定理是针对黑体的描述。对于一般辐射体的描述,还需要引入一个比辐射率概念。比辐射率定义为辐射源的辐射出射度与具有同一温度黑体的辐射出射度之比。比辐射率是材料种类及表面光滑程度的函数,它还随波长和材料温度而变。根据热辐射定律,全光谱的比辐射率可写成更一般的表达式:

$$\varepsilon = \frac{M'}{M} = \frac{\int_0^\infty \varepsilon_\lambda M_\lambda \, d\lambda}{\int_0^\infty M_\lambda \, d\lambda} = \frac{1}{\sigma T^4} \int_0^\infty \varepsilon_\lambda M_\lambda \, d\lambda \tag{6.9}$$

式中:σ 为斯特番-玻耳兹曼常数,$5.6697 \times 10^{-8} W/(m^2 \cdot K^4)$;$\varepsilon_\lambda$ 为波长 λ 单色辐射条件下的比辐射率。

根据 ε_λ 的数值和是否随波长变化,可将辐射体分为三类:①黑体或普朗克辐射体,其 $\varepsilon_\lambda \equiv 1$;②灰体,其 $\varepsilon_\lambda =$ 常数,但小于 1;③选择性辐射体,即 ε_λ 随波长变化。需要说明的是,固体发动机排气羽流是典型选择性辐射体。

图 6.8 为红外辐射测试的系统原理图[8]。

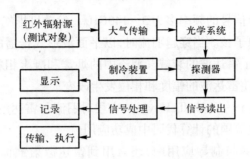

图 6.8　红外辐射测试的系统原理图

6.2.2.2　应用案例

张晓宏等[9]采用 FTIR 光谱仪、MCT 检测器测试了 CMDB 推进剂羽流在 $3\sim5\mu m$ 和 $8\sim14\mu m$ 两个波段的红外辐射亮度,研究了 Al 粉含量对 CMDB 推进剂红外辐射亮度的影响规律。不同配方 CMDB 推进剂羽流的红外辐射强度测试数据如表 6.4 所示。

表 6.4　CMDB 推进剂羽流的红外辐射亮度

配方编号	RDX/%	Al/%	红外辐射亮度/(W/(cm² · Sr))	
			$3\sim5\mu m$	$8\sim14\mu m$
05B0	35	0	4.18	0.26
05B2	35	3	11.06	0.83
05B3	35	5	9.65	1.09
05B4	35	8	8.30	2.00
05B5	35	10	7.33	2.57

测试结果表明,Al 粉含量的变化对 CMDB 推进剂羽流的辐射强度有明显影响。如在 $3\sim5\mu m$ 波段,配方 05B2(3% Al)的红外辐射亮度是 05B0(不含 Al 粉)的 2.5 倍左右,说明添加 Al 粉会大大增加红外辐射亮度;Al 粉含量对不同波段的红外辐射亮度影响规律不同。随着 Al 粉含量的增加,CMDB 推进剂羽流在 $8\sim14\mu m$ 波段的红外辐射亮度呈增加趋势,在 $3\sim5\mu m$ 波段呈先增加后减小趋势。

6.2.3　羽流的微波衰减测试

6.2.3.1　测试原理

雷达波的衰减是指烟雾和火焰介质对穿过其中雷达波的吸收、反射和衍射作用。典型雷达波制导信号的频率多为 3～140GHz。发动机排气羽流中存在高温电离的自由电子及带电原子核。当穿越羽流时,以平面波形式传播的雷达波碰撞上述粒子消耗能量,就造成了雷达波的衰减。羽流中的烟雾和凝聚相粒子对雷达波还会形成反射和衍射作用,使雷达波的幅度和相位发生改变。

通常,采用 Frensnel-Kirchoff-Huygens 方程对羽流与雷达波相互作用进行求解,该方法已在美、英、法等国的计算代码中成功应用。

另外,在雷达探测与制导应用中,还常用到雷达散射截面积(Radar Cross Section,RCS)。它可以理解成是一个等效面积。当这个面积所截获的雷达照射能量向周围散射时,在单位立体角内散射的功率恰好等于目标向接收天线方向单位立体角内散射的功率。

发动机排气羽流中含有大量被电离的自由电子,这些自由电子与中性分子、自由电子之间还会发生高频碰撞。当微波波束入射到燃气羽流时,在雷达波的激发作用下,这些自由电子开始振动,吸收能量,使穿过的雷达波衰减。

雷达波波束经过羽流区电场强度的变化规律表达式为

$$E_T = E_0 \cdot e^{-\Gamma \cdot b} \tag{6.10}$$

式中:E_0、E_T分别为入射波和出射波的功率;b 为在羽流区传播时雷达波的入射点与出射点间的距离(测量光程);Γ 为带电体的传播常数,它包括实部和虚部两部分:

$$\Gamma = x + yi \tag{6.11}$$

式中:x 和 y 分别为衰减常数和相位常数,x 和 y 的表达式为[10]

$$x = \frac{\omega}{\sqrt{2} \cdot c}\left\{\left(\frac{\omega_p^2}{\overline{\nu}^2 + \omega^2} - 1\right) + \sqrt{\left(1 - \frac{\omega_p^2}{\overline{\nu}^2 + \omega^2}\right)^2 + \left[\frac{\omega_p^2 \cdot \overline{\nu}}{\omega \cdot (\overline{\nu}^2 + \omega^2)}\right]^2}\right\}^{1/2} \tag{6.12}$$

$$y = \frac{\omega}{\sqrt{2} \cdot c}\left\{\left(1 - \frac{\omega_p^2}{\overline{\nu}^2 + \omega^2}\right) + \sqrt{\left(1 - \frac{\omega_p^2}{\overline{\nu}^2 + \omega^2}\right)^2 + \left[\frac{\omega_p^2 \cdot \overline{\nu}}{\omega \cdot (\overline{\nu}^2 + \omega^2)}\right]^2}\right\}^{1/2}$$

式中:ω 为微波的发射频率;ω_p 为等离子体发射频率;c 为光速;$\overline{\nu}$ 为电子的平均碰撞频率,与平均电子密度$\overline{n}$等有关,即

$$\overline{\nu} = \nu_{e-i} + \nu_{e-m} = \frac{5.5 \times 10^{-6} \cdot \overline{n}}{T_{ele}^{3/2}} \cdot \ln\left(2.2 \times 10^4 \cdot \frac{T_{ele}}{\overline{n}^{1/3}}\right) + \frac{4}{3} \cdot \overline{v}_{e-m} \cdot \sum_i n_{m,i} \cdot S_{e-m,i} \tag{6.13}$$

式中:ν_{e-i}为电子-离子碰撞频率;ν_{e-m}为电子-中性分子碰撞频率;$\overline{n}$为平均电子密度;T_{ele}为电子的温度;$\overline{v}_{e-m}$为电子-中性分子平均碰撞速度;$n_{m,i}$为第 i 种与电子碰撞的分子数密度;$S_{e-m,i}$为第 i 种分子与电子的碰撞截面积。

根据上述关系式,可以研究把微波衰减与电子密度的测试进行关联。

雷达波的衰减,常用衰减量 A_{rad} "(dB)"度量,即

$$A_{rad} = -20\lg(E_T/E_0) \tag{6.14}$$

式中:A_{rad} 为雷达波衰减量;E_T 为雷达波出射功率;E_0 为雷达波入射功率。

影响雷达波衰减的主要参数是羽流中自由电子密度、电子-离子碰撞频率和电子-中性分子碰撞频率等。一般战术导弹的燃气羽流对雷达波的衰减很少超过30dB,但某些大型导弹的雷达波衰减值可达 60~70dB。另外,由于雷达波的波长(毫米至厘米级)显著大于燃气羽流中的粒子粒径,因此烟雾对雷达波的衰减很小,对雷达波的衰减作用主要是羽流中的火焰部分。

图 6.9 为美国陆军导弹司令部使用的微波衰减测试装置示意图。

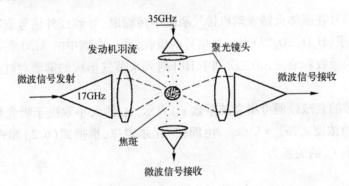

图6.9　美国陆军导弹司令部的微波衰减测试装置

微波发射波长范围目前常用的是 X 波段(3cm)、Ku 波段(2cm)和毫米波(3mm、8mm)。发射波以聚焦或平行波束形式传输。雷达波衰减测试时,测试结果与羽流的尺寸、温度、雷达波入射位置、入射角度、发射频率、焦斑面积等密切相关。

6.2.3.2　应用案例

表 6.5 给出了不同推进剂的微波衰减测量结果[3]。测试点距发动机喷口50cm,微波垂直与羽流方向入射,入射焦斑直径5cm。

表 6.5　典型推进剂燃气羽流的微波衰减测试数据

推进剂 波段	DB 推进剂	RDX-CMDB 推进剂	AP/RDX/Al/HTPB
X 波段	0.10	7.08	11.30
Ku 波段	0.09	3.82	5.36
Ka 波段	0.02	4.32	8.53

测试结果表明,比冲和燃烧温度越低,推进剂燃气羽流的微波衰减越小。三类推进剂中,DB 推进剂的比冲和燃烧温度最低,故其微波衰减最小;含硝胺的四组元HTPB 推进剂比冲和燃烧温度最高,故其微波衰减也最大。

6.3　固体推进剂羽流特征信号的计算

6.3.1　计算原理

6.3.1.1　红外信号衰减

当红外信号在固体火箭发动机排气羽流中传输时,导致红外信号衰减的主要原因:①气体分子(H_2O、CO_2 等)对红外信号的吸收;②一次烟中的 Al_2O_3 等凝聚相颗粒对红外信号的吸收和衰减;③二次烟中 HCl 遇到水蒸气形成的雾滴对红外信号的吸收和衰减。

红外信号的衰减强弱可用衰减系数 κ_{IR} 表示,κ_{IR} 的大小取决于吸光系数 K 和溶液(吸光介质)浓度 c_s,$\kappa_{IR} = K \cdot c_s$。由朗伯-比尔定律,根据式(6.2)和式(6.5),κ_{IR} 与红外透过率 T_{IR} 的关系为

$$T_{IR} = \frac{I_t}{I_0} = \exp(-\kappa_{IR} \cdot b) \tag{6.15}$$

式中:b 为红外信号所穿过羽流区的距离(测量光程)。

当固体推进剂的燃烧产物中对红外信号衰减的主要组份为 H_2O、HCl、CO_2、Al_2O_3 时,κ_{IR} 可由各种因素引起的衰减系数相加得到,即

$$\kappa_{IR} = \kappa_{H_2O} + \kappa_{HCl} + \kappa_{CO_2} + \kappa_{Al_2O_3} + \cdots \tag{6.16}$$

式中:κ_{H_2O} 为 H_2O 对红外信号的衰减系数;κ_{HCl} 为 HCl 对红外信号的衰减系数;κ_{CO_2} 为 CO_2 对红外信号的衰减系数;$\kappa_{Al_2O_3}$ 为 Al_2O_3 凝聚相颗粒对红外信号的衰减系数。

在典型的 HTPB 三组元和 HTPB 四组元推进剂燃烧产物中,上述 4 种物质对红外信号有显著衰减作用。对于其它推进剂,若有对红外信号有衰减作用的其它物质,可以按照类似的方式,对各种物质的衰减系数进行加和处理。

以 κ_{H_2O} 为例,衰减系数的计算方法为

$$\kappa_{H_2O} = \int_0^\infty N_{total} \cdot \pi r^2 \cdot Q_{H_2O} \cdot n(r) \cdot dr \tag{6.17}$$

式中:N_{total} 为单位体积中各个粒径的水滴(雾滴)粒子总数;r 为雾滴半径;Q_{H_2O} 为散射因子;$n(r)$ 为雾滴的粒度分布函数。

N_{total}可以表示为

$$N_{\text{total}} = \frac{3q_{H_2O}}{4\pi \cdot \rho_{H_2O} \displaystyle\int_0^\infty r^3 \cdot n(r) \cdot \mathrm{d}r} \tag{6.18}$$

式中：ρ_{H_2O}为雾滴自身的密度，kg/m^3；q_{H_2O}为单位体积空间中的含雾滴量，kg/m^3。

$n(r)$采用对数正态分布函数表示

$$n(r) = \frac{1}{\sqrt{2}\pi \cdot r \cdot \ln\sigma_r} \cdot \exp\left[-\frac{1}{2}\left(\frac{\ln r - \ln \bar{r}}{\ln\sigma_r}\right)^2 \right] \tag{6.19}$$

式中：$\bar{r}$为雾滴的几何平均半径，m；σ_r为几何平均半径的标准差，m。

Q_{H_2O}的计算采用 Mie 散射模型，即Q_{H_2O}为雾滴的折射率n_{ref}、半径r及信号波长λ等的函数

$$Q_{H_2O} = \frac{2}{r_\lambda^2} \sum_{i=1}^\infty (2i+1)R_e(a_i + b_i) \tag{6.20}$$

式中：r_λ为粒径参数，定义为$r_\lambda = \dfrac{2\pi r}{\lambda}$；$R_e$为有效光程；$a_i$、$b_i$为 Mie 系数，采用前推法进行计算

$$\begin{cases} a_i = \dfrac{\psi_i(r_\lambda)\psi_i'(n_{\text{ref}}r_\lambda) - n_{\text{ref}}\psi_i'(r_\lambda)\psi_i(n_{\text{ref}}r_\lambda)}{\xi_i(r_\lambda)\psi_i'(n_{\text{ref}}r_\lambda) - n_{\text{ref}}\xi_i'(r_\lambda)\psi_i(n_{\text{ref}}r_\lambda)} \\[3mm] b_i = \dfrac{\psi_i(r_\lambda)\psi_i'(n_{\text{ref}}r_\lambda) - n_{\text{ref}}\psi_i'(r_\lambda)\psi_i(n_{\text{ref}}r_\lambda)}{n_{\text{ref}}\xi_i(r_\lambda)\psi_i'(n_{\text{ref}}r_\lambda) - n_{\text{ref}}\xi_i'(r_\lambda)\psi_i(n_{\text{ref}}r_\lambda)} \end{cases} \tag{6.21}$$

其中

$$\begin{cases} \psi_i(X) = \left(\dfrac{X\pi}{2}\right)^{1/2} J_{i+\frac{1}{2}}(X) \\[3mm] \xi_i(X) = \left(\dfrac{X\pi}{2}\right)^{1/2} H_{i+\frac{1}{2}}(X) \end{cases} \tag{6.22}$$

式中：X为r_λ或$n_{\text{ref}}r_\lambda$；$J_{i+\frac{1}{2}}$和$H_{i+\frac{1}{2}}$分别为半奇阶的第一类贝塞尔函数和第二类汉克尔函数，这两个函数都满足以下递推关系

$$\begin{cases} Y_{i+1}(X) = \dfrac{2i}{X}Y_i(X) - Y_{i-1}(X) \\[3mm] Y_i'(X) = \dfrac{1}{2}[Y_{i-1}(X) - Y_{i+1}(X)] \end{cases} \tag{6.23}$$

根据以上公式可以计算得到雾滴对红外信号的衰减系数κ_{H_2O}，信号在雾滴中的透过率为

$$T_{H_2O} = \exp(-\kappa_{H_2O} \cdot b) \tag{6.24}$$

同理,可以计算得到 κ_{HCl}、κ_{CO_2} 和 $\kappa_{Al_2O_3}$。

6.3.1.2　红外辐射

固体火箭发动机的燃烧产物经过喷管喷出扩散后形成羽流。羽流可以看作是一个轴对称的非均匀辐射源。整个羽流的辐射强度主要受靠近发动机喷管的羽流核心区影响。计算中采用如图 6.10 所示的羽流区简化几何模型。

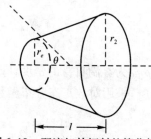

图 6.10　羽流红外辐射的简化结构
计算时羽流区的几何模型

图 6.10 中 θ 为视角,迎头探测时为 0°。不同视角时,羽流核心区的投影面积为

$$S = \begin{cases} \pi(r_2^2 - r^2)\cos\theta + \dfrac{5}{2}r_e \cdot l \cdot \sin\theta & (\theta \leqslant 90°) \\[2mm] \dfrac{5}{2}r_e \cdot l \cdot \sin\theta + \pi r_2^2 \cdot |\cos\theta| - \dfrac{5}{2|\cos\theta_0|} \cdot r_e \cdot \sin\theta \cdot |\cos\theta| & (90° < \theta \leqslant \theta_0) \\[2mm] \pi r_2^2 \cdot |\cos\theta| & (\theta_0 < \theta \leqslant 180°) \end{cases}$$

$$(6.25)$$

式中:l 为羽流核心区长度,m;r 为导弹弹体的半径,m;r_e 喷管出口半径,m;r_2 为扩散后的尾焰半径,m,约为 r_e 的 4 倍。

$$\theta_0 = \frac{180°}{\pi}\left(1 - \arctan\frac{3r_e}{l}\right)$$

羽流温度 T_2 与喷管出口温度燃气温度 T_e 有关,其计算公式为

$$T_2 = T_e \cdot (P_2/P_e)^{\frac{k}{k-1}} \tag{6.26}$$

式中:k 为推进剂燃气的平均比热比;P_2 为羽流核心区气体平均压强,Pa;P_e 为喷管出口气体压强,Pa。

羽流的红外辐射通量密度采用灰体辐射公式计算

$$L_P = \frac{\varepsilon \cdot M(\lambda, T_2)}{\pi} \tag{6.27}$$

式中:λ 为辐射信号波长,m;T_2 为羽流温度,K;ε 为比辐射率;M 为黑体辐射的辐射通量密度,W/m³,可以由普朗克定律得到

$$M(\lambda, T) = \frac{c_1}{\lambda^5} \cdot \frac{1}{e^{c_2/(\lambda \cdot T)} - 1} \tag{6.28}$$

式中:c_1 为第一辐射常数,W·m²;c_2 为第二辐射常数,m·K。

辐射强度 I_P 表示羽流表面射入某方向单位立体角内的辐射功率,其计算公式为

$I_P = L_P \cdot S$

$$= \begin{cases} L_P \cdot \left[\pi(r_2^2 - r^2) \cdot \cos\theta + \dfrac{5}{2} r_e \cdot l \cdot \sin\theta \right] & (\theta \leqslant 90°) \\ \dfrac{5L_P}{2}\left(r_e \cdot l \cdot \sin\theta + \pi r_2^2 \cdot |\cos\theta| - \dfrac{5}{2|\cos\theta_0|} \cdot r_e \cdot \sin\theta \cdot |\cos\theta| \right) & (90° < \theta \leqslant \theta_0) \\ L_P \cdot \pi r_2^2 \cdot |\cos\theta| & (\theta_0 < \theta \leqslant 180°) \end{cases}$$

$$(6.29)$$

某一特定波段 $\lambda_1 \sim \lambda_2$ 内的红外辐射可由以下积分公式得到

$$I_{\lambda_1}^{\lambda_2} = \int_{\lambda_1}^{\lambda_2} dI_P \mathrm{d}\lambda \qquad\qquad (6.30)$$

6.3.2　案例分析

6.3.2.1　红外信号衰减的计算分析

固体火箭发动机排气羽流红外信号衰减计算的输入参数如表 6.6 所示,输出参数如表 6.7 所示。

表 6.6　固体火箭发动机排气羽流红外信号衰减计算的输入参数

序号	符号	意　义	量纲	数值
1	λ	入射信号波长	m	1.06×10^{-6}
2	r_1	雾滴半径下限	m	3.00×10^{-6}
3	r_2	雾滴半径上限	m	5.00×10^{-6}
4	b	红外信号所穿过羽流区的距离	m	1.00
5	R_e	有效光程	m	1.00
6	ρ_l	雾滴密度	kg/m³	1.00×10^3
7	q_l	单位体积空间中的含雾滴量	kg/m³	$0.330 \sim 17.184$
8	n_{ref}	雾滴的折射率	—	1.000256(水) 1.166000(盐酸) 1.595000(Al_2O_3)

表 6.7　固体火箭发动机排气羽流红外信号衰减计算的输出参数

序号	符　号	意　义
1	T_{IR}	透过率

计算时,输入参数为入射信号波长 λ、红外信号所穿过羽流区的距离 b、有效光程 R_e、单位体积空间中的含雾滴量 q_l、雾滴密度 ρ_l、雾滴半径下限 r_1 和上限 r_2 等;输出参

数为透过率 T_{IR}。具体计算步骤如下：

（1）根据入射信号波长 λ 和雾滴半径 r，计算粒径参数 r_λ。

（2）将 r_λ、R_e 等代入式（6.21）～式（6.23），计算 Mie 系数 a_i 和 b_i。

（3）将 r_λ、a_i、b_i 等代入式（6.20），计算散射因子 Q_{H_2O}。

（4）将 ρ_l、q_l、r 等代入式（6.18）和式（6.19），计算单位体积中各个粒径的雾滴粒子总数 N_{total}。

（5）将 N_{total}、r、Q_{H_2O} 等代入式（6.17），计算 H_2O 对红外信号的衰减系数 κ_{H_2O}。类似地，根据 HCl、CO_2 和 Al_2O_3 的参数可以计算 κ_{HCl}、κ_{CO_2} 和 $\kappa_{Al_2O_3}$。

（6）将衰减系数 κ_{H_2O} 代入式（6.24）计算信号在雾滴中的透过率 T_{H_2O}。考虑多种衰减因素时，利用式（6.16）计算总的衰减系数 κ_{IR}，再利用式（6.15）计算透过率 T_{IR}。

该模型反映了羽流区的物质组成（由含雾滴量、含 Al_2O_3 量等体现）、烟雾粒子尺寸（由 r_1、r_2 等体现）、红外信号所穿过羽流区的距离 b 等因素对红外信号衰减的影响，以透过率 T_{IR} 作为红外信号衰减量大小的评判参数。

为验证红外信号衰减计算方法的准确性，以发动机羽流对 $1.06\mu m$ 红外制导信号的衰减为例，利用本方法对不同水含量的红外透过率进行计算，并与美国 SIRRM 软件计算结果进行对比，结果如表 6.8 所示。表中数据说明两者结果接近，本方法的计算结果可靠。

表 6.8　雾滴（水）对红外信号的透过率计算结果对比

含雾滴量（水）/（kg/m^3）	T_{H_2O} 计算值（本方法）	T_{H_2O} 计算值（美国 SIRRM 软件）
0.330	0.871	0.872
0.880	0.692	0.695
2.156	0.406	0.410
4.868	0.130	0.133

利用本方法，分别计算了不同雾滴含量下 H_2O 和 HCl 对 $1.06\mu m$ 红外信号衰减，结果如表 6.9 所示。

表 6.9　雾滴含量（H_2O 或 HCl）对红外信号透过率的影响

雾滴含量（H_2O 或 HCl）/（kg/m^3）	T_{H_2O}	T_{HCl}
0.330	0.871	0.823
0.880	0.692	0.594
2.156	0.406	0.279
4.868	0.130	0.056

表 6.9 中的数据对比说明，在同等雾滴含量下，HCl 的透过率低于 H_2O 的透过

率,说明在羽烟中 HCl 比 H_2O 对红外信号的衰减作用更强。

在综合考虑 Al_2O_3、H_2O、CO_2 和 HCl 等对红外信号的衰减情况下,固定推进剂配方中的 AP 含量不变,重点考察配方中 Al 含量变化对红外信号的影响,计算了不同 Al 含量 HTPB 四组元推进剂燃烧产生的羽烟中 Al_2O_3、H_2O、CO_2 和 HCl 的含量、各自的衰减系数和羽烟对波长为 $1.06\mu m$ 红外信号的透过率。不同配方的计算结果如表 6.10 所示。

表 6.10　推进剂配方(Al 含量变化)对红外信号透过率的影响

推进剂配方			
AP/%	RDX/%	Al/%	HTPB/%
70	0	18	12
70	3	15	12
70	6	12	12
70	9	9	12
推进剂产物组成				$\kappa_{Al_2O_3}$	κ_{H_2O}	κ_{CO_2}	κ_{HCl}	κ_{IR}	T_{IR}
Al_2O_3 含量/ (kg/m^3)	H_2O 含量/ (kg/m^3)	CO_2 含量/ (kg/m^3)	HCl 含量/ (kg/m^3)						
0.433	0.106	0.0300	0.251	0.723	0.159	0.084	0.151	1.117	0.327
0.355	0.141	0.0467	0.253	0.498	0.176	0.090	0.152	0.916	0.400
0.277	0.174	0.0677	0.252	0.291	0.181	0.094	0.151	0.717	0.488
0.203	0.203	0.0935	0.250	0.094	0.183	0.100	0.150	0.527	0.592
计算条件:发动机燃烧室压强为 7MPa,喷管出口压强为 0.1MPa									

表 6.10 中数据说明:

(1) 推进剂中的 Al 含量越高,燃烧产物中的 Al_2O_3 含量越高,$\kappa_{Al_2O_3}$ 越高;

(2) 推进剂中的 Al 含量越高,燃烧产物中的 H_2O 和 CO_2 含量越低,κ_{H_2O} 和 κ_{CO_2} 越低;

(3) 由于表 6.10 中 4 个配方的 AP 含量固定,燃烧产物中的 HCl 含量几乎没有变化,κ_{HCl} 也基本保持恒定;

(4) 表 6.10 研究的配方范围内,Al_2O_3、H_2O、CO_2 和 HCl 四种燃烧产物中,Al_2O_3 对 κ_{IR} 的影响最大;即 Al 含量越高,κ_{IR} 越大,燃气羽流的红外透过率越低。

在综合考虑 Al_2O_3、H_2O、CO_2 和 HCl 等对红外信号的衰减情况下,固定推进剂配方中的 Al 含量不变,重点考察配方中 AP 含量变化对红外信号的影响,计算了不同 AP 含量推进剂燃烧产生的羽烟中 Al_2O_3、H_2O、CO_2 和 HCl 的含量、各自的衰减系数和羽烟对波长为 $1.06\mu m$ 红外信号的透过率。不同配方的计算结果如表 6.11 所示。

表 6.11　推进剂配方(AP 含量变化)对红外信号透过率的影响

推进剂配方									
AP/%		RDX/%			Al/%			HTPB/%	
70		0			18			12	
60		10			18			12	
50		20			18			12	
40		30			18			12	
推进剂产物组成									
Al_2O_3 含量/ (kg/m^3)	H_2O 含量/ (kg/m^3)	CO_2 含量/ (kg/m^3)	HCl 含量/ (kg/m^3)	$\kappa_{Al_2O_3}$	κ_{H_2O}	κ_{CO_2}	κ_{HCl}	κ_{IR}	T_{IR}
0.433	0.106	0.030	0.251	0.723	0.159	0.084	0.151	1.117	0.327
0.416	0.064	0.019	0.210	0.587	0.095	0.037	0.126	0.846	0.429
0.400	0.026	0.008	0.167	0.519	0.038	0.016	0.100	0.673	0.510
0.344	0.004	0.001	0.096	0.319	0.006	0.003	0.058	0.385	0.680
计算条件:发动机燃烧室压强为 7MPa,喷管出口压强为 0.1MPa									

表 6.11 中数据说明:

(1)推进剂中的 AP 含量越高,燃烧产物中的 Al_2O_3、H_2O 和 HCl 含量越高,$\kappa_{Al_2O_3}$、κ_{H_2O} 和 κ_{HCl} 越高,燃气羽流对红外信号的衰减作用越强,燃气羽流的红外透过率越低;

(2)燃烧产物中 CO_2 的含量相对较低,CO_2 对 κ_{IR} 的影响较小。

6.3.2.2　红外辐射的计算分析

固体火箭发动机排气羽流红外辐射计算的输入参数如表 6.12 所示,输出参数如表 6.13 所示。

表 6.12　固体火箭发动机排气羽流红外辐射计算的输入参数

序号	符号	意　义	量纲	数值
1	c_1	第一辐射常数	$W \cdot m^2$	3.7418×10^{-16}
2	c_2	第二辐射常数	$m \cdot K$	1.4388×10^{-2}
3	λ_1	红外辐射波段下限	m	3×10^{-6}
4	λ_2	红外辐射波段上限	m	5×10^{-6}
5	r_e	喷管出口半径	m	0.2
7	l	羽流核心区长度	m	0.7
8	T_e	喷管出口燃气温度	K	2645 ~ 2801
9	k	燃气比热比	—	1.3
10	θ	视角	(°)(迎头探测时为 0°)	0 ~ 180

表 6.13 固体火箭发动机排气羽流红外辐射计算的输出参数

序号	符号	意　义	量纲
1	$I_{\lambda_1}^{\lambda_2}$	波段 $\lambda_1 \sim \lambda_2$ 内红外辐射强度	W/Sr

计算时,输入参数为喷管出口燃气温度 T_e、推进剂燃气比热比 γ、喷管出口半径 r_e、羽流核心区长度 l、红外辐射波段下限 λ_1 和上限 λ_2、视角 θ 等;输出参数为某一视角 θ 下排气羽流在波段 $\lambda_1 \sim \lambda_2$ 的红外辐射强度。具体计算步骤如下:

(1) 将 T_e、k 等代入式(6.26),计算羽流温度 T_2;

(2) 将 T_2 代入式(6.27),计算羽流的红外辐射通量密度 L_P;

(3) 将 l、r_e、θ 等代入式(6.25),计算羽流核心区的投影面积 S;

(4) 将 L_P 和 S 代入式(6.29),计算辐射强度 I_P;

(5) 将 I_P 代入式(6.30),计算波段 $\lambda_1 \sim \lambda_2$ 内的红外辐射强度 $I_{\lambda_1}^{\lambda_2}$。

该模型反映了喷管出口燃气温度 T_e、羽流核心区的尺寸(由 l、r_e 等参数体现)、辐射角度(由 θ 体现)等因素对红外辐射强度的影响。

固定 T_e、l、r_e 等参数,考察 θ 变化时,羽流红外辐射强度的变化情况。在 $3 \sim 5\mu m$ 波段,某发动机羽流的红外辐射强度随视角变化关系的计算结果如图 6.11 所示。

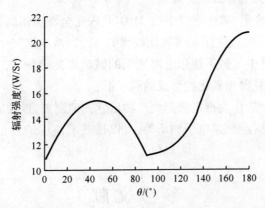

图 6.11 某发动机羽流的红外辐射强度随视角的变化关系($3 \sim 5\mu m$ 波段)

图 6.11 中计算结果表明,当视角小于 90°时,羽流的红外辐射强度在 45°左右达到峰值;90°时,羽流的红外辐射强度最小;进一步增加视角,羽流的红外辐射强度升高。这与穿越羽流的厚度相关。

计算得到不同工作压强下的某发动机红外辐射强度如表 6.14 所示。

表 6.14　燃烧室压强对某发动机红外辐射强度的影响($3 \sim 5 \mu m$ 波段)

燃烧室工作压强/MPa	6	8	10	12
喷管出口燃气温度/K	2645	2689	2740	2801
辐射强度/(W/Sr)($\theta = 90°$)	10.0	10.9	11.9	13.2
辐射强度/(W/Sr)($\theta = 180°$)	18.7	20.3	22.2	24.6
注:AP/Al/HTPB 推进剂主要组份的质量比为 70/12/18				

表 6.14 中的数据说明,发动机的工作压强越高,喷管出口燃气温度越高,相应的红外辐射强度也越高;发动机和推进剂的工作条件一定时,视角越大,红外辐射强度越高。

6.3.3　降低固体火箭发动机特征信号的技术浅析

随着高新技术在现代化战争中的大量应用和战场环境日趋苛刻,为了进一步提高导弹的精确制导能力和隐身性能,低特征信号成为推进剂发展的一个重要方向。

根据国内外相关领域研究进展,从推进剂配方设计角度考虑,降低推进剂特征信号的主要方法如下[3]:

(1) 将推进剂的氧平衡控制在适当的范围,氧平衡太低会导致燃烧不完全,产生碳粒子;氧平衡过高又会导致比冲降低;

(2) 降低 Al 粉含量,减少燃气中的 Al_2O_3 及未完全燃烧铝的含量;

(3) 降低 AP 含量,或使用无氯氧化剂代替 AP,以减少燃气中的 HCl 含量;

(4) 推进剂组份中尽量不使用电离能低的碱金属化合物,控制铅、铜、铁等金属化合物含量,以减少凝聚相氧化物形成的粒子群;

(5) 加入少量钾盐作为推进剂燃烧产物后燃的抑制剂,以控制后燃的发生;

(6) 加入电子捕捉剂、亲电子物质等,可以捕获羽流中的自由电子,以降低羽流对雷达波的衰减。

参 考 文 献

[1] Agard N. Terminology and Assessment Method of Solid Propellant Rocket Exhaust Signature[R]. AGARD-AR-287,1993.

[2] A 达维纳. 固体火箭推进剂技术[M]. 张德雄,姚润森,等译. 北京:宇航出版社,1997.

[3] 李上文,赵凤起,徐司雨. 低特征信号固体推进剂技术[M]. 北京:国防工业出版社,2013.

[4] 赵凤起,徐司雨,李猛,等. 改性双基推进剂性能计算模拟[M]. 北京:国防工业出版社,2015.

[5] 王宏,刘桂生,孙美,等. 固体火箭发动机羽流特征信号检测技术研究[J]. 固体火箭技术,

2001,24(2):64-66.

[6] Lawrence R, Chastenet J C, Smith P K,et al. Rocket motor plume technology [R]. AGARD-LS-188,1993.

[7] 张劲民,袁华,何铁山,等.烟箱法测试固体推进剂羽烟光学透过率[J].火炸药学报,2005,28(1):12-14.

[8] 张劲民,袁华,刘俊峰.固体推进剂羽焰红外辐射强度测试技术[J].固体火箭技术,2004,27(2):61-64.

[9] 张晓宏,赵凤起,谭惠民.Al 粉含量对 CMDB 推进剂特征信号的影响[J].火炸药学报,2008,31(2):21-24.

[10] 王虹玥,贺碧蛟,蔡国飙.稳态等离子体推力器羽流仿真及其对微波的衰减和相移作用[J].推进技术,2011,32(6):839-844.

第7章　含能材料的结构及组成分析

在含能材料的能量释放反应、燃烧历程分析及机理分析过程中,反应物、产物的组成及反应条件是反应研究的核心和关键。

随着现代仪器分析和化学分析技术的发展,使得对含能材料结构和组成的分析成为可能。

但是,含能材料的结构和组成分析仍存在许多难点:①含能材料往往是多种组份构成的复合材料,使得分析的难度陡增。②含能材料具有储能和易反应特性,在仪器分析中采用高能量密度的电子束轰击时,含能材料可能发生反应。一旦发生反应,轻则其气态反应产物会污染仪器,重则造成仪器的损坏,因此需要在基本明确含能材料反应的前提下,慎重选择分析仪器和测试条件。③含能材料的反应往往具有高速、放热等特点,如何原位获得反应产物,并适时分析和检测也具有极高的挑战性。

本章涉及的仪器分析方法主要为化学和材料领域常用的分析和测试仪器,其详尽的测试原理、测试方法和测试条件可参见相关的专业书籍,在此不再赘述。本章仅在简要介绍含能材料常用仪器分析原理及特点的基础上,以案例的方式介绍现代仪器分析技术在含能材料结构和组成分析中的应用。

7.1　形貌分析

7.1.1　光学法分析

7.1.1.1　基本原理

光学法分析指采用数码相机或高速摄影技术,研究含能材料结构及反应过程的技术,适用于宏观结构和形貌的观察。

采用数码相机照片,可以获得金属或燃料颗粒的燃烧图像;依据推进剂燃烧火焰的图像,可对比分析推进剂气相火焰燃烧结构的特征和差异,借助 Summerfield 粒状火焰燃烧模型,可分析催化剂对推进剂气相反应区的催化剂作用;还可以获得绝热材料的烧蚀结构等。

7.1.1.2　应用案例

1. 硅橡胶基绝热材料的烧蚀结构[1]

采用富氧条件的氧-乙炔焰烧蚀仪,对典型的硅橡胶基绝热材料试样进行20s烧蚀试验;然后对烧蚀试样沿烧蚀方向进行解剖,其纵剖面形貌如图7.1所示。

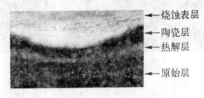

（a）典型硅橡胶基绝热材料　　　　　　（b）图(a)中心区域放大

图 7.1　氧-乙炔焰烧蚀后典型硅橡胶基绝热材料纵剖面的光学照片

由图7.1可以看出:

（1）从氧-乙炔焰烧蚀后典型硅橡胶基绝热材料的颜色可以看出,其烧蚀结构分4层:最下面大块的棕色为未反应的硅橡胶基绝热材料;黄色的薄层为硅橡胶基绝热材料的热解层;棕褐色的层为硅橡胶基绝热材料的陶瓷层;烧蚀表面的白色薄层是陶瓷层的氧化物;

（2）烧蚀后绝热材料试样呈现中间凹陷、四周膨胀的情况。这是因为氧-乙炔焰流的冲击作用主要集中于试件中央,压制了绝热材料炭化或陶瓷化过程中的体积膨胀,而四周材料的热解膨胀则不受抑制;

（3）绝热材料烧蚀表面均覆盖一层白色物质,推测该白色覆盖物由高温下 SiO_2 熔化流动而形成;

（4）在绝热材料内部至烧蚀表面方向上,烧蚀剖面呈现四层浅黄和棕色相间结构,即硅橡胶基绝热材料的烧蚀结构分为原始层、热解层、陶瓷层和烧蚀表层等4层。

2. 团聚硼颗粒的燃烧特性[2]

采用高速摄像机,在平面火焰燃烧器形成的高温、富氧环境中,记录进入高温火焰后团聚硼颗粒点火燃烧到熄灭的整个过程。典型团聚颗粒的燃烧过程如图7.2所示。

将团聚颗粒从变亮到熄灭的时间段定义为团聚颗粒的燃烧时间。根据高速摄像机记录的图像,可以得到团聚硼颗粒的燃烧时间,并对其进行相关分析。对不同组成团聚硼颗粒的燃烧时间进行对比分析,可以获得燃烧时间短的配方,探索硼的高效燃烧技术途径。燃烧时间越短,预计在冲压发动机补燃室中的燃烧效率越高。

另外,通过改变平面火焰燃烧器的温度或氧的摩尔分数(X_{O_2}),可以获得硼的高效燃烧环境条件。

（a）燃烧初始阶段　　　　　　　（b）剧烈燃烧阶段　　　　　　（c）熄火阶段

图 7.2　团聚硼颗粒典型的燃烧过程

不同预混火焰工况下,粒径为 $296 \sim 328\,\mu m$ 团聚硼颗粒的燃烧特性如图 7.3 所示。

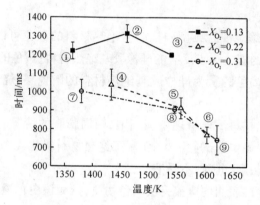

图 7.3　团聚硼颗粒（粒径为 $296 \sim 328\,\mu m$）的燃烧特性

由图 7.3 可以看出：

（1）在温度相近条件下,当氧气摩尔分数由 0.13 升高至 0.22 时,硼团聚颗粒的燃烧时间显著降低;但在高氧气摩尔分数条件（氧气摩尔分数为 0.22 以上）下,氧气摩尔分数对硼团聚颗粒燃烧时间的影响不显著;

（2）当氧气摩尔分数为 0.13 时,随着温度的升高,硼团聚颗粒的燃烧时间呈现先增大后减小的趋势;即在氧气摩尔分数较低的条件下,硼团聚颗粒需要较高的温度才能实现持续燃烧;

（3）在 3 种氧气摩尔分数条件下,随着环境温度的升高,硼团聚颗粒的燃烧时间都降低。

上述结果表明,要使硼团聚颗粒的燃烧时间变短,就应该提供高的环境温度和高的氧气摩尔分数。

7.1.2　扫描电镜分析

7.1.2.1　基本原理

扫描电子显微镜[3](Scanning Electron Microscope,SEM)是最常用的显微形貌分析仪器之一。其工作原理是利用二次电子信号成像观察样品的表面形态。即用极狭窄的电子束去扫描样品,通过电子束与样品之间的相互作用产生各种效应,其中主要是样品的二次电子发射。二次电子能产生样品表面放大的形貌像。扫描电镜的视场、分辨率介于透射电镜和光学显微镜之间。

二次电子的能量一般在50eV以下,从样品表面5~10nm的深度范围内产生,并向样品表面的各个方向发射出去。利用附加电压集电器就可以收集从样品表面发射出来的所有二次电子。被收集的二次电子经过加速,可以获得10keV左右的能量。即一般二次电子成像的信息来自于样品表面及表面以下5~10nm的深度范围。

样品表面组成的原子序数不同,吸收率也不同。一般元素越轻,其图像的亮度越亮。

如果样品表面不平时,吸收电子像中出现明暗不同的亮度。在凹面部分增加吸收电流,其亮度就大。

7.1.2.2　应用案例

1. 包覆硼颗粒的表面形貌[4]

含硼富燃料推进剂是用于固体火箭冲压发动机的高能富燃料推进剂。但硼颗粒的燃烧困难,成为限制含硼富燃料推进剂高效燃烧乃至制约其高燃烧效率和高比冲效率的最大瓶颈。

首先,硼颗粒表面的氧化硼与水生成硼酸,硼酸可与粘合剂的羟基进行凝胶化反应,导致推进剂药浆的粘度急剧增加,严重影响推进剂的工艺性能;其次,硼粉表面含有杂质;第三,硼颗粒表面的氧化硼是抑制硼点火和快速燃烧的主要因素。

为解决硼粉的凝胶化反应和点火难题,通常需要对硼粉进行提纯及表面包覆。常用的硼颗粒表面包覆物质包括:①氧化剂(如AP),即利用AP热分解的放热作用加热硼颗粒,使其快速升温和点火;另外,AP分解产生的局部氧化性环境,也有利于硼的快速点火和燃烧;②氟化物(如LiF、Viton),其原理是利用氟与氧化硼反应的特点,加速硼颗粒表面氧化硼的去除,便于硼快速暴露在高温的氧化性环境中,促使硼的点火和燃烧;③易燃金属(如镁包覆硼,形成 Mg-B 核-壳结构的复合颗粒),其作用在于利用易燃金属的快速、放热燃烧,加热硼颗粒,使其快速升温和点火。

经包覆之后,硼颗粒的表面形态发生改变。利用 SEM 照片,可以对比分析硼颗粒经不同物质表面包覆后,被包覆硼颗粒的形貌变化。图 7.4 为硼颗粒和包覆硼颗粒的扫描电镜照片。

　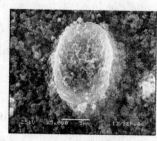　

　　(a) 硼颗粒　　　　　　　　(b) LiF包覆硼颗粒　　　　　　　(c) AP包覆硼颗粒

图 7.4　硼颗粒和包覆硼颗粒的扫描电镜照片

从图 7.4 中可看出,大部分硼颗粒的粒径较小,且有明显的结团现象,颗粒形态不规则;经过 LiF 包覆之后,颗粒变大,硼颗粒表层有 LiF 的结晶,硼颗粒基本完全包覆;而经过 AP 包覆之后,颗粒变大,硼颗粒表面可以看到 AP 微晶,同时硼颗粒规整度提高,表面较为饱满。

可见 AP 和 LiF 包覆硼可改善硼颗粒的表面形态,同时也增大了颗粒的粒径。

2. 高温条件下 Mg/H₂O 反应历程[5]

水冲压发动机是超高速鱼雷巡航的动力装置。该发动机中,以水为主氧化剂,与水反应金属燃料反应,释放能量。

在水冲压发动机内,水反应金属燃料经历自持燃烧(一次燃烧)、与水反应两个过程释放能量。首先,在外界点火能量的激励下,水反应金属燃料点火,并自热维持燃烧,放出热量,生成含有大量凝相金属微粒和气态金属的高温富燃燃烧产物,在发动机内形成高温高压工作环境;接着,水反应金属燃料的自持燃烧产物与外界冲压射入的水或水蒸汽发生反应,放出大量的热,进一步提高发动机燃烧室温度,放出热量;同时,过量的水吸热转变为水蒸汽,增加发动机的工质;最后,燃烧产物及水蒸汽经喷管膨胀,高速排出做功产生推力,实现水下航行器在水中的高速航行。

显然,水反应金属燃料与水的反应能力决定着水冲压发动机的实测比冲和燃烧效率。

　　在实用的金属燃料中,镁的氧化还原能力最强,而水是相对较弱的氧化剂,故水反应金属燃料中的金属燃料主要由镁构成。

　　利用 SEM 照片,可以分析镁颗粒-水的高温反应特征。图 7.5 为高温条件下 $Mg-H_2O$ 反应前后镁样品表面形貌的变化过程。

（a）Mg（×500）

（b）600℃ Mg反应180s（×500）

（c）700℃ Mg反应180s（×500）

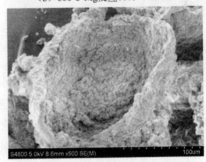

（d）900℃ Mg反应180s（×500）

图 7.5　高温条件下 $Mg-H_2O$ 反应前后样品的表面形貌

　　由图 7.5 可见,反应前镁粉样品表面光滑,呈圆球状;与水反应后,镁颗粒形成氧化镁空壳,表面变得粗糙。随着反应温度的升高,这一趋势变得更加明显:在 600℃ 条件下反应后,镁粉反应完全生成氧化镁球形空壳,少部分破碎;更高温度条件下反应后,氧化镁壳破碎严重,说明反应更剧烈。

7.1.3　透射电镜分析

7.1.3.1　基本原理

　　透射电子显微镜[3]（Transmission Electron Microscope,TEM）是把经加速和聚集的电子束投射到非常薄的样品上,电子与样品中原子碰撞而改变方向,从而产生立体角衍射。

透射电子显微镜利用穿透样品的电子束成像,这就要求被观察的样品对入射电子束是"透明"的。电子束穿透固体样品的能力主要取决于加速电压、样品的密度和厚度、样品的原子序数。一般来说,加速电压越高,样品的原子序数越低,电子束可以穿透样品的厚度就越大。

透射电镜常用的加速电压为100kV。如果样品是金属且其平均原子序数在铬(Cr)的原子附近,因此适宜的样品厚度约200nm。通常,透射电镜的分辨率为0.1~0.2nm,放大倍数为几万至百万倍。即透射电镜用于观察超微结构,即小于0.2μm的结构。

透射电镜是研究材料的重要仪器之一。但在用透射电镜研究材料的微观结构时,试样必须是透射电镜电子束可以穿透的、纳米厚度的薄膜。单个的纳米颗粒或纳米纤维是可以透过电子束的,但纳米颗粒或纳米纤维容易团聚,易造成电子束无法穿透,这种情况下无法通过TEM获得其形貌。

对于块体样品,表面复型技术和样品减薄技术是TEM样品制备的主要方法。对于粉体样品,可以采用超声波分散的方法制备样品。

7.1.3.2　应用案例[6]

目前,纳米材料在复合固体推进剂中的应用是固体推进剂研究的热点之一。

但纳米颗粒,如纳米铝粉、纳米燃速催化剂等,在复合固体推进剂中的应用必须注意以下几点:①解决好纳米颗粒的软团聚问题;②解决好纳米金属粉(纳米铝粉、纳米硼粉等)中高金属单质含量与纳米化后表面氧化物增多之间的矛盾;③解决好纳米颗粒在推进剂中纳米尺度分散问题。

经过探索,采用超声分散的方法,较好地抑制了标称80nm纳米铝粉的软团聚问题,分散效果如图7.6和图7.7所示。

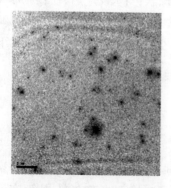

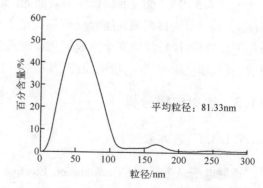

图7.6　在HTPB体系中纳米铝粉超声分散效果的TEM照片

图7.7　纳米铝粉的粒径分布

纳米铝粉/HTPB 胶片透射电镜照片如图 7.8 所示。采用离子减薄方法,制得的纳米铝粉/HTPB 胶片透射电镜照片如图 7.9 所示。

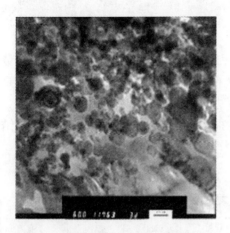 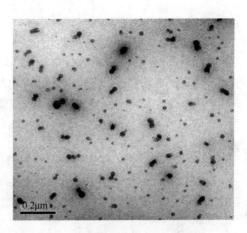

图 7.8 纳米铝粉/HTPB 胶片的 TEM 照片   图 7.9 离子减薄法制得的纳米铝粉/HTPB
胶片的 TEM 照片

可以看出,纳米铝粉在 HTPB 粘合剂中实现了纳米尺度的分散。

7.2 组成分析

7.2.1 扫描电镜/能谱分析

7.2.1.1 基本原理[3]

在扫描电镜中,当电子束辐照到样品表面时,可以产生荧光 X 射线,可以使用能谱分析和波谱分析技术,获得样品微区的化学成分信息。X 射线的信息深度是 $0.5 \sim 5\mu m$。

由于不同元素发射出的荧光 X 射线能量不同,特定的元素会发射出波长确定的特征 X 射线。

通过将 X 射线按能量分开,就可以获得不同元素的特征 X 射线谱,这就是能谱分析的基本原理。在扫描电镜中,主要利用半导体硅探测器检测特征 X 射线,通过多通道分析器获得 X 射线能谱图,从中可以对元素的成分进行定性和定量分析。

利用能谱分析进行元素分析,具有能量分辨率高、空间分辨率高等优势。该分析方法适合于轻元素分析。

能谱分析既可以做元素的点扫描(微区),也可以进行元素的线扫描和面扫描,便于进行样品表面元素的分布分析。

7.2.1.2　应用案例[4]

工业硼粉纯度低,其单质硼含量为 90% ~ 93%,这对含硼富燃料推进剂的能量性能不利。另一方面,硼颗粒表面的氧化物 B_2O_3、H_3BO_3 与 HTPB 发生凝胶化反应是导致推进剂工艺恶化的主要原因。因此,需要进行硼颗粒的提纯处理。

采用能谱分析仪(EDS),分析工业硼粉和提纯硼粉元素组成及含量变化,测量结果如表 7.1 和图 7.10 所示。

表 7.1　工业硼粉和提纯硼粉的 EDS 元素分析结果

样品	元素质量百分含量/%						
	B	O	Mg	Si	Na	Al	S
工业 B	91.34	3.94	1.96	0.10	0.00	0.17	2.43
提纯 B	95.49	0.85	1.90	0.05	0.19	0.12	1.48

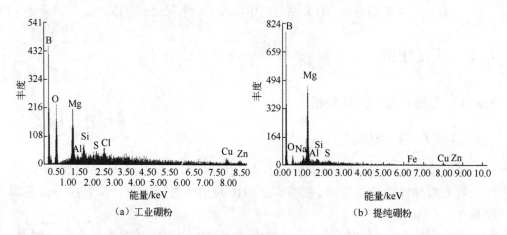

（a）工业硼粉　　　　　　　　　（b）提纯硼粉

图 7.10　工业硼粉和提纯硼粉的 EDS 谱图

由数据可知,工业硼粉中的杂质含量较高。将 O 元素归属为硼颗粒表面的 B_2O_3 和 H_3BO_3,这是引起硼与 HTPB 等粘合剂预聚物中羟基不相容的主要物质。提纯后 O 含量下降,B 含量提高,杂质 S 含量降低,Mg、Al 含量略微降低,表明硼颗粒表面的杂质 B_2O_3 和 H_3BO_3 基本被消除。

7.2.2　X 射线光电子能谱分析

7.2.2.1　基本原理

X 射线光电子能谱[3]（X-ray Photoelectron Spectroscopy，XPS）是材料显微分析中的一种先进分析技术，可准确测量原子的内层电子束缚能及其化学位移，可以为化学研究提供分子结构和原子价态方面的信息，还能为材料研究提供各种化合物的元素组成和含量、化学状态、分子结构、化学键等方面的信息。

XPS 的原理是用 X 射线辐射样品，使样品的原子或分子的内层电子或价电子受激发射出来。XPS 可以探测出表面、微区和深度方面的信息。

XPS 的优点包括：因入射到样品表面的 X 射线是一种光子束，故对样品的破坏性非常小；能检测周期表中除 H 和 He 以外所有的元素，并具有很高的绝对灵敏度；相邻元素同种能级的谱线相隔较远，相互干扰小；能观测到化学位移，反映出原子的氧化态、原子电荷和官能团等信息；灵敏度高，可做定量分析。

因原子所处化学环境不同，使原子内层电子结合能发生变化，则 X 射线光电子谱的谱峰位置发生移动，称为谱峰的化学位移。化学位移现象的起因及规律：内层电子一方面受到原子核强烈的库仑作用而具有一定的结合能，另一方面又受到外层电子的屏蔽作用。当外层电子密度减少时，屏蔽作用将减弱，内层电子的结合能增加；反之则结合能将减少。因此当被测原子的氧化价态增加，或与电负性大的原子结合时，都导致其 XPS 峰将向结合能的增加方向位移。

元素及其化学状态的定性分析方法：以实测光电子谱图与标准谱图相对照，根据元素特征峰位置及其化学位移，确定固态样品表面存在哪些元素及这些元素存在于何种化合物中。标准谱图主要来自 Perkin-Elmer 公司的 X 射线光电子谱手册。

分析时首先通过对样品在整个光电子能量范围进行全扫描，以确定样品中存在的元素；然后再对所选择的元素峰进行窄扫描，以确定其化学状态。

7.2.2.2　应用案例[1]

本案例通过 XPS 谱图，分析硅橡胶基绝热材料的基体——硅橡胶热分解产物的组成。

在惰性气氛管式炉中，将甲基乙烯基硅橡胶和苯基硅橡胶加热至 943K 后冷却，获得少量黑色固体残渣，即甲基乙烯基硅橡胶（PDMS）和苯基硅橡胶（PMPS）固态热解产物。

PDMS 和 PMPS 固态热解产物的 XPS 全谱谱图如图 7.11 所示。

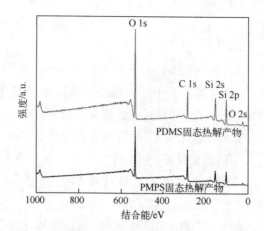

图 7.11　甲基乙烯基硅橡胶和苯基硅橡胶固态热解产物的 XPS 全谱谱图

由图 7.11 可以看出,PDMS 和 PMPS 固态热解产物 XPS 全谱谱图的形状类似,谱线的位置基本不变,但强度有所不同。说明组成试样的元素相同,但存在含量上的差异。两种硅橡胶均含有 Si、C 和 O 元素,这三种元素的相对摩尔含量如表 7.2 所示。

表 7.2　甲基乙烯基硅橡胶和苯基硅橡胶固态热解产物的元素摩尔含量

试样	Si 2p/%	C 1s/%	O 1s/%
甲基乙烯基硅橡胶固态热解产物	33.23	29.97	36.79
苯基硅橡胶固态热解产物	25.58	42.17	32.25

由表 7.2 中数据可知,苯基硅橡胶固态热解产物中 C 元素的含量要高于甲基乙烯基硅橡胶固态热解产物,但 Si 和 O 元素的含量较低。这是因为苯基硅橡胶侧链中 10% 的甲基被苯基取代,在硅橡胶热分解结束时部分苯基中的 C 元素(如芳构碳)仍保留在固态热解产物中,造成了苯基硅橡胶固态热解产物中 C 元素含量较高。甲基乙烯基硅橡胶和苯基硅橡胶固态热解产物的化学式可近似写成 $SiC_{0.90}O_{1.11}$ 和 $SiC_{1.65}O_{1.26}$。

随元素原子所在分子中的化学环境不同,元素的结合能变化,表现出 XPS 谱线的化学位移。根据化学位移的大小和方向可得到元素化学状态的信息。PDMS 和 PMPS 固态热解产物 Si、C 和 O 元素的窄谱扫描和拟合曲线如图 7.12 所示。

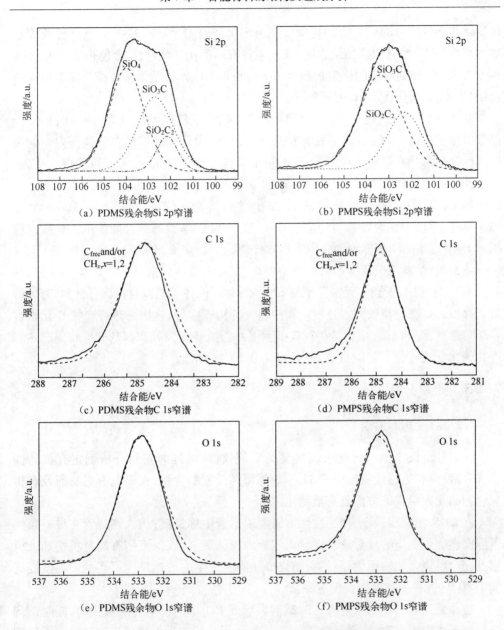

图 7.12　甲基乙烯基硅橡胶和苯基硅橡胶固态热解产物的 XPS 窄谱扫描和拟合图

　　由图 7.12 可以看出,甲基乙烯基硅橡胶和苯基硅橡胶固态热解产物 Si 2p 窄谱扫描特征峰峰值分别处于 103.58eV 和 102.98eV。甲基乙烯基硅橡胶固态热解产物 Si 2p 窄谱拟合结果表明:Si 元素具有 3 种化学状态,结合能分别位于 103.98eV、

102.68eV 和 102.18eV,对应的化学状态为 SiO_4、SiO_3C 和 SiO_2C_2。苯基硅橡胶固态热解产物 Si 2p 窄谱拟合结果表明:Si 元素具有两种化学状态,结合能位于 103.29eV 和 102.28eV,分别对应的化学状态为 SiO_3C 和 SiO_2C_2。说明苯基硅橡胶固态热解产物中 Si 元素将与更多的 C 元素结合。

两种硅橡胶固态热解产物的 C 1s 窄谱扫描特征峰峰值均为 284.78eV,该结合能数值位于自由碳(C_{free})和形式为 CH_x(x=1,2)烃类化学状态结合能范围内[7]。说明硅橡胶热解残余物中 C 元素除了与 Si 元素结合外,部分的 C 元素可能以自由碳、烷烃和芳烃的形式存在。

两种硅橡胶固态热解产物的 O 1s 窄谱扫描特征峰峰值分别为 532.83eV 和 532.78eV,这两个结合能数值均位于 O—C 和 O—Si 化学状态结合能范围内。所以依据 O 1s 窄谱扫描图不能判定硅橡胶热解残余物中 O 与 C、Si 结合所占比例。

综上所述,硅橡胶固态热解产物主要是由 Si、C 和 O 元素组成的无定形物质。Si 元素与 C、O 元素结合;C 元素除了与 Si 元素结合外,还可能以自由碳、烷烃和芳烃的形式存在。苯基硅橡胶固态热解产物中包含芳构碳成分,该固态热解产物 C 元素含量相对较高,Si 和 O 元素含量相对较低。甲基乙烯基硅橡胶和苯基硅橡胶固态热解产物的化学式可分别近似写成 $SiC_{0.90}O_{1.11}$ 和 $SiC_{1.65}O_{1.26}$。

7.2.3 元素分析

7.2.3.1 基本原理[8]

元素分析仪作为一种化学实验室的常规仪器,可同时定量分析测定有机的固体、高挥发性和敏感性物质中 C、H、N、S 等可燃元素的含量,在研究有机材料及有机化合物的元素组成等方面具有重要作用。

在 CHN 测定模式下,样品在可熔锡囊或铝囊中称量后,进入燃烧管在纯氧氛围下静态燃烧。燃烧的最后阶段再通入定量的流动氧气,以保证所有的有机物和无机物都完全燃烧。如使用锡制封囊,燃烧最开始时发生的放热反应可将燃烧温度提高到 1800℃,进一步确保燃烧反应完全。

样品燃烧后的产物通过特定的试剂后形成 CO_2、H_2O、N_2 和氮氧化物,同时试剂将一些干扰物质,如卤族元素、S 和 P 等去除。混合均匀后的气体通过三组高灵敏度的热导检测器,每组检测器包含一对热导池。前两个热导池之间安装有 H_2O 捕获器,热导池间的信号差与 H_2O 的含量成正比,并与原样品中 H 含量成函数关系,以此测量出样品中 H 含量。接下来的两个热导池间为 CO_2 捕获器,用来测定 C 含量,最后一个热导池以纯 He 为参照测定 N 含量。

7.2.3.2　应用案例[9]

元素分析技术常用来鉴定合成的化合物是否是目标化合物。

在强碱性、高温高压条件下,DAG(二氨基乙二肟)通过分子内脱水、环化,即可生成 DAF(3,4 - 二氨基呋咱)。反应式为

合成并提纯后,目标化合物的确认:

(1) 熔点。显微熔点仪测得目标化合物的熔点为 180℃,文献[10]中 DAF 的熔点为 180℃。

(2) 元素分析。产物的元素分析结果为: C 23.45%(24.00%), H 4.54%(4.00%),O 16.30%(16.00%),N 55.71%(56.00%),括号中为理论值。

上述分析结果表明,可以确认产物为目标化合物 DAF。

7.2.4　光纤光谱分析

7.2.4.1　基本原理[11]

低损耗的石英光纤可以用于测量光纤。通过光纤,把被测样品产生的信号光传导到光谱仪的光学平台中。由于光纤的耦合非常容易,所以可以很方便地搭建起由光源、采样附件和光纤光谱仪组成的模块化测量系统。光纤光谱仪的优点在于系统的模块化和灵活性。

光谱仪系统的波长范围是其重要参数之一。目前,光谱仪的波长范围可覆盖深紫外(DUV)、紫外(UV)波段、近红外(NIR)、红外(IR)等。为了覆盖更宽的光谱范围,可选择双通道或三通道光谱仪。

光纤光谱仪的应用领域非常广泛,如农业、天文、汽车、生物、化学、镀膜、色度计量、环境检测、薄膜工业、食品、宝石检测、LED 检测、印刷、造纸、喇曼光谱、半导体工业等。

7.2.4.2　应用案例[2]

本案例采用光纤光谱仪,获得镁硼化合物在不同燃烧时刻的特征光谱,以研究其燃烧历程。

在 O_2 摩尔分数为 0.22、燃烧温度为 1434K 的工况下，MgB_x 的燃烧光谱信号形态变化较复杂，15ms、42ms、58ms 及 131ms 四个时刻的光谱数据如图 7.13 所示。

与硼粉（640ms 时刻）及镁粉（14ms 时刻）的燃烧光谱对比可知，15ms 时刻，MgB_x 燃烧光谱信号基本是硼粉和镁粉燃烧光谱信号的叠加，但镁燃烧的信号强于硼燃烧的信号。即 MgB_x 首先发生热分解反应产生 $Mg(g)$，进而氧化为 $MgO(g)$，$MgO(g)$ 会继续凝结成 $MgO(s)$。说明在 MgB_x 的燃烧初期，其燃烧反应以镁的燃烧为主，硼的燃烧为辅。

随着时间推移，42ms 时刻 MgB_x 的燃烧光谱信号发生了明显变化，此时燃烧产生的 $MgO(s)$ 含量显著降低，同时 579.4nm 处 BO_2 的尖峰变得清晰明显，说明硼燃烧的光谱信号在增强。表明此时 MgB_x 的燃烧仍以镁的燃烧为主，硼燃烧为辅。

58ms 时刻，MgB_x 燃烧光谱中 588.8nm

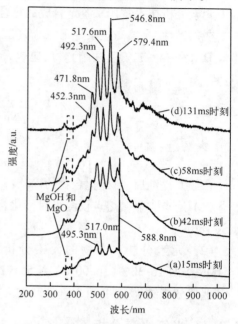

图 7.13 MgB_x 的燃烧光谱信号

处 $MgO(s)$ 特征峰的相对强度进一步降低，同时 471nm 和 579nm 处 BO_2 的尖峰更为明显。表明此时 MgB_x 的燃烧逐渐由镁的燃烧向硼的燃烧转变。

131ms 时刻，MgB_x 燃烧光谱中 588.8nm 处 $MgO(s)$ 的尖峰消失，主要表现出硼的燃烧特征。

综上所述，MgB_x 燃烧光谱信号的变化过程为：在燃烧初期，MgB_x 以镁的燃烧为主；随着燃烧的进行，逐渐向以硼的燃烧为主过渡；反应后期，镁消耗殆尽，硼的氧化反应逐渐占据主导地位。

7.2.5   气相色谱分析

7.2.5.1   基本原理

气相色谱[12]（Gas Chromatography，GC）是 20 世纪 50 年代出现的一项重大科学技术成就。这是一种新的分离、分析技术，在工业、农业、国防、建设、科学研究中都得到了广泛应用。气相色谱可分为气-固色谱和气-液色谱。

气–固色谱指流动相是气体、固定相是固体物质的色谱分离方法。例如,用活性炭、硅胶等作为固定相。气–液色谱指流动相是气体,固定相是液体的色谱分离方法。

气相色谱法是指用气体作为流动相的色谱法。由于样品在气相中运动速度快,因此样品组份在流动相和固定相之间可以瞬间达到平衡。另外加上可选作固定相的物质很多,因此气相色谱法是一种分析速度快和分离效率高的分离分析方法。近年来采用高灵敏选择性检测器,使得它又具有分析灵敏度高、应用范围广等优点。

GC 主要是利用物质的沸点、极性及吸附性质的差异来实现混合物的分离和检测。测试中,待分析样品在汽化室汽化后被惰性气体(即载气,也称流动相)带入色谱柱,柱内含有液体或固体固定相。由于样品中各组份的沸点、极性或吸附性能不同,每种组份都倾向于在流动相和固定相之间形成分配或吸附平衡。但由于载气是流动的,这种平衡实际上很难建立起来。也正是由于载气的流动,使样品组份在运动中进行反复多次的分配或吸附/解吸附,结果是在载气中浓度大或与固定相作用力小的组份先流出色谱柱,而在固定相中分配浓度大或与固定相结合力强的组份后流出,从而得到气相色谱流出曲线。

7.2.5.2　应用案例[1]

本案例采用气相色谱技术,结合质谱(MS)分析,鉴定硅橡胶基绝热材料的基体——硅橡胶液态热分解产物的组成。

在惰性气氛的管式炉中,将甲基乙烯基硅橡胶和苯基硅橡胶分别加热至 943K,发现两者的热分解产物中均有液态物质。采用 GC–MS 联用的方法,鉴定管式炉中硅橡胶的液态产物。

甲基乙烯基硅橡胶和苯基硅橡胶管式炉热分解液态产物的 GC 谱图如图 7.14 所示。

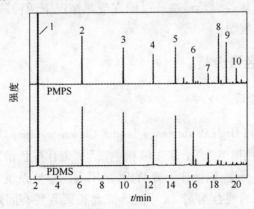

图 7.14　甲基乙烯基硅橡胶和苯基硅橡胶液态热解产物的 GC 谱图

由图 7.14 可以看出,甲基乙烯基硅橡胶液态分解产物 GC 图谱中包含 7 个主要特征峰(编号 1~7),苯基硅橡胶液态分解产物的 GC 曲线上则多出了 8、9 和 10 号特征峰。

依据硅橡胶液态热解产物 GC 特征峰对应的质谱图,进一步分析得到其液态热解产物的组成如表 7.3 所示。

表 7.3　甲基乙烯基硅橡胶和苯基硅橡胶主要液态热解产物的 GC 测试结果

编号	GC 流出时刻/min	化合物	化学式	相对强度/%	
				PDMS	PMPS
1	2.3	Tetrahydrofuran[①]	C_4H_8O	—	—
2	6.2	Cyclotrisiloxane, hexamethyl–	$C_6H_{18}O_3Si_3$	80	100
3	9.9	Cyclotetrasiloxane, octamethyl–	$C_8H_{24}O_4Si_4$	100	94
4	12.6	Cyclopentasiloxane, decamethyl–	$C_{10}H_{30}O_5Si_5$	41	45
5	14.5	Cyclohexasiloxane, dodecamethyl–	$C_{12}H_{36}O_6Si_6$	62	56
6	16.1	Cycloheptasiloxane, tetradecamethyl–	$C_{14}H_{42}O_7Si_7$	44	40
7	17.5	Cyclotetrasiloxane, tetraethylethylbutoxysiloxy–	$C_{14}H_{38}O_6Si_4$	15	14
8	18.4	Cyclotrisiloxane, tetramethyldiphenyl–	$C_{16}H_{22}O_3Si_3$	3	89
9	18.6	Cyclotetrasiloxane, hexamethyldiphenyl–	$C_{18}H_{28}O_4Si_4$	2	67
10	20.0	Cyclopentasiloxane, octamethyldiphenyl–	$C_{20}H_{34}O_5Si_5$	1	21
① 四氢呋喃(Tetrahydrofuran)来自于稀释溶剂					

由表 7.3 中数据可知,甲基乙烯基硅橡胶液态热解产物主要由 6 种甲基环硅氧烷组成,其中含量最高的为八甲基环硅氧烷;苯基硅橡胶液态热解产物主要包含 6 种甲基环硅氧烷和 3 种二苯基–多甲基环硅氧烷,在含苯基环硅氧烷中 1,1–二苯基–3,3,5,5–四甲基环硅氧烷含量最高。说明在受热情况下两种硅橡胶分解产生的液态产物均主要为环硅氧烷。

7.2.6　高效液相色谱分析

7.2.6.1　基本原理

高效液相色谱[12](High Performance Liquid Chromatography,HPLC)又称"高压液相色谱"、"高速液相色谱"、"高分离度液相色谱"、"近代柱色谱"等。高效液相色谱是色谱法的一个重要分支,以液体为流动相,采用高压输液系统,将具有不同极性的单一溶剂或不同比例的混合溶剂、缓冲液等流动相泵入装有固定相的色谱柱;在柱内各成分被分离后,进入检测器进行检测,从而实现对试样的分析。

高效液相色谱法有"四高一广"的特点:①高压:流动相为液体,流经色谱柱时,受到的阻力较大。为了能迅速通过色谱柱,必须对载液加高压。②高速:分析速度快、载液流速快,较经典液体色谱法速度快得多,通常分析一个样品用时在 15 ~ 30min 之间,有些样品甚至在 5min 内即可完成,一般小于 1h。③高效:分离效能高。可选择固定相和流动相以达到最佳分离效果,比工业精馏塔和气相色谱的分离效能高出许多倍。④高灵敏度:紫外检测器可达 0.01ng,进样量在微升(μL)数量级。⑤应用范围广:70% 以上的有机化合物可用高效液相色谱分析,特别是高沸点、大分子、强极性、热稳定性差化合物的分离分析,显示出优势。此外,高效液相色谱还有色谱柱可反复使用、样品不被破坏、易回收等优点。

高效液相色谱的缺点是有"柱外效应"。在从进样到检测器之间,除了柱子以外的任何死空间(进样器、柱接头、连接管和检测池等)中,如果流动相的流型有变化,被分离物质的任何扩散和滞留都会显著地导致色谱峰的加宽,柱效率降低。高效液相色谱检测器的灵敏度不及气相色谱。

高效液相色谱仪由高压输液泵、色谱柱、进样器、检测器、馏分收集器、数据获取与处理系统等部分构成。该方法已成为化学、医学、工业、农学、商检和法检等学科领域中重要的分离分析技术。

7.2.6.2　应用案例[13]

称取粉碎好的某 NEPE 推进剂样品,加入乙腈溶剂,得到浸泡液作为待测溶液。

该类推进剂中的增塑剂 NG 和 BTTN 较危险,没有纯样品作标样,因此在分析其含量变化时,以单位质量推进剂各组份的峰面积来相对表示其含量。中定剂 MNA 有标样,采用工作曲线法进行定量分析。

在确定色谱柱类型、流动相类型(乙腈/水)、流动相的配比和流速后,采用紫外光谱检测器,得到待测样品的 HPLC 谱图如图 7.15 所示。

从图 7.15 中可以清楚地看到:两峰完全分离,峰形也比较好,满足定量要求,可以用此分离条件对中定剂进行定量分析。分别采用纯 HMX 和 MNA 溶解进样,采用保留时间法定性。参照文献,判定图 7.15 中后两峰为增塑剂 BTTN 和增塑剂 NG。因此,图中 4 个峰出峰的顺序依次为 HMX、中定剂 MNA、增塑剂 BTTN 和增塑剂 NG。

依据上述方法,考察敞开环境下某 NEPE 推进剂热加速老化过程中硝酸酯含量的变化规律。

3 个温度下 N-15 推进剂贮存老化过程中硝酸酯增塑剂、中定剂含量与老化时间的关系如图 7.16 ~ 图 7.18 所示。

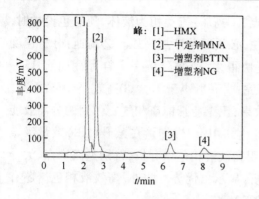

图 7.15　乙腈:水(70:30)、300nm 时待测样
品的 HPLC 谱图

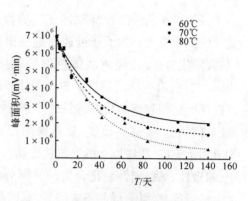

图 7.16　某 NEPE 推进剂中增塑剂 BTTN
含量-老化时间关系

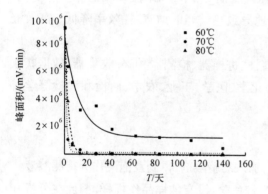

图 7.17　某 NEPE 推进剂中增塑剂
NG 含量-老化时间关系

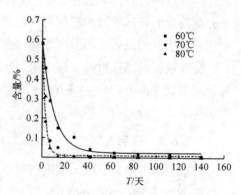

图 7.18　某 NEPE 推进剂中定剂
含量-老化时间关系

由图 7.16 ~ 图 7.18 可以看出,该 NEPE 推进剂中硝酸酯、中定剂含量随老化时间的变化规律如下:

(1) 随着老化时间的延长,硝酸酯、中定剂含量迅速下降,呈指数衰减;

(2) 热加速老化温度越高,硝酸酯和中定剂的含量下降得越快。

7.3　晶态及晶态组成分析

7.3.1　基本原理[12]

X 射线衍射(X-ray Diffraction,XRD)即通过对材料进行 X 射线衍射,分析其衍射图谱,获得材料成分、材料内部原子或分子结构、形态等信息的研究手段。

X 射线是一种波长很短(约 20 ~ 0.06Å)的电磁波,能穿透一定厚度的物质,并能使荧光物质发光、照相乳胶感光、气体电离。X 射线是原子内层电子在高速运动电子的轰击下跃迁而产生的光辐射,主要有连续 X 射线和特征 X 射线两种。晶体可用作 X 光的光栅,这些大量的粒子(原子、离子或分子)所产生的相干散射将会发生光的干涉作用,从而使得散射的 X 射线强度增强或减弱。由于大量粒子散射波的叠加,互相干涉而产生最大强度的光束称为 X 射线的衍射线。

目前,X 射线衍射已经成为研究晶体物质和某些非晶态物质微观结构的有效方法。在金属中的主要应用包括:物相分析、精密测定点阵参数、取向分析、晶粒(嵌镶块)大小和微观应力的测定、宏观应力的测定、晶体结构完整性研究、合金相变、结构分析等。

基于 XRD 图谱的物相分析指利用晶体学数据库,对未知组成的晶态化合物进行的元素定性分析。

7.3.2　应用案例[1]

本案例采用 XRD 技术,研究硅橡胶基绝热材料热解层产物的陶瓷化过程和鉴定陶瓷层中晶态物质(如 SiC)的存在。

943 ~ 1873K 硅橡胶基绝热材料热解层的陶瓷化过程中试样的 XRD 图谱如图 7.19 所示。

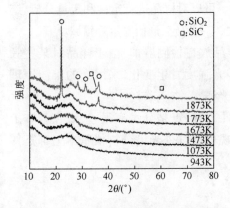

图 7.19　不同温度下硅橡胶基绝热材料
陶瓷化试样的 XRD 谱图

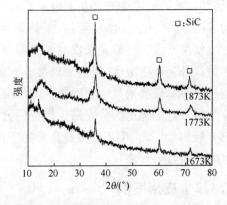

图 7.20　不同温度下除 C 和 SiO₂后硅橡胶
基绝热材料陶瓷化试样的 XRD 谱图

可以看出,1673K 之前,硅橡胶基绝热材料管式炉陶瓷化试样的 XRD 谱图中只有弥散峰存在,说明该状态下残余物主要为非晶物质;1773K 以上,硅橡胶基绝热材料陶瓷化试样的 XRD 谱图中出现了多条晶体衍射峰,为 SiO_2 的方石英晶型衍射,即在 1673 ~ 1773K 之间,气相 SiO_2 发生了晶型转变,由无定形态转化为晶态;35.7°、60.1°和72.1°特征峰对应 SiC 的晶体衍射,说明该温度下有碳化硅生成,但其特征峰受到方石英衍射峰的影响而较难辨认。

为了明确碳化硅存在与否,将 1673 ~ 1873K 硅橡胶基绝热材料陶瓷化试样进行高温氧化除碳和氢氟酸腐蚀除 SiO_2,处理后试样的 XRD 图谱如图 7.20 所示。

由图 7.20 可以看出,去除 C 和 SiO_2 后,1673K 以上硅橡胶基绝热材料陶瓷化试样 XRD 谱图中出现了明显的碳化硅衍射峰。考虑到硅橡胶基绝热材料热解层的组成——碳纤维、SiO_2 和硅橡胶固态热解产物,推测 SiC 的形成有两个途径:①高温下 C 与 SiO_2 的碳热还原反应;②硅氧碳化物的高温转化。

7.4　基于红外的特征基团分析

7.4.1　基本原理[12]

傅里叶变换红外线光谱分析仪(Fourier Transform Infrared Spectroscopy,FTIR)是利用红外线光谱,经傅里叶变换进而分析物质浓度的光谱分析仪器。它不同于色散型红外分光的原理,是基于对干涉后的红外光进行傅里叶变换的原理而开发的红外光谱仪,主要由红外光源、光阑、干涉仪(分束器、动镜、定镜)、样品室、检测器、各种红外反射镜、激光器、控制电路板和电源等部件组成。可以对样品进行定性和定量分析,广泛应用于医药化工、地矿、石油、煤炭、环保、海关、宝石鉴定、刑侦鉴定等领域。

傅里叶变换红外光谱仪的检测原理:把样品放在检测器前,由于样品对某些频率的红外光产生吸收,使检测器接收到的干涉光强度发生变化;采用光的干涉原理通过傅里叶变换的数学处理,获得样品的红外光谱。

过去红外光谱的分光采用传统的分光元件,其缺点是分辨率很差,现在基本上已开始淘汰。而 FTIR 的特点是分辨率高,故现代的红外光谱分析仪基本上都是傅里叶变换红外光谱仪。

7.4.2　应用案例[14]

7.4.2.1　定性分析

本案例采用红外分析技术,研究热加速老化过程中 HTPB 胶片组成和结构的变化规律。

　　对 HTPB 胶片进行红外衰减全反射试验,得到 HTPB 胶片的红外谱图,其中未老化和密封条件下 80℃老化 202 天的 HTPB 胶片红外谱图分别如图 7.21 和图 7.22 所示。对图中红外特征吸收峰的归属进行指认,结果如表 7.4 所示。

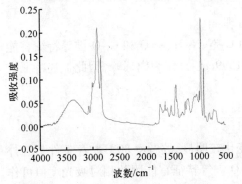
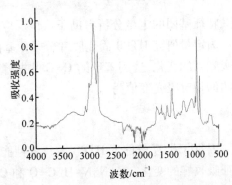

图 7.21　未老化 HTPB 胶片的红外谱图　　　图 7.22　80℃老化 202 天 HTPB 胶片的红外谱图

表 7.4　HTPB 胶片红外光谱峰的归属

波数/cm^{-1}	强　度	归　属
3600 ~ 3100	m	υOH
3300	m	υNH
3073	m	υ_{as}(vinyl CH$_2$=)
3006	m	υ(cisCH=CH)
2912,2842	s	υCH$_2$
1736	s	υC=O free
1712	m	υC=O hydrogen bonded
1640	m	υ(vinyl C=C)
1599	m	υ(aromatic ring C=C)
1529	m	δNH
1437,1417	s	δ_{sym}CH$_2$
1351,1310	m	δCH$_2$
1220	m	υC-N
1092,1076	m	υC-O
994,910	s	δ(1,2-vinyl:CH)
966	s	δ(trans R-CH=CH-R)
804	m	δ(1,2,4-trisubstituted aromatic ring CH)
765	m	δ(1,2,6-trisubstituted aromatic ring CH)
725	m	δ(cis R-CH=CH-R)

注:υ=stretch,δ=deformation,s=strong,m=medium,w=weak,sym=symmetric,as=antisymmetric

　　从图 7.21 和图 7.22 对比可以看出,老化后-OH 的伸缩振动峰强度降低,即-OH 数量减少。这主要是由于贮存前期 HTPB 后固化的作用,固化过程中未反应的-OH

继续反应。804cm^{-1}为 TDI 分子基团中 1,2,4-三取代苯环上的=C-H 变角振动,老化后该处的吸收峰强度减弱,表明由于断链的影响,1,2,4-三取代发生改变。

7.4.2.2 定量分析

特征基团的定量分析有助于认识反应机理。

为定量研究 HTPB 固化胶片分子中基团 C-N、N-H、C=O 和 C-O 键等特征官能团吸光度的变化,选用苯环的 C=C 共振峰(1599cm^{-1})作为内标峰,因此上述特征官能团的相对吸光度值为

$$A_{相对} = \frac{A_{绝对}}{A_{苯环}} \tag{7.1}$$

因 80℃贮存条件下 HTPB 胶片各性能变化较明显,故考察 80℃贮存条件下红外特征吸收峰的变化。C-N、N-H、C=O 和 C-O 键等特征官能团的相对吸光度值可作为其相对含量,它们随老化时间的变化规律如图 7.23~图 7.26 所示。

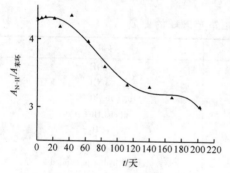

图 7.23　N-H 键相对吸光度值与
老化时间的关系(80℃)

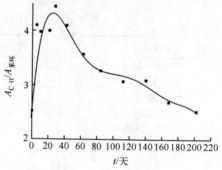

图 7.24　C-N 键相对吸光度值与
老化时间的关系(80℃)

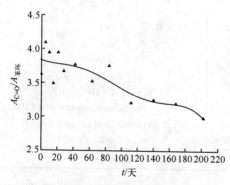

图 7.25　C=O 键相对吸光度值与
老化时间的关系(80℃)

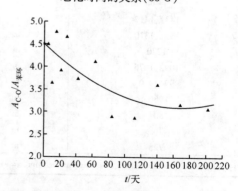

图 7.26　C-O 键相对吸光度值与
老化时间的关系(80℃)

从图 7.23～图 7.26 可以看出,在老化过程中 HTPB 固化胶片中 C–N 和 C–O 键发生断裂。根据 HTPB 固化交联点附近原子间键能的计算可知,C–O、C–N 键能较低,容易断裂。从 C–N、N–H、C=O、C–O 键相对强度减少的结果,可推断在热加速老化过程中 HTPB 固化胶片中氨基甲酸酯基团内化学弱键发生断裂。断裂的形式有两种:一种是 C–N 键断裂,形成氨基自由基和烷基自由基,并放出 CO_2,C–N 键断裂后也有可能发生重排,形成 1,2,4,6-苯环四取代,形成的氨基自由基结合,形成有颜色的苯胺类结构[15-17],反应式见图 7.27;另一种形式是 C–O 键断裂,形成氨基甲酰基自由基和烷氧基自由基,氨基甲酰基自由基又分解为氨基自由基和 CO_2,反应式见图 7.28[15]。

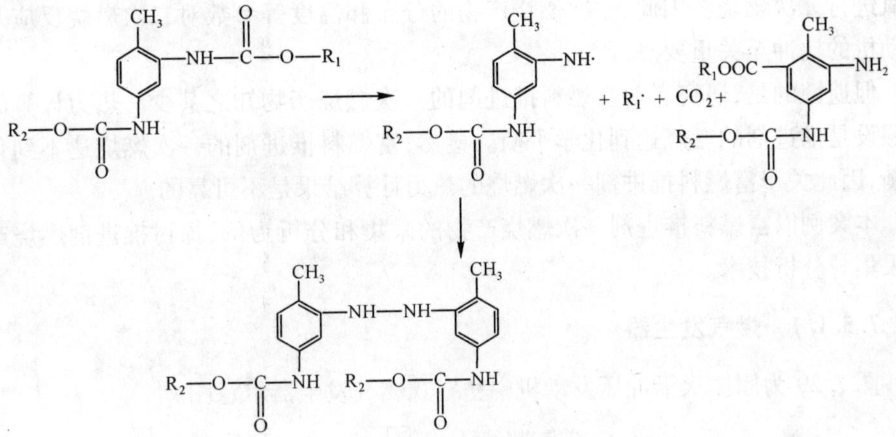

图 7.27　C–N 键断裂反应式

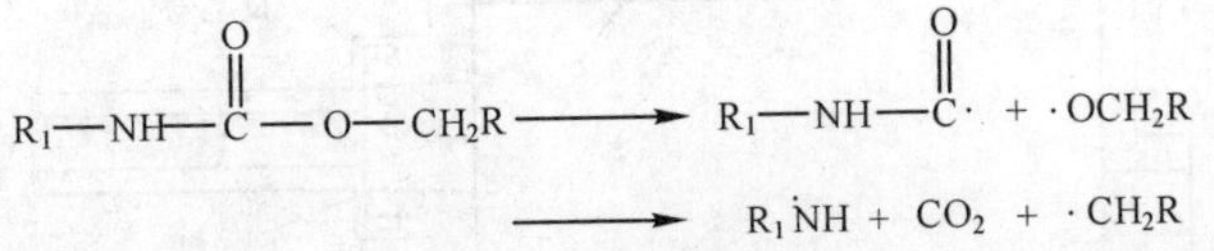

图 7.28　C–O 键断裂反应式

以上两种断裂方式产生的氨基自由基和烷基自由基不稳定,会继续发生反应,如形成苯胺类结构或醌式结构,这些结构是发色团,故贮存老化后 HTPB 胶片颜色变黄。

7.5　推进剂燃烧产物的采集与分析

固体推进剂的燃烧反应具有高速、放热等特点,这使得及时、准确地获得并分析其推进剂燃烧产物的组成变得非常困难。但这些信息对研究和调节推进剂的燃烧性能和高效燃烧又是十分重要的。

　　从发动机中原位获得反应产物、燃烧产物的冷却保持、产物分析和检测,是固体推进剂燃烧产物分析的关键技术。其中燃烧产物的冷却保持又是关键之关键,它决定着分析结果的可靠性。

7.5.1　推进剂燃烧产物的采集

　　固体火箭冲压发动机由置于燃气发生器中的富燃料推进剂药柱、燃气发生器、冲压补燃室和喷管组成。

　　在补燃室中,富燃料推进剂的能量主要通过与冲压空气中的氧反应释放出来。富燃料推进剂首先在燃气发生器中进行一次燃烧;在补燃室,富燃的一次燃烧产物与氧进行二次燃烧。因此,一次燃烧产物的分布和温度等参数对二次燃烧反应乃至发动机的比冲至关重要。

　　但遗憾的是,研究者对富燃料推进剂的一次燃烧产物知之甚少。热力计算的基本假设是推进剂的燃烧达到化学平衡。显然,富燃料推进剂的一次燃烧达不到化学平衡,因此关于富燃料推进剂一次燃烧的热力计算结果是不可靠的。

　　本案例以富燃料推进剂一次燃烧产物的采集和分析为例,探讨推进剂燃烧产物的采集与分析技术。

7.5.1.1　燃气发生器

　　图 7.29 为固体火箭冲压发动机中壅塞式燃气发生器示意图。

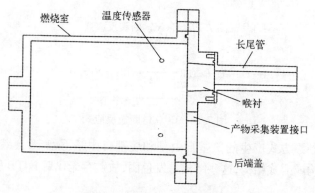

图 7.29　燃气发生器示意图

　　壅塞式燃气发生器实验装置由燃烧室、后端盖、富燃料推进剂药柱和长尾管等部件组成。在燃气发生器的后半段设置有温度传感器接口,以便测量燃气发生器中富燃料推进剂一次燃烧的温度;燃气发生器的后端盖上有两个出口:一个是富燃料推进剂一次燃烧产物的出口——长尾管;另一个是燃烧产物采集装置的出口。

7.5.1.2 燃烧产物采集装置

燃烧产物采集系统结构如图 7.30 所示。

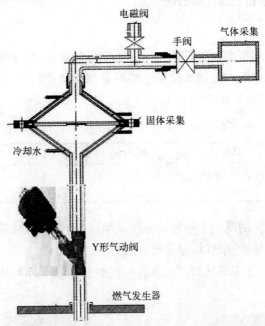

图 7.30 推进剂燃烧产物采集系统结构图

推进剂燃烧产物采集系统由气体采集袋、阀门(包括手阀、气动阀和电磁阀)、固体残渣采集器、循环水冷却子系统、燃烧产物采集嘴、管路等部件构成。气体采集袋用于推进剂气态燃烧产物的收集。圆锥形固体残渣采集器用于推进剂凝聚态燃烧产物的收集,其中滤网用于过滤及收集凝聚态产物。

燃烧产物采集系统说明:

(1) 推进剂燃烧产物采集装置有两个采集罐,分别用于收集气相产物和凝聚相产物,旨在防止气相与凝聚相产物间的相互反应;产物采集罐事先抽真空,产物采集过程中对系统进行冷却,以便冻结产物。

(2) 试验前对整个采集系统抽真空,以消除采集系统中的空气与燃烧产物的反应。

(3) 由于燃烧产物具有温度高、有凝相颗粒存在,因此采用近似于直通的 Y 形气动阀门实现密封,控制燃烧产物采集过程。

(4) 圆锥形固体采集罐通冷却水降温,挡板用于过滤采集凝相产物,气态产物经过滤后进入气体采集罐。

7.5.2　推进剂燃烧产物的分析

7.5.2.1　凝聚相燃烧产物分析

1. 粒度分布

研究对象为含硼富燃料推进剂。采用光学显微镜,观察了含硼富燃料推进剂一次燃烧过程中两次燃气发生器试验采集的凝聚相燃烧产物,并用激光粒度仪对产物的粒度分布进行了测试,结果如表 7.5 和图 7.31 所示。

表 7.5　两次采集试验的凝相产物粒度分布

样　品	$D_{43}/\mu m$	$D_{10}/\mu m$	$D_{50}/\mu m$	$D_{90}/\mu m$
1 号凝聚相产物	5.93	2.26	4.65	11.94
2 号凝聚相产物	6.04	1.17	4.20	12.98

由两次采集试验的凝相产物粒度分布结果可见,两次试验采集罐中得到的凝聚相产物的粒度比较接近,采样结果平行性较好。

从残渣形貌看,含硼富燃料推进剂的一次燃烧产物呈不规则形状;粒度分布宽,一般为 1~30μm。

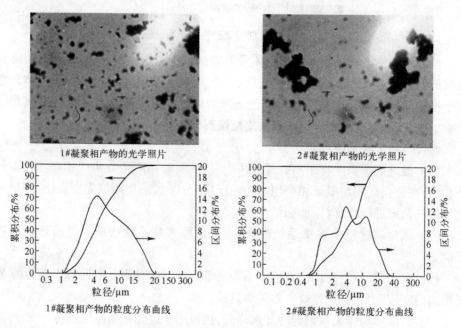

1#凝聚相产物的光学照片　　　　2#凝聚相产物的光学照片

1#凝聚相产物的粒度分布曲线　　　　2#凝聚相产物的粒度分布曲线

图 7.31　含硼富燃料推进剂凝聚相一次燃烧产物的粒度分布

2. XRD 分析

前已述及,XRD 图谱主要用于晶态物质的定性鉴别。

采用 X 射线衍射仪,测定了 3 次含硼富燃料推进剂凝聚相一次燃烧产物采样的 XRD 谱图,如图 7.32 和图 7.33 所示。

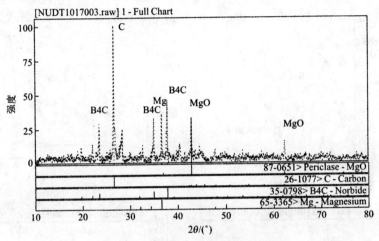

图 7.32　1 号凝聚相产物的 XRD 图谱

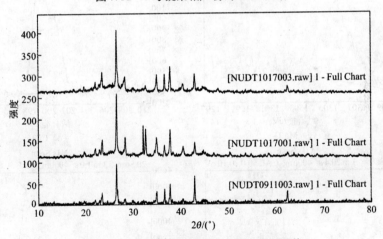

图 7.33　3 次采样凝聚相产物的 XRD 图谱

由图 7.33 可见,3 个含硼富燃料推进剂一次燃烧凝聚态产物试样中,主要有 C、B_4C、MgO 和 Mg 等晶态产物;由于未反应的 B 是无定形的,没有明显的衍射峰;B_2O_3 均匀分布在无定形硼表面,含量不高,因此也未见衍射峰。

3. XPS 分析

XPS 分析主要用于含硼富燃料推进剂一次燃烧产物残渣表面元素及价态分析。

采用 K-Alpha 1063 型 X 射线光电子能谱仪(XPS),对含硼富燃料推进剂一次燃烧产物残渣进行表层元素及价态分析。1 号样品中各元素的 XPS 窄扫描图谱如图 7.34 所示。

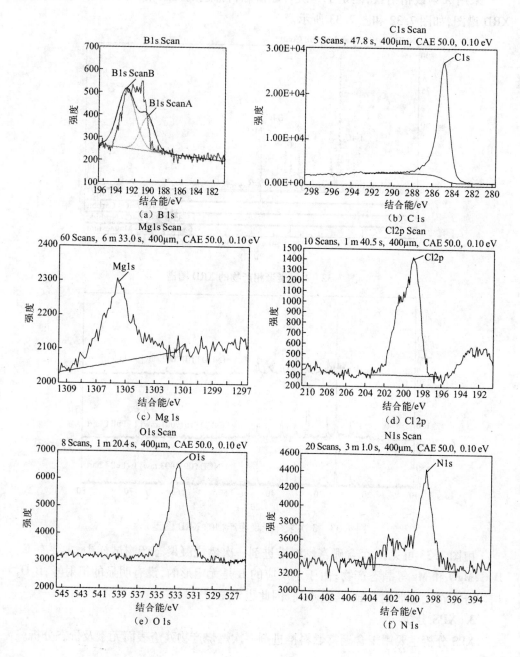

（a）B 1s

（b）C 1s

（c）Mg 1s

（d）Cl 2p

（e）O 1s

（f）N 1s

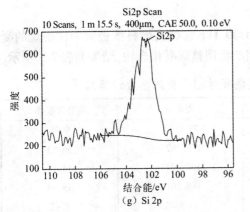
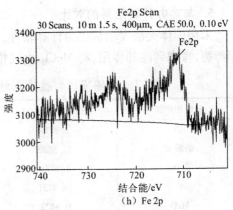

图 7.34　1 号样品的 XPS 图谱

由图 7.34 可见，从组成上看，残渣样品表面主要由 B、C、N、O、Mg、Fe、Si 和 Cl 等元素组成；从价态分布分析看，B 主要以 BN 和 B_2O_3 的形式存在，C 以单质形式存在，Mg 以 MgO 和 $MgCl_2$ 形式存在，Si 以 SiO_2 形式存在。Si 可能来源于绝热层中的填料，Fe 来源于推进剂中的燃速催化剂。

由于 XPS 分析的深度仅为表面 10nm 左右，故 BN 和 B_2O_3 分布在单质 B 表面，无法得到单质 B 的含量信息；且无法避免 C 的污染，得到的 C 含量严重偏高，因此 XPS 分析结果不能定量，仅提供元素存在及价态信息。

4. 化学分析

1）B 含量分析

采用化学滴定法，分别测定了含硼富燃料推进剂一次燃烧产物残渣中的 B_2O_3 含量和总 B 含量，结果见表 7.6。

表 7.6　两次采样产物的化学分析结果

样　品	总 B 含量/%	B_2O_3 含量/%	单质 B 含量/%	B 氧化反应程度/%
1 号凝聚相产物	35.52	13.40	31.36	11.71
2 号凝聚相产物	39.81	16.42	34.71	12.80

化学分析结果表明：在燃气发生器中，硼氧化反应程度不高。这对使尽可能多的硼在冲压补燃室中燃烧，以提高整个固体火箭冲压发动机的比冲是有利的。

2）C 含量分析

采用管式炉升温至 800℃，通氧气灼烧的方法测定残渣中的 C 含量。测试结果表明，C 含量为 12.28%，另外 36.59% 可能为 MgO、BN、B_4C 等的混合物。

5. 与热力计算结果的对比

采用固体火箭发动机热力计算软件,计算 1kg 含硼富燃料推进剂一次燃烧的凝相产物,考虑到冷却作用,将 $MgCl_2$ 由气相产物调整到凝相产物,结果如表 7.7 所示。

表 7.7 含硼富燃料推进剂燃烧凝聚相产物的热力计算结果

凝聚相产物	含量/(mol/kg)	质量/g	质量含量/%
BN	2.9779	73.8812	9.76
单质 B	25.5682	276.3927	36.53
B_2O_3	1.5374	107.0023	14.14
C	12.3751	148.5013	19.63
MgO	0.6422	25.8867	3.42
$MgCl_2$	1.3113	124.9669	16.52

化学分析结果为单质 B 含量为 34.71%, B_2O_3 含量为 16.42%,与热力计算结果比较接近,表明含硼富燃料推进剂凝聚相产物的采集和分析结果是准确的。

7.5.2.2 气相产物分析

1. 热力计算分析

含硼富燃料推进剂一次燃烧气相产物的热力计算结果见表 7.8。

表 7.8 含硼富燃料推进剂一次燃烧气相产物热力计算结果

产物	含量/(mol/kg)	产物	含量/(mol/kg)	产物	含量/(mol/kg)
H_2	19.54039	BCl	0.00206	BCl_2	0.0002
CO	5.98717	BCl_3	0.00008	BH_2	0.00725
CH_4	0.05769	BH_3	0.00166	BO	0.00214
CO_2	0.00039	BOCl	0.01961	BO_2	0.00029
N_2	0.00018	B_2O	0.00012	B_2O_2	0.24112
C_2H_2	0.01329	B_2O_3	0.0854	$B_3O_3Cl_3$	0.00004
Mg	0.08219	CH_2O	0.00003	CH_3	0.00067
$MgCl_2$	1.31072	C_2H_4	0.00068	Cl	0.00011
MgOH	0.00035	H	0.00921	HBO	0.00138
H_2O	0.00562	HBO_2	0.07661	HCl	0.31598
MgCl	0.01907	HCO	0.00021	HCN	0.00074
MgH	0.00338				

2. 气相产物的气相色谱分析

依据表 7.8 的含硼富燃料推进剂一次燃烧的热力计算结果,分析认为,气体采样装置中可稳定存在的含硼富燃料推进剂一次燃烧主要气相燃烧产物为 H_2、CO 和 CH_4，因此忽略其余热力计算的不稳定产物。只选取色谱柱可分析的 H_2、CO、CH_4、N_2、CO_2 和 C_2H_2 进行色谱分析，进而计算含硼富燃料推进剂主要一次燃烧气相产物的含量。

采用气相色谱仪，分析采集到的含硼富燃料推进剂一次燃烧主要气相燃烧产物，结果如图 7.35 所示。

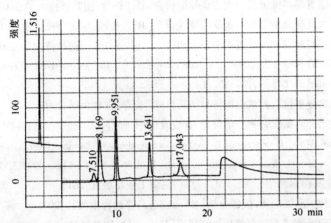

图 7.35 含硼富燃料推进剂一次燃烧主要气相产物的气相色谱图

由热力计算可知，含硼富燃料推进剂一次燃烧气相产物中没有氧气，故气相色谱分析结果中的氧气主要来源于采集过程中混入的空气，因此对气相产物结果进行校正，结果如表 7.9 所示。

表 7.9 含硼富燃料推进剂一次燃烧主要气相产物的气相色谱分析结果

成分	保留时间/min	含量/%	扣除空气后含量/%	热力计算结果/%
H_2	1.53	52.72	60.98	76.50
O_2	7.57	2.81	—	0
N_2	8.22	13.59	3.31	0.0007
CO	9.99	15.90	18.38	23.21
CH_4	13.67	9.81	11.34	0.23
CO_2	17.08	5.18	5.99	0.002
C_2H_2	—	—	—	0.05

结果表明，采用气相色谱法，可确定含硼富燃料推进剂一次燃烧过程主要气相产物的组成；含硼富燃料推进剂一次燃烧过程主要气相产物中氢气的含量最高，这与热力计算结果一致；但 CO、CH_4、CO_2 的含量与热力计算结果差别较大。

参 考 文 献

[1] 杨栋.硅橡胶基绝热材料及其热化学烧蚀机理研究[D].长沙:国防科技大学,2013.

[2] 郭洋.改性硼的制备、燃烧性能及应用研究[D].长沙:国防科技大学,2014.

[3] 常铁军,祁欣.材料现代分析测试方法[M].哈尔滨:哈尔滨工业大学出版社,1999.

[4] 高东磊.含硼富燃料推进剂一次燃烧性能研究[D].长沙:国防科技大学,2009.

[5] 周星.镁基水反应金属燃料与水反应特性研究[D].长沙:国防科技大学,2010.

[6] 王晨光.纳米铝粉在固体推进剂中的应用研究[D].长沙:国防科技大学,2008.

[7] Sorarha G D,Andrea G D,Glisenti A. XPS characterization of gel-derived silicon oxycarbide glasses [J]. Materials Letters,1996,27:1-5.

[8] 陈晓东.元素分析仪温控系统设计与仿真[D].长春:吉林大学,2006.

[9] 张君启.呋咱类高氮化合物分子设计、合成及应用研究[D].长沙:国防科技大学,2014.

[10] Gunasekaran A and Jayachandran T. A convenient synthesis of diamino-furazan:useful precursors for the synthesis of high density energetic materials[J]. J. Heterocyclic Chem,1995,32:1405-1407.

[11] 汪亮.燃烧实验诊断学(2版)[M].北京:国防工业出版社,2011.

[12] 赵藻藩,周性尧,张悟铭.仪器分析[M].北京:高等教育出版社,2001.

[13] 赵永俊.NEPE推进剂贮存老化性能研究[D].长沙:国防科技大学,2008.

[14] 张兴高.HTPB推进剂贮存老化特性及寿命预估研究[D].长沙:国防科技大学,2009.

[15] 王丽琴.彩绘文物颜料无损分析鉴定和保护材料研究[D].西安:西北大学,2006.

[16] 江治,袁开军,李疏芬,等.聚氨酯的FTIR光谱与热分析研究[J].光谱学与光谱分析,2006,26(4):624-628.

[17] 陈海平,乔迁,涂根国.聚氨酯材料的化学降解机理[J].辽宁化工,2007,36(8):535-539.

第8章 含能材料分子及性能的计算分析

8.1 含能材料的平衡分子构型及性能分析

含能材料的理论研究一般借助于分子模拟软件进行。通过优化计算,可以获得分子的平衡构型。在分子平衡构型的基础上,得到分子的键长和键角等参数,进而分析分子的稳定性和弱键位置,这样既可以探索分子结构与稳定性、感度的关系,还可以为其衍生物的合成制备和老化机理研究提供理论依据。

8.1.1 呋咱类高氮化合物的平衡分子构型及性能分析[1]

8.1.1.1 计算方法

首先采用 Chem3D Ultra 软件,绘制目标化合物的初始构型。结构优化和振动分析由 GAUSSIAN 程序完成,采用的方法为 DFT/B3LYP/6-31G**,计算结果无虚频,计算精度和收敛阈值均取程序内定值。

8.1.1.2 应用案例

1. 分子的平衡构型

本小节研究的 4 种单呋咱类高氮化合物(图 8.1),其中的取代基包括氨基和硝基两种。

优化后 4 种呋咱类高氮化合物的平衡构型如图 8.2 所示。

2. 呋咱类高氮化合物分子的键长

计算得到上述 4 种呋咱类高氮化合物平衡分子中的各键键长,如表 8.1 所示。

1) 呋咱环的结构特性

由表 8.1 中数据可以看出:

(1) 呋咱环中 C-C 键(r_{4-5})键长为 1.415~1.443Å。通常孤立的 C-C 单键键长为 1.54Å,孤立的 C=C 双键键长为 1.39Å,因此呋咱环中 C-C 键键长介于单键和双

键之间,且更接近于双键;

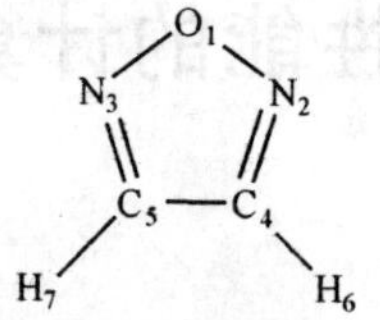

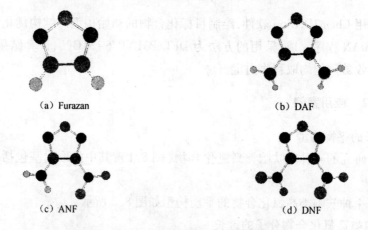

（a）Furazan
呋咱

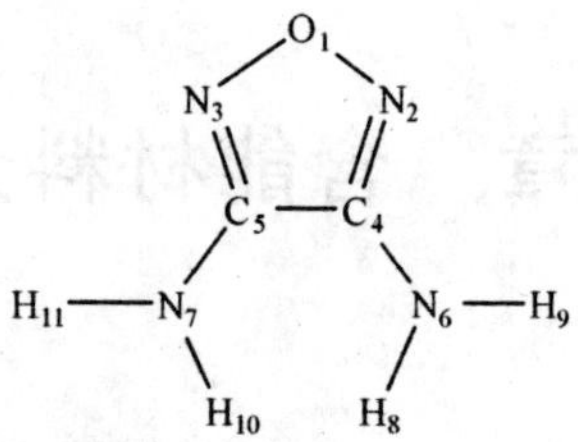

（b）DAF
3,4-二氨基呋咱

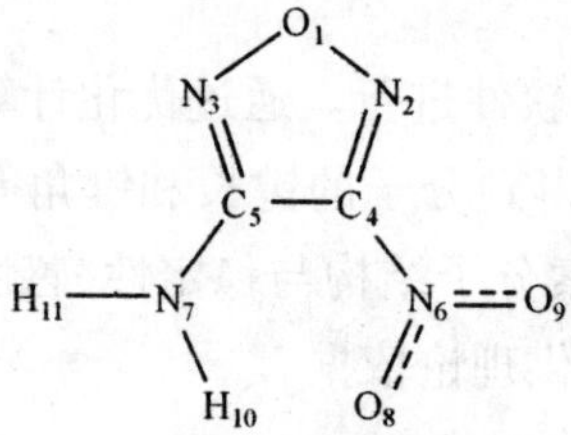

（c）ANF
3-氨基-4-硝基呋咱

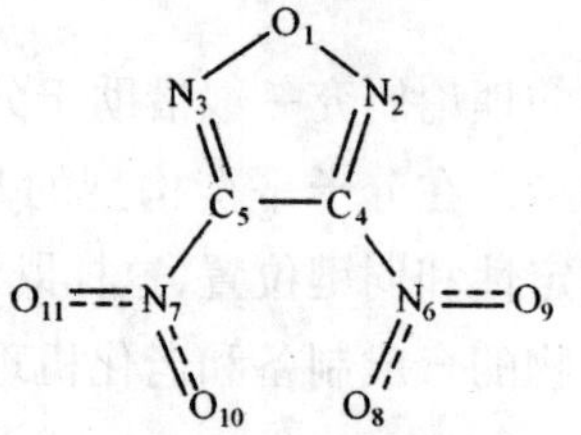

（d）DNF
3,4-二硝基呋咱

图 8.1　呋咱类高氮化合物的分子结构

（a）Furazan

（b）DAF

（c）ANF

（d）DNF

图 8.2　优化后呋咱类高氮化合物的平衡构型

表 8.1　呋咱类高氮化合物的键长

序　号	键长/Å			
	Furazan	DAF	ANF	DNF
r_{1-2}	1.372	1.382	1.341	1.368
r_{1-3}	1.372	1.383	1.399	1.367

（续）

序　号	键长/Å			
	Furazan	DAF	ANF	DNF
r_{2-4}	1.307	1.307	1.308	1.302
r_{3-5}	1.307	1.307	1.320	1.302
r_{4-5}	1.423	1.441	1.437	1.422
r_{4-6}	1.080	1.386	1.442	1.462
r_{5-7}	1.080	1.385	1.351	1.462
r_{6-8}	—	1.012	1.240	1.225
r_{6-9}	—	1.013	1.221	1.220
r_{7-10}	—	1.012	1.009	1.225
r_{7-11}	—	1.013	1.008	1.220

（2）呋咱环中 C–N 键（r_{2-4} 和 r_{3-5}）键长为 1.296~1.317Å，介于孤立 C–N 单键键长（1.47Å）和孤立 C=N 双键键长（1.27Å）之间，且更接近双键键长；

（3）呋咱环中 N–O 键（r_{1-2} 和 r_{1-3}）键长为 1.348~1.416Å 之间，远长于孤立 N=O 双键键长（1.27Å），而接近甚至超过孤立 N–O 单键键长（1.36Å）。说明呋咱环中 N–O 键可能是弱键；

上述结果表明，呋咱环具有共轭性，为五元共轭或 N–C–C–N 四元共轭。

2）取代基的影响

由表 8.1 中数据还可以看出：

（1）与硝基相连呋咱环的 C–N 键长要略小于与氨基相连呋咱环的 C–N 键长。这主要是由于硝基为强吸电子基团，与硝基相邻键上的电子向硝基偏移，减小了键上电子的离域性，导致键长小于与氨基相连键的键长；

（2）呋咱环两侧取代基相同时，两个 N–O 键键长等长；当取代基不同时，两键键长也不同。取代基为硝基时，呋咱环与之相连一侧的 N–O 键键长要明显短于氨基侧的 N–O 键长；而当取代基为氨基时，由于氨基是富电子基团，氨基上的电子向 N 和 O 原子偏移，增强了 N–O 键中电子的离域性，宏观上表现为硝基侧 N–O 键键长要小于氨基侧 N–O 键键长。即缺电子基团取代基使呋咱环中 N–O 键和 C–N 键的键长变短，富电子基团取代基使两键的键长增加。

3. 呋咱类高氮化合物分子的结构

计算得到的呋咱类高氮化合物键角结果如表 8.2 所示。

表 8.2 呋咱类高氮化合物的键角

序　号	键角/(°)			
	Furazan	DAF	ANF	DNF
θ_{2-1-3}	111.58	111.17	112.66	112.38
θ_{1-2-4}	105.30	105.67	105.02	104.74
θ_{1-3-5}	105.30	105.64	104.83	104.75
θ_{2-4-5}	108.90	108.74	110.32	109.07
θ_{2-4-6}	121.11	123.75	122.15	121.33
θ_{5-4-6}	129.98	127.38	127.52	129.42
θ_{3-5-4}	108.90	108.75	107.17	109.06
θ_{3-5-7}	121.11	123.72	124.85	121.36
θ_{4-5-7}	129.98	127.39	127.94	129.39
θ_{4-6-8}	—	114.90	115.16	114.78
θ_{4-6-9}	—	112.39	118.94	117.13
θ_{8-6-9}	—	111.11	125.91	128.08
θ_{5-7-10}	—	115.05	116.88	114.78
θ_{5-7-11}	—	112.57	118.31	117.14
$\theta_{10-7-11}$	—	111.32	119.57	128.07

由表 8.2 中数据可以看出:

(1) 呋咱环内以 O 原子为中心的键角(θ_{2-1-3})为 111.17°~113.17°,均接近 109.5°,表明环内 O 原子可能为 sp^3 杂化;

(2) 呋咱环内以 N 原子为中心的键角(θ_{1-2-4} 和 θ_{1-3-5})为 102.62°~105.73°。虽偏离 N 原子经 sp^2 杂化形成的 120.0° 标准键角,但考虑到五元环内较大的键张力及正五边形内角为 108.0° 的特性,推测呋咱环内 N 原子为 sp^2 杂化。

(3) 呋咱环内以 C 原子为中心的键角(θ_{2-4-5} 和 θ_{3-5-4})为 107.16°~110.97°。同理,推测呋咱环内 C 原子为 sp^2 杂化。

结果表明,呋咱环中的 O 原子为 sp^3,N 原子和 C 原子均为 sp^2 杂化,即形成 N-C-C-N 四原子构成的离域 π 键,这与上小节中呋咱环的键长分析结果相吻合。呋咱环内键角均偏离正五边形的 108.0°,为非正五边形,这是呋咱环中 C、N 和 O 三种原子的电负性不同所致。

计算得到的高氮类呋咱类高氮化合物二面角结果如表 8.3 所示。

表 8.3　呋咱类高氮化合物的二面角

序号	二面角/(°)		
	DAF	ANF	DNF
$\varphi_{3-1-2-4}$	−1.79	0.00	0.00
$\varphi_{2-1-3-5}$	1.82	0.00	0.00
$\varphi_{1-2-4-5}$	1.10	0.00	−0.55
$\varphi_{1-3-5-4}$	−1.10	0.32	−0.55
$\varphi_{2-4-5-3}$	0.00	0.00	0.71

从表 8.3 中数据可以看出,由呋咱环内原子构成的二面角为−1.79°~1.82°,且绝大部分二面角为 0.00°,表明呋咱环为近平面环。

结合前面键长及键角分析结果,可以得出呋咱环为近平面芳香性环的结论。

4. 分子结构与稳定性、反应性的关系

因呋咱环中 N–O 键键长接近或超过孤立的 N–O 键键长,因此环中 N–O 键可能是环稳定的短板,在热解等开环反应将优先在两个 N–O 键处发生。

化合物的最高占据分子轨道(HOMO)和最低未占据分子轨道(LUMO)称为分子的前线轨道。最高占据分子轨道能级 E_{HOMO} 越高或最低未占据分子轨道能级 E_{LUMO} 越低,即前线轨道能级差($|\Delta E| = |E_{LUMO} - E_{HOMO}|$)越小,则由电子跃迁或转移所控制的化学反应活性越大,分子的稳定性越差,导致化合物的感度较高,危险性增大。

表 8.4 列出了呋咱类高氮化合物的前线轨道能级及能级差的计算结果。

表 8.4　呋咱类高氮化合物的前线轨道能级及能级差

能　级	能量/Hartree			
	Fuazan	DAF	ANF	DNF
E_{HOMO}	0.3235	−0.2222	−0.2748	−0.3399
E_{LUMO}	−0.0544	−0.0088	−0.1218	−0.1410
$|\Delta E|$	0.3779	0.2134	0.1530	0.1989

表 8.4 中数据表明,4 种单呋咱化合物中的前线轨道能级差顺序为 Furazan > DAF > DNF > ANF;胺基和硝基夹杂的 ANF 前线轨道能级差最小,即 ANF 的稳定性可能最差。

8.1.2　PBT 共聚物的平衡分子构型

8.1.2.1　计算对象

PBT 共聚物由 BAMO(代号为 A)和 THF(代号为 B)两种单体共聚而成,其分子

结构通式为

$$HO \left[H_2C-\overset{\overset{\displaystyle CH_2N_3}{|}}{\underset{\underset{\displaystyle CH_2N_3}{|}}{C}}-CH_2-O \right]_m -\left[CH_2CH_2CH_2CH_2O \right]_n -H$$

PBT 共聚物中 BAMO/THF 摩尔比和两者连接方式的不同,就形成了形形色色的 PBT 共聚物。共构建了 6 种 PBT 共聚物不同分子链模型:

(1) A/B 单体摩尔比为 30/70 的 PBT 无规共聚物分子,重复链节数为 10,记为 PBT1。

(2) A/B 单体摩尔比为 50/50 的 PBT 无规共聚物分子,重复链节数为 10,记为 PBT2。

(3) A/B 单体摩尔比为 70/30 的 PBT 无规共聚物分子,重复链节数为 10,记为 PBT3。

(4) A/B 单体摩尔比为 50/50 的 PBT 交替共聚物分子(~A–B–A–B~),重复链节数为 10,记为 PBT4。

(5) A/B 单体摩尔比为 50/50 的 PBT 无规共聚物分子,重复链节数为 40,记为 PBT5(此分子基本与实际的 PBT 共聚物相当)。

(6) A/B 单体摩尔比为 50/50 的 PBT 三嵌段共聚物分子(A···A–B···B–A···A),即两端均为 10 链节的 BAMO,中间为 20 链节的 THF,记为 PBT6。

综合考虑计算精度及计算资源消耗,前 4 种模型共聚物选取的重复链节数为 10;为与实际共聚物分子量相近,后 2 种共聚物的重复链节数为 40。

8.1.2.2　计算方法

每种 PBT 共聚物分子链模型均随机建立 10 条不同构象,分别进行能量优化,选取能量最低的那个共聚物链作为 PBT 共聚物分子平衡构象。

运用 Materials Studio(MS)软件包中的 Visualizer 模块,依据 8.1.2.1 小节中的计算对象建立相应的分子模型。

在 298K、1.01×10^5 Pa 条件下,利用 Amorphous cell 模块,基于得到的每一种共聚物分子平衡构象,前 4 种共聚物用 10 条共聚物分子(后 2 种共聚物用 3 条共聚物分子)来构建高聚物的无定形模型。每个无定形模型均建立 10 个不同的模型,选取能量最低的模型,再对该模型进行结构优化,得到该 PBT 共聚物的无定形分子模型。

8.1.2.3　PBT 共聚物分子的平衡构型和无定形模型

6 种 PBT 共聚物分子的平衡构象和无定形模型如图 8.3 所示。

（a1）PBT（30/70）无规共聚物单链
的平衡构象

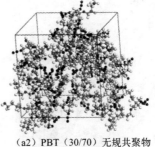

（a2）PBT（30/70）无规共聚物
的无定形模型

（b1）PBT（50/50）无规共聚物单链
的平衡构象

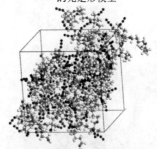

（b2）PBT（50/50）无规共聚物
的无定形模型

（c1）PBT（70/30）无规共聚物单链
的平衡构象

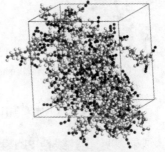

（c2）PBT（70/30）无规共聚物
的无定形模型

（d1）PBT（50/50）交替排列共聚物单链
的平衡构象

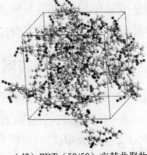

（d2）PBT（50/50）交替共聚物
的无定形模型

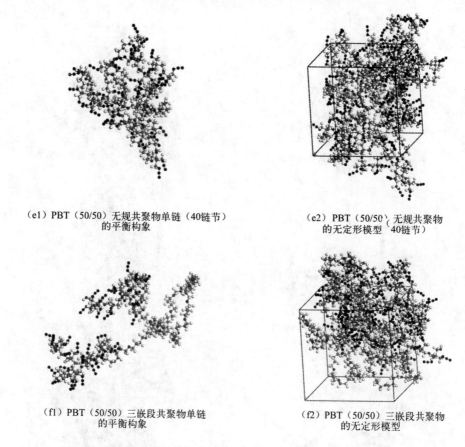

（e1）PBT（50/50）无规共聚物单链（40链节）
的平衡构象

（e2）PBT（50/50）无规共聚物
的无定形模型（40链节）

（f1）PBT（50/50）三嵌段共聚物单链
的平衡构象

（f2）PBT（50/50）三嵌段共聚物
的无定形模型

图 8.3　6 种不同单体摩尔比或单体连接排列方式的 PBT 共聚物模型图

　　计算结果表明,上述线性 PBT 共聚物分子的平衡构象并不是直线状的,符合线性高分子的无规线团模型;随着 BMAO 含量的增加, PBT 无规共聚物分子中的叠氮基团在高分子链中呈随机分布状态;PBT 三嵌段共聚物的分子平衡构象中,分为 THF 均聚物柔性段和 BMAO 均聚物刚性段两个区域,具有明显的软段和硬段特征。

8.1.3　PBT 共聚物用增塑剂的平衡分子构型

　　TEGDN(二缩三乙二醇二硝酸酯)、DAENP(1,3-二叠氮基-2-乙基-2-硝基丙烷)、Bu－NENA(N-丁基硝氧乙基硝胺)、ADNP(1-烯丙基-3,4-二硝基吡唑)、BDNPF/BDNPA(双 2,2-二硝基丙醇缩甲醛/双 2,2-二硝基丙醇缩乙醛,质量比为 1/1,简称 A3),五种增塑剂分子结构如图 8.4 所示。

(a) TEGDN　(b) DAENP　(c) Bu-NENA　(d) ADNP　(e) BDNPF/BDNPA(1∶1混合物)

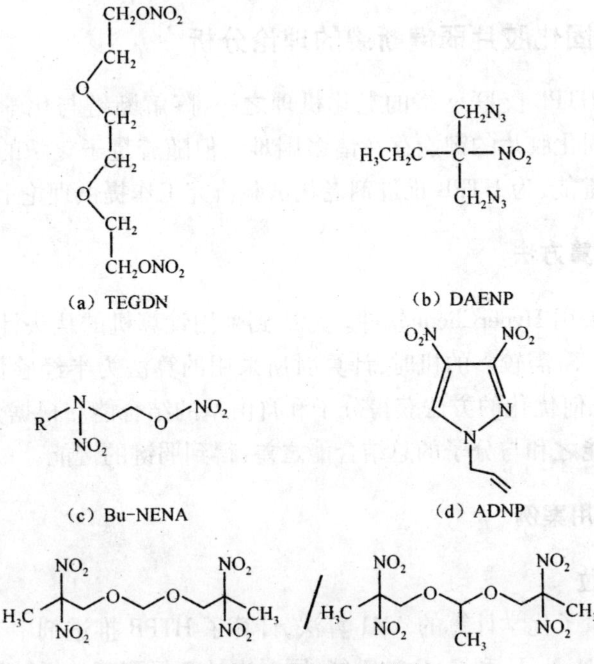

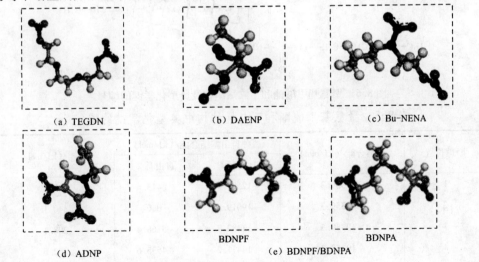

图 8.4　5 种增塑剂的分子结构式

依据图 8.4 给出的 5 种增塑剂分子，分别进行能量优化，选取能量最低的构象作为每个增塑剂分子的平衡构象，如图 8.5 所示。

(a) TEGDN　(b) DAENP　(c) Bu-NENA　(d) ADNP　BDNPF　BDNPA　(e) BDNPF/BDNPA

图 8.5　5 种增塑剂分子的平衡构象

8.1.4　HTPB 固化胶片弱键断裂的理论分析[2]

降解断链是 HTPB 交联网络的老化机理之一,降解断链与化学键的键能有关。试验确定 HTPB 固化胶片的键能存在诸多困难。但随着量子化学的发展,可以通过理论计算来获得键能,为 HTPB 推进剂老化试验研究工作提供理论上的指导。

8.1.4.1　计算方法

本节的计算采用 HyperChem 软件。考虑到采用计算机的从头计算(ab initio)和密度泛函方法(DFT)需较多的机时,计算时所采用的算法为半经验量子化学计算的 AM1 算法,采用几何优化的方法获得分子和自由基的结合能。根据分子断裂产生的两种自由基结合能之和与分子的总结合能之差,得到弱键的键能。

8.1.4.2　应用案例

1. 弱键的定位

采用半经验量子化学计算的 AM1 算法,计算了 HTPB 推进剂中交联点——氨基甲酸酯基团中 C–N、N–H 和 C–O 的键能,同时也计算了聚丁二烯结构上的 C–H、C–C 和 C=C 的键能。聚氨基甲酸酯和丁二烯结构的典型化学键编号如图 8.6 所示,计算结果如表 8.5 所示。

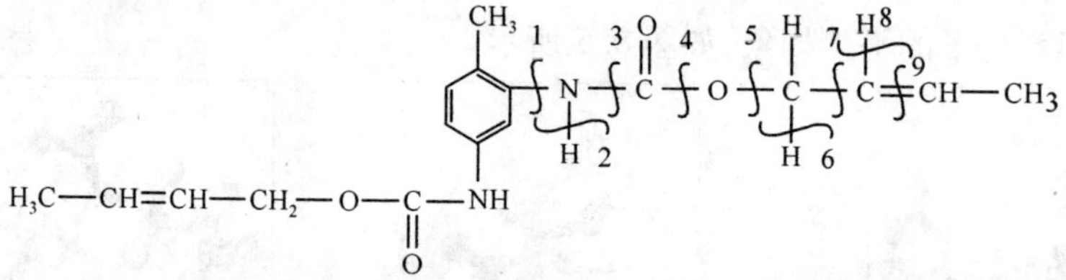

图 8.6　聚氨基甲酸酯和丁二烯结构及典型化学键的编号

表 8.5　聚氨基甲酸酯和丁二烯结构中典型化学键的键能

断键位置	总结合能/(kJ/mol)	两种自由基结合能/(kJ/mol)		键能/(kJ/mol)
		自由基 1	自由基 2	
1	−19359.3	−12598.9	−6413.4	347.2
2	−19359.3	−19019.3	−0.04	340.1
3	−19359.3	−13382.7	−5768.4	208.1
4	−19359.3	−14471.2	−4635.6	252.6
5	−19359.3	−14802.2	−4302.9	254.5

（续）

断键位置	总结合能/（kJ/mol）	两种自由基结合能/（kJ/mol）		键能/（kJ/mol）
		自由基 1	自由基 2	
6	−19359.3	−19051.1	−0.04	308.2
7	−19359.3	−16032.1	−3016.2	311.2
8	−19359.3	−18963.3	−0.04	396.0
9	−19359.3	−16727.8	−1984.52	647.1

由表 8.5 中数据可知,3 号位上的 C-N 键的键能最小,9 号位上的 C=C 键的键能最大;聚氨基甲酸酯及丁二烯结构中最容易断键的位置为 3 号位上的 C-N 键,其次为 4 号和 5 号位上的 C-O 键,6 号位上烯丙基中的 C-H 键也较容易断裂。这些易断裂的键为 HTPB 交联物中的弱键,HTPB 推进剂贮存过程中粘合剂基体的降解断链与此有关。

2. HTPB 固化胶片中弱键断裂机理

HTPB 固化胶片中弱键断裂的形式有两种:一种是 C-N 键断裂,形成氨基自由基和烷基自由基,并放出 CO_2;C-N 键断裂后也有可能发生重排,形成 1,2,4,6-苯环四取代,形成的氨基自由基结合,形成有颜色的苯胺类结构[4-6],反应式如图 8.7 所示;另一种形式是 C-O 键断裂,形成氨基甲酰基自由基和烷氧基自由基,氨基甲酰基自由基又分解为氨基自由基和 CO_2,反应式如图 8.8 所示[4]。

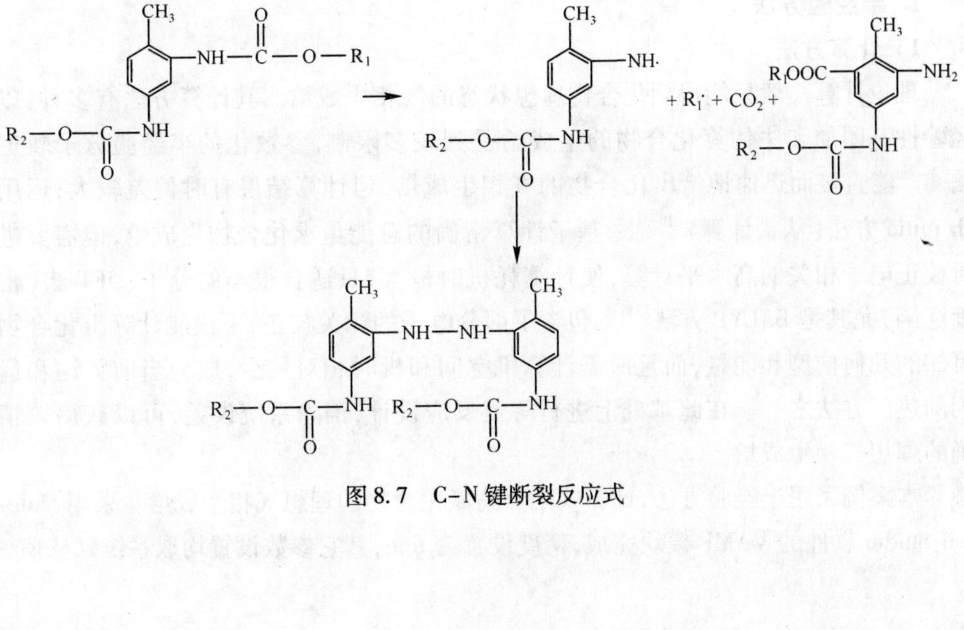

图 8.7　C-N 键断裂反应式

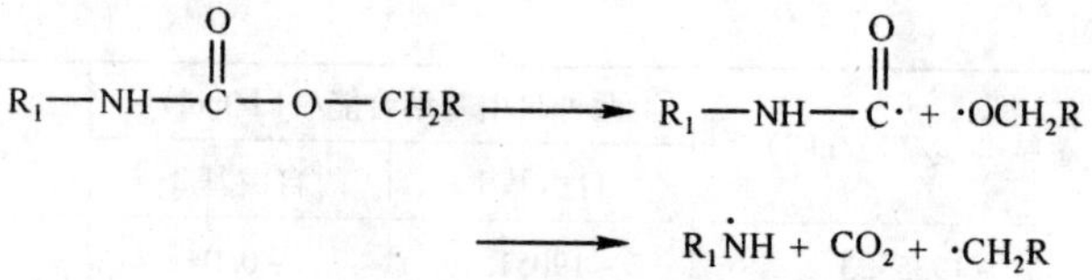

$$R_1—NH—C—O—CH_2R \longrightarrow R_1—NH—\overset{\cdot}{C}· + ·OCH_2R$$

$$\longrightarrow R_1\overset{\cdot}{N}H + CO_2 + ·CH_2R$$

图 8.8　C—O 键断裂反应式

以上两种断裂方式产生的氨基自由基和烷基自由基不稳定,会继续发生反应,如形成苯胺类结构或醌式结构,这些结构是发色基团,故贮存老化后 HTPB 胶片颜色变黄。

8.2　含能材料的性能计算

8.2.1　生成焓

标准生成焓是衡量高能量密度化合物能量的重要参数之一,它对评定含能材料或火炸药的能量水平有重要意义。根据化合物的标准生成焓,可计算出由其组成推进剂的比冲、特征速度、燃烧温度等能量性能参数,也可计算出由其组成炸药的爆压、爆速等爆轰参数。

8.2.1.1　气相生成焓

1. 半经验方法

1) 计算方法

理论计算一般只能得到化合物理想状态的气相生成焓。其计算方法有多种:以经验性基团加和法估算化合物的生成焓受到较多限制,参数化的半经验分子轨道法[7-9]能直接而迅速地给出化合物的气相生成焓,但计算结果有时偏差较大;运用 ab initio 方法(从头计算)[10-14],基于计算精确的总能量求化合物生成焓,但需要进行校正电子相关的高水平计算,使计算耗机时极大,只适合很小的分子;DFT 法(密度泛函)尤其是 B3LYP 方法[15,16]包含了部分电子的相关校正,不仅能计算出化合物可靠的几何构型和能量,而且所需计算机空间和机时相对较少,成为当前关注和运用的热门方法之一。在此基础上进行等键反应设计,消除系统误差,可以获得较精确的理想气相生成焓。

本案例采用半经验方法,计算呋咱类高氮化合物的理想气相生成焓。采用 Material Studio 软件的 VAMP 模块完成,精度设置为 fine,其它参数设置均取系统默认值。

2）应用案例[1]

采用不同的半经验方法对高氮化合物进行计算,得到其理想气相生成焓如表 8.6 所示。

表 8.6　呋咱类高氮化合物半经验方法计算的理想气相生成焓

目标化合物	生成焓/(kJ/mol)						
	Exp[17]（晶体）	PM3	AM1	AM1*	MNDO	MNDO/C	MNDO/D
DAF	105.00	293.68	340.21	340.21	164.66	416.00	164.65
ANF	113.40	287.98	394.97	394.97	266.79	663.61	266.78
DNF	231.00	317.82	514.35	411.79	514.35	951.11	395.81
平均相对误差/%	—	80.30	134.40	128.05	55.70	240.43	48.36

半经验方法采用经验化的参量,均不同程度地忽略电子相关,因此计算结果存在系统误差。同时由于呋咱类高氮化合物的升华热未知,导致试验得到的晶体生成焓与计算结果差距较大,计算结果普遍高于晶体实测值。

从表 8.6 中可以看出,由 MNDO/C 方法计算得到的结果与呋咱类高氮化合物晶体生成焓实测值之间的误差最大;MNDO/D 方法计算得到的结果误差最小,平均相对误差为 48.36%。

2. 等键反应法

1）计算方法

当产物、反应物的电子环境、结构相似时,通过等键反应计算化合物的理论生成焓已有许多成功先例。

设计等键反应时,通常根据键分离规则（BSR）,把分子分解成一系列与所求物质具有相同化学键类型的较小分子和其它常见的含 C、H、O、N 的化合物（如 CH_4、NH_3、CH_3NH_2 和 CH_3NO_2 等）,因为这些化合物的实测生成焓是已知的。为保持反应物、产物的电子环境和结构相似,在设计等键反应时,以不破裂分子原有的特征骨架为原则。

设化学反应式为

$$aA + bB = cC + dD \qquad (8.1)$$

式中:A、B、C、D 分别为反应物和产物;a、b、c、d 分别为相应物质的化学计量数。

在标准状态下,该反应的反应焓变为

$$\Delta_r H_{298.15} = \sum p\Delta_f H_{298.15,P}^{\ominus} - \sum r\Delta_f H_{298.15,R}^{\ominus}$$

$$= c\Delta_f H_{298.15,C}^{\ominus} + d\Delta_f H_{298.15,d}^{\ominus} - a\Delta_f H_{298.15,A}^{\ominus} - b\Delta_f H_{298.15,B}^{\ominus} \qquad (8.2)$$

式中：$\Delta_f H_{298.15}^{\ominus}$ 为各物质的标准摩尔生成焓；p 及 r 分别代表生成物及反应物。

同时，式(8.2)的反应焓变还可以由下式求得

$$\Delta_r H_{298.15} = \Delta E_{298.15} + \Delta(PV)$$

$$= (\sum pE_{0,P} - \sum rE_{0,R}) + (\sum p\mathrm{ZPE}_P - \sum r\mathrm{ZPE}_R) + \Delta H_T + \Delta nRT$$

$$(8.3)$$

式中：E_0 为各物质在 0K 时的总能量；ZPE 为各物质的零点能；ΔH_T 为产物与反应物的温度校正项之差，其值为

$$\Delta H_T = \sum p(H_{298.15,P} - H_{0,P}) - \sum r(H_{298.15,R} - H_{0,R}) \qquad (8.4)$$

式中：$H_{298.15}$ 和 H_0 分别表示各物质在 298.15K 和 0K 时的摩尔焓。

式(8.3)和式(8.4)中各参数可以由计算结果得到，进而可以得到反应焓变值。如果化合物 A、B、C 的标准摩尔生成焓已知，则联立式(8.2)即可求得化合物 D 的标准摩尔生成焓。

2）应用案例

生成焓计算之前，首先对各小分子化合物进行结构优化和振动分析。

鉴于所研究的 3 个呋咱类高氮化合物结构各异，根据等键反应原理，因此设计不同的等键反应式如下所示

$$F + 2CH_3NH_2 \longrightarrow DAF + 2CH_4$$

$$F + CH_3NH_2 + CH_3NO_2 \longrightarrow ANF + 2CH_4$$

$$F + 2CH_3NO_2 \longrightarrow DAF + 2CH_4$$

其中 F 代表呋咱母体等键。

反应式中用到的参考物质能量性能列于表 8.7 中。根据等键反应式及计算方法求得目标化合物的能量性能列于表 8.8 中。

表 8.7　B3LYP/6-31G** 水平各参考物质能量性能

化合物	E_0/Hartree	ZPE/(kJ/mol)	H_T/(kJ/mol)	$\Delta_f H_{298.15}^{\ominus}$/(kJ/mol)
Furazan	-262.050200	120.21	11.56	311.16
CH$_4$	-40.524015	118.20	9.99	-74.89
CH$_3$NH$_2$	-95.863686	168.41	11.38	-23.50
CH$_3$NO$_2$	-245.013373	131.15	13.87	-74.30
注：1Hartree = 2.623×10^{3}kJ/mol，$\Delta_f H_{298.15}^{\ominus}$ 数据中 Furazan 来自文献[18]，其余来自文献[19]				

表 8.8 等键反应计算的目标化合物生成焓

化合物	E_0/Hartree	ZPE/(kJ/mol)	H_T/(kJ/mol)	$\Delta_f H^{\ominus}_{298.15}$/(kJ/mol) 计算值	晶体	误差/%
DAF	−372.769412	208.47	19.47	302.33	105.00	187.93
ANF	−521.898229	171.13	21.42	305.66	113.40	169.54
DNF	−670.994683	131.92	24.90	393.52	231.00	70.35

由表 8.8 中数据可见,采用等键反应计算得到的呋咱类高氮化合物气相生成焓普遍高于晶体实测生成焓。这主要是由于物质的晶体转变为气体一般为吸热反应,即晶体的升华热一般为正值;同时,等键反应本身也存在系统误差,而且不同的等键反应设计对计算结果也有影响。

8.2.1.2 呋咱类高氮化合物的晶体生成焓

1. 人工神经网络计算方法

由于高能量密度化合物晶体的汽化热数据较少,因此基于量子化学计算得到气相生成焓、再由晶体汽化热计算晶体生成焓的方法受到极大限制,导致晶体生成焓的计算一直是高能量密度化合物热力学性质计算中的一个难点问题。

随着计算机技术及人工智能的发展,遗传算法及人工神经网络等算法[20]被引进到高能量密度化合物的晶体生成焓计算之中。特别是人工神经网络,具有算法简单、中间过程类似于"黑箱"操作、输出结果多元化等优点,近年来在高能量密度化合物晶体生成焓预估及计算等方面受到广泛关注。

1) 人工神经网络的基本原理

误差反向传播(BP)神经网络[21]是常用的一种神经网络。它将一组样本作为训练集,提供一系列的输入/输出模式令网络学习。依据一定的学习规则,调节各层节点间的连接权重和阈值,并根据输出结果反向修正权重和阈值,最终使网络的实际输出与期望值比较达到一定的精度要求。图 8.9 为 BP 神经网络的示意图,图 8.10 为 BP 神经网络的程序流程图。

令输入矢量 $\boldsymbol{X} = (x_1, x_2, \cdots, x_m)$,目标矢量 $\boldsymbol{Y} = (y_1, y_2, \cdots, y_m)$,权重矢量 $\boldsymbol{W} = (w_1, w_2, \cdots, w_m)$,$\theta$ 为阈值。输入矢量 $\boldsymbol{X}$ 经过神经元时,产生一个神经元值 Net,即

$$\text{Net} = \boldsymbol{X} \cdot \boldsymbol{W} + \theta = \sum_{i=1}^{m} x_i w_i + \theta \qquad (8.5)$$

净输出为

$$\textbf{out} = f(\text{Net}) = \frac{1}{1 + \exp(-\text{Net})} \qquad (8.6)$$

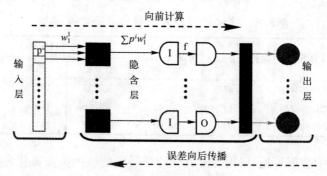

图 8.9　BP 神经网络示意图

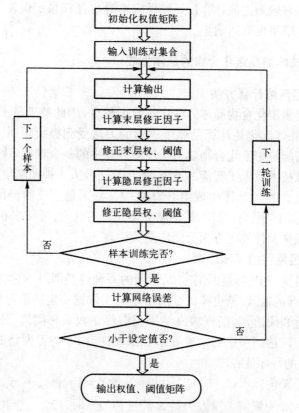

图 8.10　BP 神经网络程序流程图

上面的输出函数只能输出 0~1 之间的数据。为使输出范围更大，在最后一层输出层，一般采用线性函数

$$\mathbf{out} = f(\text{Net}) = \text{Net} \tag{8.7}$$

在学习过程中,输入矢量 X 提供给网络,输出矢量 *out* 立即与目标矢量 Y 进行比较,一旦知道了实际误差,就需要立即修正权值和阈值,一般形式为

$$\Delta w_{ji}^l = \eta \delta_j^l \, \text{out}_i^{l-1} + \mu \Delta w_{ji}^{l(\text{previous})} \tag{8.8}$$

式中:l 为当前层;previous 为上次修正;j 为当前神经元;i 为输入源;δ 为修正因子;η 为学习速率,决定权值改变速度;μ 为动量因子,防止局部极小。

人工神经网络 BP 模型实质上是一个从输入到输出的非线性映射,应选择合适的样本作为输入参数。

本小节中输入矢量为高氮化合物的分子结构编码,输出矢量为高氮化合物的晶体生成焓。

2) 高氮化合物的分子编码及编码规则[1]

将高氮化合物分子结构进行拆分,创建具有唯一性的分子结构编码体系,以描述特定分子结构。

本书根据高氮化合物分子的结构特点,采用分子结构编码的方式,对化合物的结构参数进行整合简化,用分子编码来具体描述分子的组成及结构特征。

为扩大样本数量并提高训练精度,收集了包括氧化呋咱、四嗪及四唑在内的共 70 种高氮化合物[22-27]。

分子结构编码规则如下:

(1)母环。根据样本的结构种类,将母环进行编号,编号依次为 S01 至 S04,其特征如表 8.9 所示。

表 8.9　高氮化合物母环及其编码

结　　构	名　　称	编　　号
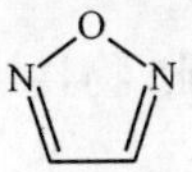	呋咱	S01
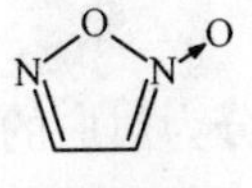	氧化呋咱	S02
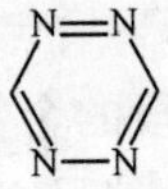	四嗪	S03
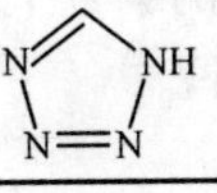	四唑	S04

（2）基团或分子片段。根据样本的结构及取代基种类,将取代基进行编号,编号依次为 S05 至 S18,其特征如表 8.10 所示。

表 8.10 高氮化合物的取代基及其编码

取代基	名 称	编 号	取代基	名 称	编 号
—CH₃	甲基	S05	$\overset{NO_2}{\underset{\mid}{-N-}}$	硝胺基	S12
—CH₂—	亚甲基	S06	—NO₂	硝基	S13
$-\overset{\mid}{\underset{\mid}{C}}-$	叔碳原子	S07	—N₃	叠氮基	S14
$-\overset{\mid}{C}=O$	羰基	S08	—N=N—	偶氮基	S15
—CN	氰基	S09	$-N\overset{O}{=}N-$	氧化偶氮基	S16
—NH₂	胺基	S10	—O—	醚基	S17
—NH—	亚胺基	S11	—OH	羟基	S18

编码规则说明:

（1）如果分子结构中存在 $\overset{NO_2}{\underset{\mid}{-N-}}$,则不能将其拆分为—N—和—NO₂ 两个片段;

（2）如果分子结构中存在—OH,则不能将其拆分为—O—和—H 两个片段;

（3）如果分子结构中有配位氧,则不能将配位氧单独拆分出来。

该编码规则具有以下特点:

（1）唯一性。即按照编码规则,一种物质对应一种编码;反之,一个编码也只对应一种物质或基团;

（2）准确性。即某种物质的编码能准确反映该物质的结构特征、物性或活性等相关特征,对同分异构体能给出不同的编码以体现不同的结构特征;

（3）简单性。按照编码规则能容易地给出编码序列;

（4）快速性。所见即所得,给出一个分子结构,能立即将其拆分为对应的结构编码。

将分子按上述结构片段拆分,结构编号的个数即为对应结构片段的个数。按照 S01~S18 的顺序填入相应的个数。如果没有某一结构片段,则对应的编号个数为零。将编号个数按照从 S01~S18 的顺序排列即为该物质的分子结构编码。

表 8.11 为部分呋咱类高氮化合物的代号及其结构编码。

表 8.11　部分呋咱类高氮化合物的分子结构编码

代　号	结构编码										
	S01	S02…S09	S10	S11	S12	S13	S14	S15	S16	S17	S18
DAF	1	0	2	0	0	0	0	0	0	0	0
ANF	1	0	1	0	0	1	0	0	0	0	0
DNF	1	0	0	0	0	2	0	0	0	0	0
DNAF	2	0	0	0	0	2	0	0	1	0	0

2. 应用案例

1) BP 神经网络构建

以分子基团种类及个数作为输入矢量,以高氮化合物的实测晶体生成焓作为输出参数,共收集了 70 种公开报道的高氮化合物作为样本参数,开发了具有 3 层隐含层共 5 层的人工神经网络。采用误差反向传播算法,对该网络进行训练;而后根据训练结果,可预估新型呋咱类高氮化合物的晶体生成焓。

根据 BP 神经网络算法,采用 Boland C++ Build 构建了一个 5 层的人工神经网络,其中 3 个隐含层的神经元节点个数分别为 15、13 和 10。

2) 高能量密度化合物晶体生成焓的计算

根据 BP 神经网络训练学习的结果,借用神经网络的权值、阈值,采用 Boland C++ Builder 开发了"高能量密度化合物晶体生成焓计算软件"。该软件内嵌了神经网络功能,具有单个计算、批处理及神经网络训练共 3 个主要功能,其主界面以图形方式显示分子微观结构编码,能较为准确地预测单个、多个高能量密度化合物的晶体生成焓。

图 8.11 为计算单个高能量密度化合物晶体生成焓的软件界面。在此界面中,只需输入高氮化合物的分子结构编码,即可快速得到该化合物的晶体生成焓。

用该软件计算了本书研究的 3 种呋咱类高氮化合物晶体生成焓,结果如表 8.12 所示。

表 8.12　呋咱类高氮化合物晶体生成焓的神经网络计算结果

生成焓/(kJ/mol)	目标化合物		
	DAF	ANF	DNF
计算值	105.37	113.12	230.96
实验值[27]	105.00	113.40	231.00
误差/%	0.35	0.25	0.02

由表 8.12 中数据可见,3 种已知呋咱类高氮化合物的晶体生成焓计算值与实测值非常接近。

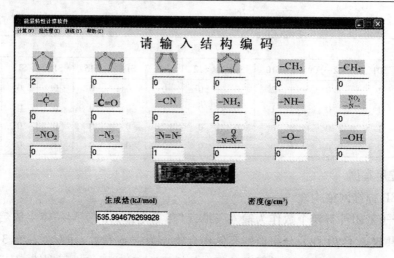

图 8.11 单个高能量密度化合物晶体生成焓的计算界面

该软件还可以计算绝大部分链状、环状、芳香类、笼型及金刚烷型高能物质的晶体生成焓。

8.2.2 含能材料的爆轰性能

8.2.2.1 计算方法

对 C-H-O-N 系高能量密度化合物,在已知分子构成、标准生成焓和密度的情况下,可以根据 K-J 方程[28]计算得到该化合物的爆速和爆压

$$D = 1.01 (N \cdot \overline{M}^{1/2} \cdot Q^{1/2})^{1/2}(1 + 1.30\rho) \tag{8.9}$$

$$P = 1.558\rho^2 N \cdot \overline{M}^{1/2} \cdot Q^{1/2} \tag{8.10}$$

式中:D 为爆速,km/s;P 为爆压,GPa;ρ 为装药密度,g/cm³;N 为每克化合物爆轰生成气体产物的摩尔数,mol/g;$\overline{M}$ 为气体产物的平均分子量,g/mol;Q 为单位质量炸药的爆轰化学能,即单位质量炸药的最大爆热,J/g。

在确定 N、$\overline{M}$ 和 Q 时,含能材料的爆炸反应按最大放热原则进行。

8.2.2.2 应用案例

对分子式为 $C_a H_b O_c N_d$ 的炸药,依据分子中含氧量的多少,可将炸药分成 3 类。3 类炸药各自 N、$\overline{M}$ 和 Q 的计算方法[29]如表 8.13 所示。

表 8.13　C–H–O–N 系高能量密度化合物 N、$\overline{M}$ 和 Q 的计算方法

参数	炸药配方特点		
	$c \geqslant 2a + \dfrac{b}{2}$	$2a + \dfrac{b}{2} > c \geqslant \dfrac{b}{2}$	$\dfrac{b}{2} > c$
N	$\dfrac{b + 2c + 2d}{4M}$	$\dfrac{b + 2c + 2d}{4M}$	$\dfrac{b + d}{2M}$
$\overline{M}$	$\dfrac{4M}{b + 2c + 2d}$	$\dfrac{56d + 88c - 8b}{b + 2c + 2d}$	$\dfrac{2b + 28d + 32c}{b + d}$
$Q \times 10^{-3}$	$\dfrac{28.9b + 94.05a + 0.239\Delta_f H_{298.15}^{\ominus}}{M}$	$\dfrac{28.9b + 94.05\left(\dfrac{c}{2} - \dfrac{b}{4}\right) + 0.239\Delta_f H_{298.15}^{\ominus}}{M}$	$\dfrac{57.8c + 0.239\Delta_f H_{298.15}^{\ominus}}{M}$

注:式中 M 为化合物分子量,g/mol;$\Delta_f H_{298.15}^{\ominus}$ 为标准生成焓,kJ/mol

对已知呋咱类高氮化合物生成焓及晶体密度均取实测值;未知呋咱类高氮化合物生成焓取神经网络计算结果,DNF 晶体密度取分子理论密度计算结果。由呋咱类高氮化合物爆速和爆压的计算结果如表 8.14 所示。

表 8.14　呋咱类高氮化合物的理论爆速和爆压

化合物	分子式	$\Delta_f H_{298.15}^{\ominus}$ /(kJ/mol)	ρ /(g/cm³)	N /(mol/g)	$\overline{M}$ /(g/mol)	Q /(J/g)	D /(km/s)	P /GPa
DAF	$C_2H_4ON_4$	105.00	1.61	0.0400	19.0000	828.9500	6.9993	20.2731
ANF	$C_2H_2O_3N_4$	113.40	1.86	0.0308	29.5000	1376.5580	8.6005	33.4543
DNF	$C_2O_5N_4$	231.00	1.93	0.0281	35.5556	1581.4170	9.0593	37.9194

由表 8.14 中数据可见:DNF 的爆速大于 9.0km/s,爆压均接近 40.0GPa;ANF 的爆速接近 9.0km/s;结构相同时,随分子中硝基的增加,呋咱系高氮化合物的爆速和爆压增加。

8.2.3　PBT 无规共聚物的性质

8.2.3.1　玻璃化温度

在高聚物玻璃化转变过程中发生显著变化或突变的物理性质,都可以利用来测量或计算玻璃化温度。一般采用高聚物的体积或比容随温度的变化规律来确定其玻璃化温度。

本研究中用密度的倒数,即比容对温度曲线上低温范围和高温范围数据线性拟合,其交点为 T_g。

不同单体比例及单体连接方式下,PBT 共聚物玻璃化转变温度的 MD(分子动力

学)模拟和实测值的对比如表 8. 15 所示。

表 8. 15　PBT 玻璃化转变温度的 MD 模拟值和实测值

BAMO/THF 摩尔比	T_g(Ept.)[30]/K	T_g(MD)/K
0/100	186. 15	—
30/70	—	218. 21
40/60	—	
50/50	209. 15	228. 21
70/30	—	239. 25
100/0	234. 15	—
50/50(交替)	—	204. 93
50/50(嵌段)		226. 72

注:T_g(Ept.)为 PBT 无规共聚物玻璃化转变温度的文献报道实测值

从表 8. 15 中数据可以看出:

(1) 采用 MD 模拟计算得到的玻璃化转变温度高于实测值。这可能由于 MD 模拟中的冷却速度[31]比实际冷却速度快得多,在时间尺度上比实际试验过程要短很多所致;但 MD 模拟方法计算的玻璃化转变温度 T_g - 单体摩尔比的变化规律与实测值变化趋势一致,表明该方法用来预测 T_g 还是比较可信的;

(2) BAMO/THF 摩尔比分别为 30/70、50/50、70/30 的 PBT 无规共聚物的玻璃化转变温度分别为 218. 21K、228. 21K、239. 25K。即随着 PBT 中 BAMO 含量的增加,玻璃化转变温度升高。

从高分子理论来说,无规共聚物的 T_g 介于两种共聚单体均聚物的 T_g 之间。THF 均聚物的 T_g 试验值为 186. 15K。BAMO 均聚物的 T_g 实测值为 234. 15K,高于 THF 均聚物。说明计算结果是可信的。

另外,随着 PBT 中 BAMO 含量的增加,含极性叠氮基的 BAMO 单体含量提高,PBT 共聚物的极性和分子间相互作用增强,玻璃化转变温度升高。这与高分子理论也是吻合的。

(3) 在 A/B 单体摩尔比均为 50/50 的 3 种 PBT 共聚物中,无规共聚物的 T_g 为 228. 21K,交替共聚物为 204. 93K,嵌段共聚物为 226. 72K。即 3 种 PBT 共聚物的玻璃化转变温度最低者为交替共聚物,其次为嵌段共聚物,最高者为无规共聚物。

8.2.3.2　溶解度参数

溶解度参数的 MD 模拟方法:首先通过计算得到目标体系的内聚能 E_{coh} ,由 Hildebrand[32]给出的公式计算溶解度参数

$$\delta = \sqrt{e_{coh}} = \sqrt{\frac{E_{coh}}{V}} \tag{8.11}$$

式中：e_{coh} 和 V 分别为体系的内聚能密度和体积。

基于 MD 方法，PBT 无规共聚物的溶解度参数如表 8.16 所示。

表 8.16　PBT 共聚物溶解度参数计算结果

BAMO/THF 摩尔比	$\delta_{MD}/(J/cm^3)^{\frac{1}{2}}$
30/70	17.93
50/50	18.05
70/30	18.09

从表 8.16 中数据可以看出，随 BAMO 与 THF 单体摩尔比升高，MD 模拟计算得到的 3 种 PBT 无规共聚物溶解度参数略为增加，但变化量不大。

8.2.4　增塑剂的性质

8.1.3 节中 5 种增塑剂的性质如表 8.17 所示。

表 8.17　增塑剂主要性质

名　　称	密度/(g/cm³)	玻璃化转变温度/℃
二缩三乙二醇二硝酸(TEGDN)	1.30	-76
1,3-二叠氮基-2-乙基-2-硝基丙烷(DAENP)	1.32	-96
N-丁基硝氧乙基硝胺(Bu-NENA)	1.22	-82
1-烯丙基-3(5),4-二硝基吡唑(ADNP)	1.50	-72
双2,2-二硝基丙醇缩甲醛/双2,2-二硝基丙醇缩乙醛(BDNPF/BDNPA,质量比为1:1)	1.38~1.40	-65

采用 8.2.3.2 节中同样的方法，计算得到 5 种增塑剂的溶解度参数，如表 8.18 所示。

表 8.18　5 种增塑剂的溶解度参数

增塑剂	TEGDN	DAENP	ADNP	Bu-NENA	A3
$\delta/(J/cm^3)^{\frac{1}{2}}$	24.69	21.45	28.30	20.53	22.84

上述数据表明，与 PBT 溶解度参数(18~19)相近的顺序为

Bu-NENA > DAENP > A3 > TEGDN > ADNP

在已知粘合剂预聚物和增塑剂的溶解度参数后,依据相似相容的原则,在上述5种增塑剂中,可知与 PBT 共聚物不相容的增塑剂应该是 ADNP 和 TEGDN,相容性好的增塑剂应该是 Bu-NENA 和 DAENP。

显然,在选择粘合剂预聚物的增塑剂时,应该依据粘合剂和增塑剂溶解度参数的相近程度,即两者溶解度参数的差异越小,相容性应该越好。

8.3　分子间相互作用的计算研究

8.3.1　AP/RDX/Al/HTPB 推进剂中硼酸酯键合剂的作用[3]

本小节重点研究 AP/RDX/Al/HTPB 复合固体推进剂中 RDX-HTPB 界面,考察硼酸酯键合剂对该界面的增强作用及键合机理。

8.3.1.1　新型硼酸酯键合剂

在 AP/RDX/Al/HTPB 四组元推进剂中,硼酸酯键合剂的主要作用对象是硝胺类高能添加剂。RDX 分子的硝胺基团中具有负电性较强的原子——氮杂环中 N 原子和 O 原子。因此在键合剂分子设计时,要考虑在键合剂分子结构中引入与负电性较强的原子有较强作用的原子或基团——B 原子,并综合考虑键合剂主、支链的结构和空间位阻等因素。

本小节研究的硼酸酯键合剂分子中具有两个 B 原子,即双硼酸酯结构,以期对硝胺分子中负电性较强的原子有更强的键合作用。其通式如图 8.12 所示。

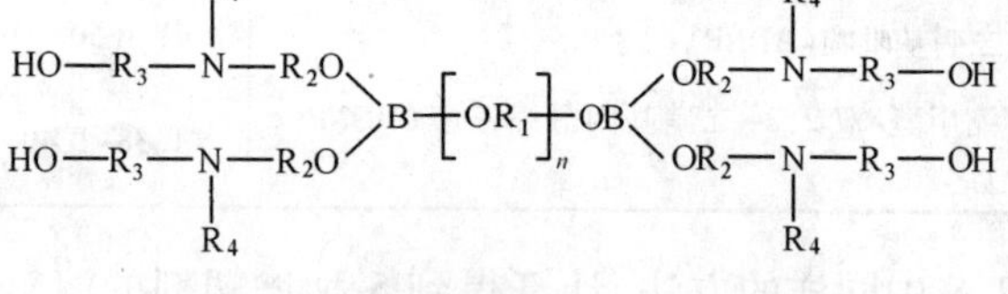

图 8.12　硼酸酯键合剂的分子结构

(R_1、R_2 和 R_3 均为烷基,R_4 为可调节的取代基)

设计的硼酸酯键合剂结构特点:为增强 B 原子与 RDX 分子中硝胺负电性基团的相互作用,设计的键合剂具有双硼酸酯结构;为增加硼酸酯键合剂的电负性,在其分子中引入了 N 原子;为抑制硼酸酯的水解、增强与粘合剂分子的物理缠绕,采用了柔性大分子结构;为将键合剂分子与粘合剂网络连接,引入了端羟基基团。

本研究通过在键合剂分子中 R_4 基团引入吸电子能力较强的基团,减小 B 原子的电子云密度,从而使 RDX 分子上负电性较强的原子更容易靠近 B 原子的空轨道,有利于形成配位键。

为了系统地研究硼酸酯键合剂分子结构与其键合作用的关系,在硼酸酯键合剂中确定了合适的烷基——R_1、R_2 和 R_3 结构,仅改变 R_4 基团的结构(如表 8.19 所示),研究该取代基的变化对硼酸酯键合剂键合作用的影响规律。

表 8.19　硼酸酯键合剂的特征取代基

键合剂	BEBA-1	BEBA-2	BEBA-3	BEBA-4	BEBA-5
R_4	—CH_3	—C_4H_9	（乙酰基）	H_2C-CN 与 CH_2	（乙酰丙酮基）

8.3.1.2　硼酸酯键合剂分子的平衡构象

1. 计算方法

对所涉及的柔性分子硼酸酯键合剂分子进行分析,需要首先解决它们的构象问题。

目前分子平衡构象搜索的方法很多,如系统搜索法、网格搜索法、随机搜索法、Monte Carlo 多重最小化、遗传算法方法、分子动力学方法、模拟退火方法等,其中以分子动力学(MD)结合退火模拟的方法较好。模拟退火技术[33]是根据 Boltzmann 分布,在构型相空间中将温度的因素引入,能够克服柔性分子势垒因素造成的构象搜索困难,且提高搜索效率[34]。图 8.13 给出了退火分子动力学构象搜索的示意图。计算条件是:在 300~3000K 温度范围内进行 100 次退火循环(共 10^5 步),NVT 系综和 Nosé 热浴。对退火分子动力学每次循环所获得的结构都进行能量优化,选取能量

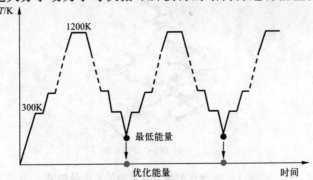

图 8.13　退火分子动力学构象搜索示意图

最低的作为量化计算的初始结构和 MD 模拟的分子结构。

　　在 MD 过程中,基于分子力学计算得到最低能量结构时的分子结构,用量子半经验 PM3 方法,对键合剂分子进一步进行结构优化。最后使用杂化电子密度泛函 B3LYP(Becke 三参数交换函数与 Lee–Yang–Parr 相关函数)结合 3–21G(d)基组,对所获得的初始结构进行量化计算。计算在 Gaussian 程序上完成。

2. 应用案例

　　得到的 5 种键合剂平衡分子构象如图 8.14 所示。

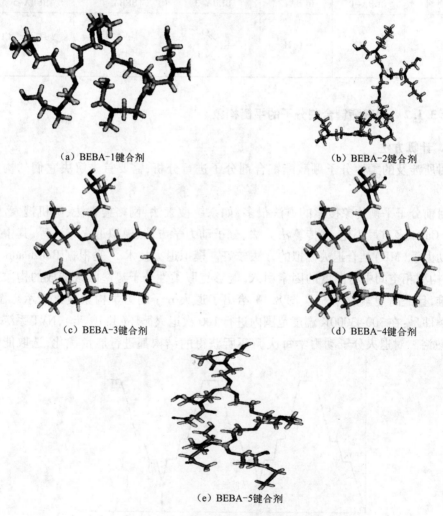

（a）BEBA-1键合剂　　　　　　（b）BEBA-2键合剂

（c）BEBA-3键合剂　　　　　　（d）BEBA-4键合剂

（e）BEBA-5键合剂

图 8.14　5 种硼酸酯键合剂的最低能量构象

8.3.1.3 RDX 的晶面模型

图 8.15 为 RDX($C_3H_6N_6O_6$)的 XRD 图谱[35,36],表明 RDX 的主要晶面为(210)面、(200)面和(020)面,其次为(002)和(111)晶面。在后面的分子模拟过程中,只选取 RDX 前 3 个有代表性的且所占晶面比例大(210)、(200)和(020)晶面进行研究。

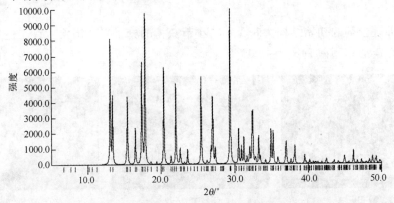

图 8.15 RDX 的 XRD 谱(CCDC 数据)

RDX 晶胞的初始结构从上述数据获得,在此基础上切割构建 RDX(210)、RDX(200)和 RDX(020)晶面,构建的 RDX 切面超晶胞如图 8.16 所示。RDX(210)、RDX

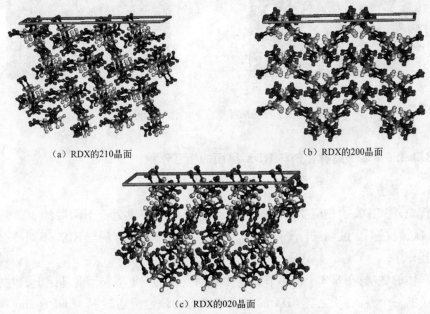

(a) RDX的210晶面

(b) RDX的200晶面

(c) RDX的020晶面

图 8.16 RDX 的 210、200 和 020 晶面

(200)和 RDX(020)晶面的切割厚度分别为 2.0nm、2.0nm 和 3.0nm。

8.3.1.4 硼酸酯键合剂的无定形界面模型

在考虑键合剂与 RDX 晶面结合模式时,必须将无定形模型和统计取样的概念考虑进去。这样不仅克服了单点对接的人为性,而且还可以相对全面地考察多点的结合部位。

每种键合剂的初始结构为 8.3.1.2 小节获得的分子平衡构象。首先建立每种键合剂的无定形模型截面,如图 8.17 所示。

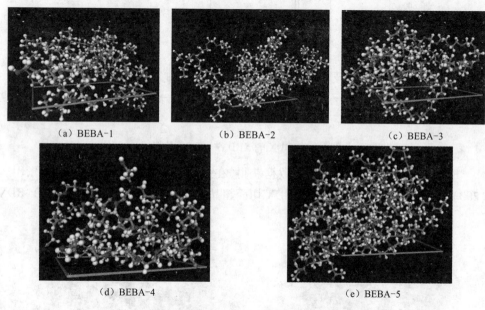

(a) BEBA-1   (b) BEBA-2   (c) BEBA-3

(d) BEBA-4   (e) BEBA-5

图 8.17 5 种硼酸酯键合剂的无定形界面模型

8.3.1.5 硼酸酯键合剂与 RDX 晶面的相互作用

1. 计算方法

首先,将 RDX 的相应晶面和键合剂无定形界面构建为上下两层的表面粘附模型;其次,经过 MD 过程进行平衡取样,计算 5 种硼酸酯键合剂与 RDX 不同晶面之间的相互作用。

具体的做法:在 8.3.1.4 小节建立硼酸酯键合剂无定形模型的基础上,建立键合剂分子的一个界面,使之与 RDX 的晶面相结合。该过程通过 Material Studio 软件中

Visualizer 模块的"建层工具"实现。在建立的 RDX 晶体周期性界面模型中,真空层均为 3.0nm。模型建立后,还需要分子力学(MD)和能量最小化过程,以获得弛豫的相对构型,然后进入分子动力学的平衡阶段和取样阶段。

键合剂一般只与 RDX 表面的分子发生相互作用,所以在 MD 过程中对键合剂分子的其余部分进行了坐标固定。在模拟相互作用能的过程中,固定 RDX 下层分子坐标仅保留上面一层分子进行弛豫。分子力学中的力场为 Dreiding 力场,电荷选用 Rappé 和 Goddard 提出的 QEq 电荷。动力学过程中采用 NVT 系综,Nosé 热浴,时间步长 1fs,总共 100ps。对体系分配 Qeq 电荷[37],库仑非键相互作用使用 Ewald 加和法,范德华相互作用采用原子加和法,截断半径为 1.25nm。

在单点能计算过程中解除固定,通过单点能的计算可以分析键合剂与 RDX 界面之间的相互作用能大小。具体的计算公式为

$$\Delta E = E_{total} - (E_{RDX} + E_{Bonding\_agent}) \tag{8.12}$$

式中:ΔE 为键合剂与 RDX 晶面的相互作用能;E_{total} 为键合剂/RDX 晶面体系的能量;E_{RDX} 为 RDX 的能量;$E_{Bonding\_agent}$ 为键合剂的能量。

定义硼酸酯键合剂与 RDX 之间的结合能为

$$E_{bind} = -E_{inter} = -\Delta E \tag{8.13}$$

2. 应用案例

图 8.18 为 5 种硼酸酯键合剂与 RDX(210)晶面的结合模型。

由图 8.18 可以看出,经过分子动力学弛豫平衡之后,硼酸酯能很好地粘附在 RDX 晶体表面上。表 8.20 为通过分子动力学模拟得到的 5 种硼酸酯与 RDX(210)晶面结合的相互作用能及各能量贡献项。表 8.21 为 5 种硼酸酯键合剂与 RDX(210)晶面间的结合能。

表 8.20 硼酸酯键合剂与 RDX 的 210 晶面体系各能量组份(kJ/mol)

体系	E_{tot}	$E_{non-bond}$	E_{es}	E_{vdW}	E_{H-bond}
RDX(210)/BEBA-1	6051.07	-13420.60	-20676.40	7457.31	-201.50
RDX(210)	1232.82	-13820.70	-20749.20	6928.54	0
BEBA-1	5614.97	1196.88	523.88	854.08	-181.08
RDX(210)/BEBA-2	8488.04	-12018.40	-19470.70	7614.17	-161.84
RDX(210)	1325.74	-13862.40	-20724.00	6861.60	0
BEBA-2	7923.66	2605.38	1725.31	1014.83	-134.77

（续）

体系	E_{tot}	$E_{non\text{-}bond}$	E_{es}	E_{vdW}	$E_{H\text{-}bond}$
RDX(210)/BEBA-3	3815.64	-15455.30	-22974.40	7699.15	-180.04
RDX(210)	1293.32	-13821.00	-20766.30	6945.31	0
BEBA-3	3234.11	-922.53	-1801.88	1042.28	-162.93
RDX(210)/BEBA-4	5180.21	-13639.10	-20815.10	7286.39	-110.37
RDX(210)	1613.40	-13831.90	-20698.30	6866.45	0
BEBA-4	4336.05	961.99	349.95	694.67	-82.59
RDX(210)/BEBA-5	3853.00	-22090.10	-28381.20	6521.18	-230.12
RDX(210)	5065.07	-14731.70	-19989.40	5257.78	0
BEBA-5	-620.28	-6766.66	-8026.25	1474.27	-214.68

注：ΔE_{total}、ΔE_{non_bond}、ΔE_{es}、ΔE_{vdW} 和 ΔE_{H_bond} 分别为总的结合能、结合能的非键部分、静电、范德华贡献以及氢键贡献部分

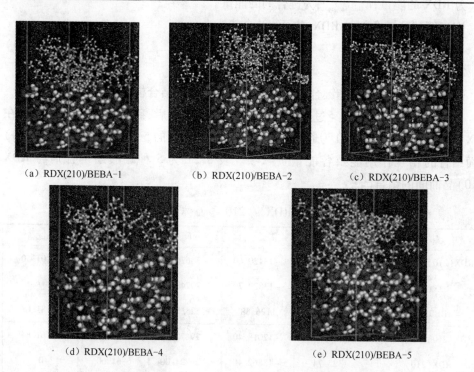

（a）RDX(210)/BEBA-1   （b）RDX(210)/BEBA-2   （c）RDX(210)/BEBA-3

（d）RDX(210)/BEBA-4   （e）RDX(210)/BEBA-5

图 8.18　RDX(210)晶面与硼酸酯键合剂的结合模型

表 8.21　硼酸酯键合剂在 RDX 的 210 晶面上结合能（kJ/mol）

体系	ΔE_{int}	ΔE_{es}	ΔE_{vdW}	ΔE_{H_bond}	ΔE_{bind}
RDX(210)/BEBA-1	-796.76	-451.04	-325.31	-20.42	796.76
RDX(210)/BEBA-2	-761.40	-472.04	-262.25	-27.07	761.40
RDX(210)/BEBA-3	-711.78	-406.23	-288.45	-17.11	711.78
RDX(210)/BEBA-4	-769.23	-466.77	-274.68	-27.78	769.23
RDX(210)/BEBA-5	-591.79	-365.47	-210.87	-15.44	591.79

注：E_{int}、E_{bind} 分别为相互作用能和结合能

从计算结果分析看出：

（1）硼酸酯键合剂与 RDX 210 晶面结合能的大小顺序为 BEBA-1 > BEBA-4 > BEBA-2 > BEBA-3 > BEBA-5。

由于硼酸酯 BEBA-1 和 BEBA-2 中连接的 R_4 是推电子的烷基（甲基和正丁基），所以使得键合剂分子中 N 原子的负电荷增加，在诱导作用下增大了 RDX 分子中 NO_2 上的 O 原子和 N 原子之间的电荷差异，提高了键合剂与 RDX 之间的结合能。虽然 BEBA-2 中正丁基给电子能力比甲基强，但是由于空间位阻效应降低了其相互作用。

而硼酸酯 BEBA-3 和 BEBA-5 中分别存在吸电子的乙酰基和甲酰丙酮基，使 N 原子的负电性减小，造成 RDX 分子中及两者之间的 O…N 相互极化作用减小，降低了 NO_2 与胺氮之间的相互作用能对总结合能的贡献；但吸电子基团存在有利于提高键合剂中 B 原子的吸电子能力。

而 BEBA-4 中虽然使 N…O 相互作用降低，但 RDX 分子中 NO_2 上 O 的电负性大于 BEBA-4 中 CN 上的 N，腈基与 NO_2 基团发生诱导效应使相互作用增强。所以 RDX(210)/BEBA-4 也有比较大的结合能。

（2）在键合剂与 RDX 210 晶面之间的非键相互作用中，静电贡献最大，其次是分子间作用力，最小的是氢键。

同样，计算了硼酸酯键合剂与 RDX 200、020 晶面结合能。研究发现：

（1）在没有形成新化学键的前提下，5 种硼酸酯键合剂与 RDX 3 个主要晶面都有键合作用，而且硼酸酯键合剂与 RDX 晶面的结合能主要由范德华分子间相互作用和静电相互作用组成，整个体系都存在氢键相互作用但贡献较小；

（2）5 种硼酸酯键合剂对 RDX 3 个晶面的结合有选择性，总体上 RDX(200)/BEBA 的结合能最大，RDX(020)/BEBA 次之，RDX(210)/BEBA 最小。以硼酸酯键合剂与 RDX 晶面结合能最大的两个晶面（200 晶面和 020 晶面）的相互作用能作无

加权累计,其键合作用顺序为

$$BEBA-5 > BEBA-2 > BEBA-3 \approx BEBA-4 > BEBA-1$$

（3）RDX（020）晶面以氮杂环平躺且 NO_2 向上方式占多数,RDX（200）晶面主要以氮杂环侧式为主,而 RDX（210）以三种方式（氮杂环侧式、平躺 NO_2 向上、平躺 NO_2 向下）与键合剂分子结合。综合前面计算的结合能结果,说明 RDX 的氮杂环侧式以及 NO_2 朝向键合剂有利于彼此结合。

8.3.2　PBT 无规共聚物与增塑剂的相互作用

8.3.2.1　PBT 共聚物/增塑剂混合体系的无定形模型

1. 力场

分子动力学模拟过程在分子模拟软件包 Materials Studio 上运行,选择 Compass 力场。Compass[38] 是一个功能强大的、基于量子力学从头计算的力场,可以在一个很大的温度、压力范围内,精确地预测多种单分子及其凝聚态的结构、构象及多种物理性质。

2. 关键计算参数

分子动力学（MD）模拟采用 Andersen 控温方法[39] 和 Berendsen 控压方法[40],vdW（范德华力）和静电作用分别用 Atom based[41] 和 Ewald[42] 方法计算,精度为 Fine,时间步长为 1fs,每 100 步收集一次体系的原子位置,具体模拟细节如表 8.22 所示。

表 8.22　MD 模拟细节

力场	非键力	模拟方法	系统	温度
Compass	范德华力作用,静电作用	Atom based,Ewald	NVT,NPT	298K
温度控制	压力控制	模拟时间	总步数	时间步长
Andersen	Berendsen	100ps,250ps	100000,250000	1 fs

3. 主要模拟过程

为了使体系更好地越过势能面上的局部极小值间的位垒,将经过优化的无定形分子模型进行每隔 50K、从 298K 到 598K 再降温至 298K 的 10 个循环退火处理,以消除模型构建形成的局部不平衡结构,选取能量低、结构合理的构象为下一步 MD 模拟的初始构象。

具体 MD 模拟过程为：在 298K 温度下，先进行 100ps 等温等容（NVT）系综的 MD 模拟稳定系统，再进行 250ps NPT 系综的 MD 模拟调节密度，后 50ps 体系已经平衡，用于体系的溶解度参数、结合能等性能分析。

4. 应用案例

PBT 共聚物/增塑剂混合体系的构成：PBT 共聚物采用的是 BAMO/THF 单体摩尔比为 50:50 的 PBT 无规共聚物分子（PBT2），其平衡分子构型见 8.1.2.3 节中图 8.3（b1）。用该共聚物分子分别与不同增塑剂构建 PBT 共聚物/增塑剂混合体系。

综合考虑计算精度及计算资源消耗，PBT 共聚物/增塑剂混合体系的无定形分子模型选用 5 条共聚物分子，增塑剂分子数由 PBT 共聚物与增塑剂质量比为 1/1 的条件确定。各聚合物/增塑剂共混体系中的 PBT 分子链数和增塑剂分子数如表 8.23 所示。

表 8.23　共混体系中的 PBT 分子链数和增塑剂分子数

聚合物/增塑剂共混体系	PBT 分子链数	增塑剂分子数
PBT/TEGDN	5	25
PBT/DAENP	5	30
PBT/Bu-NENA	5	29
PBT/ADNP	5	30
PBT/BDNPF/BDNPA	5	10/9

在 298K、1.01×10^5Pa 条件下，利用 Amorphous cell 模块，基于得到的 PBT2 共聚物分子和增塑剂分子的平衡构象，依据上述条件，构建 PBT 共聚物/增塑剂混合体系的无定形分子模型。

5 种 PBT 共聚物/增塑剂共混体系的无定形模型如图 8.19 所示。

8.3.2.2　PBT 共聚物/增塑剂共混体系的密度-温度关系

为了获得体系密度随温度的变化规律，从而实现玻璃化转变温度的拟合，在 100~400K 的温度区间内，对建立的无定形模型进行阶段性降温的 MD 模拟：每隔 20K 进行一次 MD 降温，前一阶段（较高温度）MD 模拟的平衡构象作为后一阶段（较低温度）MD 模拟的起始构象；每个温度点上的 MD 模拟过程同前所述。

通过 MD 模拟，对每个温度点上后 50ps 的运动轨迹进行分析，得到 PBT 共聚物/增塑剂共混体系在各温度点的密度。具体数值如表 8.24 所示。

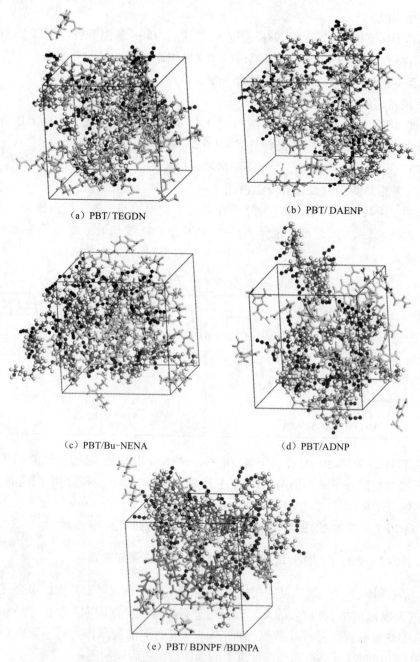

（a）PBT/ TEGDN　　　　　　　（b）PBT/ DAENP

（c）PBT/Bu-NENA　　　　　　　（d）PBT/ADNP

（e）PBT/ BDNPF /BDNPA

图 8.19　5 种 PBT/增塑剂共混体系的无定形模型

表 8.24　PBT 共聚物/增塑剂共混体系在各温度点的密度(g/cm^3)

密度 T/K	PBT/TEGDN	PBT/DAENP	PBT/Bu-NENA	PBT/ADNP	PBT/A3
100	1.347	1.307	1.285	1.347	1.378
200	1.308	1.269	1.247	1.312	1.334
300	1.237	1.200	1.178	1.263	1.272
400	1.152	1.108	1.078	1.195	1.160

表 8.24 中数据表明,随着温度的升高,5 种 PBT 共聚物/增塑剂共混体系的密度降低。这是温度升高后,分子的热运动能力提高所致。

8.3.2.3　PBT 共聚物/增塑剂共混体系的玻璃化转变温度

在玻璃化转变过程中发生显著变化或突变的物理性质,都可以利用来测量玻璃化温度,一般采用高聚物的体积或比容随温度的变化。

本研究中用密度的倒数,即比容对温度曲线上低温范围和高温范围数据线性拟合,其交点定为 T_g。

模拟得到 PBT/TEGDN、PBT/DAENP、PBT/Bu-NENA、PBT/ADNP、PBT/A3 共混体系的 T_g 分别为 210.26K、213.23K、208.05K、215.93K、222.57K,即 5 种共聚物/增塑剂共混体系 T_g 的自低到高顺序为

PBT/Bu-NENA < PBT/TEGDN < PBT/DAENP < PBT/ADNP < PBT/A3

8.3.2.4　PBT 共聚物/增塑剂共混体系的分子间相互作用

通过计算组份之间的结合能,可以分析各组份之间的分子间相互作用。以 298K、101kPa 下各体系稳定构型的总能量进行分子间相互作用能计算,定义结合能 E_{bind} 为相互作用能的负值,即 $E_{bind} = -E_{inter}$。则共聚物/增塑剂混合体系的平均结合能为

$$E_{bind} = -E_{inter} = -[E_{PBT/plasticizer} - (E_{PBT} + E_{plasticizer})] \tag{8.14}$$

式中:$E_{PBT/plasticizer}$ 为平衡结构下共聚物/增塑剂混合体系的总能量;E_{PBT} 为平衡结构中去掉增塑剂求得的单点能;$E_{plasticizer}$ 为平衡结构中去掉聚合物求得的单点能。

计算得到 PBT/TEGDN、PBT/DAENP、PBT/Bu-NENA、PBT/ADNP、PBT/A3 共混体系的 E_{bind} 分别为 0.19kJ/g、0.17kJ/g、0.17kJ/g、0.20kJ/g、0.17kJ/g,即 5 种共聚物/增塑剂共混体系分子间相互作用能的自低到高顺序为

PBT/Bu-NENA ≈ PBT/A3 ≈ PBT/DAENP < PBT/TEGDN < PBT/ADNP

即 PBT/A3 共混体系的分子间相互作用能处于较低的水平。

一般而言,混合体系的结合能越大,组份之间相互作用就越大,混合体系越稳定,相容性越好。

8.3.2.5　PBT 共聚物/增塑剂共混体系玻璃化温度的影响因素分析

摩尔比分别为 50/50 的 PBT 无规共聚物的玻璃化转变温度为 228.21K。

综合增塑剂玻璃化温度(已知数据)和上述计算结果,整理数据如表 8.25 所示。

表 8.25　增塑剂及 PBT 共聚物/增塑剂共混体系的玻璃化温度

增塑剂	T_g/K	混合体系	E_{bind}/(kJ/g)	T_g/K	实测 T_g/K
Bu–NENA	191	PBT/Bu–NENA	0.17	208.05	200
TEGDN	197	PBT/TEGDN	0.19	210.24	212 (10% TEDGN)
DAENP	177	PBT/DAENP	0.17	213.23	—
ADNP	201	PBT/ADNP	0.20	215.93	—
BDNPF/BDNPA	212	PBT/BDNPF/BDNPA	0.17	222.57	218

从表 8.25 中数据对比可以发现:

(1) 5 种共聚物/增塑剂共混体系的 T_g 顺序为

PBT/Bu–NENA < PBT/TEGDN < PBT/DAENP < PBT/ADNP < PBT/A3

(2) 一般而言,增塑剂的 T_g 越低,则 PBT 共聚物/增塑剂混合体系的玻璃化温度也低。

8.3.3　PBT 无规共聚物与填料晶面的相互作用

在叠氮聚醚固体推进剂的研究和应用中,主要固体填料(AP、HMX、Al 粉)与粘合剂的界面粘结状况是影响固体推进剂力学性能的关键因素之一。从理论上揭示固体填料晶面–粘合剂之间的相互作用,对于认识填料–粘合剂基体界面作用及键合剂的键合作用具有十分重要的意义。

本小节通过构建固体填料晶面–PBT 共聚物界面物理模型,采用分子动力学的方法,模拟计算了 PBT 共聚物与复合推进剂中主要填料不同晶面的结合能,探讨了两者相互作用的本质。

PBT 共聚物的平衡构象及其无定形模型在 8.1.2.3 节中已介绍,在此不再赘述。

8.3.3.1　AP 晶面–PBT 间的相互作用

高氯酸铵(NH_4ClO_4)是一种典型的离子型化合物,在复合固体推进剂中用作氧化剂,在室温下其四方相是稳定结构。

1. AP 的晶面

根据 AP 的 XRD 试验数据,选择了衍射峰强度较大的(011)、(201)和(210)这 3

个晶面作为代表性的研究晶面。

AP 晶胞的初始结构从文献报道的试验数据获得。在此基础上切割构建 AP (011)、AP(201)和 AP(210)晶面,然后再构建 AP 切面的超晶胞(如图 8.20 所示)。AP(011)、AP(201)和 AP(210)晶面的切割厚度分别为 2.2nm、1.8nm 和 1.7nm,这样可尽量保持各切面原子数相差不大。

| (a) AP的(011)晶面　|　(b) AP的(201)晶面　|　(c) AP的(210)晶面 |

图 8.20 AP 的(011)、(201)和(210)晶面

2. AP 晶面–PBT 间的相互作用

在考察 AP 晶面–PBT 结合模式过程中,先得到 PBT 共聚物分子链的无定形模型;然后对该模型进行切面加到 AP 晶体表面上,以相对全面地考察 PBT 聚合物分子与 AP 晶体表面分子的多点结合部位。

界面模型的具体构建为:通过 Materials Studio 软件的 Visualizer 模块的"建层工具",将 AP 不同晶面的切面与 PBT 共聚物无定形模型的相应切面相结合。在建立的周期性界面模型中,真空层的厚度均取为 3.0nm。模型建立后,还需要固定 AP 的原子坐标,对界面模型中 PBT 共聚物分子进行弛豫和能量最小化,以获得平衡的相对构型,然后进入分子动力学的平衡阶段和取样阶段。在模拟相互作用能的过程中,同样对 AP 下层分子坐标进行了固定,仅保留表面分子和 PBT 共聚物分子进行弛豫。力场采用 Compass Ⅱ 力场,动力学过程中采用 NVT 系综,时间步长 1fs,总共 400ps。库仑非键相互作用使用 Ewald 加和法,范德华相互作用采用原子加和法,截断半径为 1.55nm。

对动力学后的平衡体系,通过单点能计算可以分析 PBT 共聚物分子与 AP 界面之间的相互作用能大小。在单点能计算过程中要解除固定。定义 AP–PBT 之间结合能的具体计算公式为

$$E_{\text{bind}} = -E_{\text{inter}} = -\left[E_{\text{total}} - (E_{\text{AP}} + E_{\text{PBT}})\right] \tag{8.15}$$

式中:E_{bind} 为 PBT 粘合剂–AP 晶面间的结合能;E_{inter} 为 PBT 基体–AP 晶面间的相互

作用能;E_{total}为 AP–PBT 界面体系的能量;E_{AP}为 AP 晶面的能量;E_{PBT}为 PBT 共聚物的能量。

图 8.21 为 3 个不同 AP 晶面–PBT 共聚物分子的界面模型。

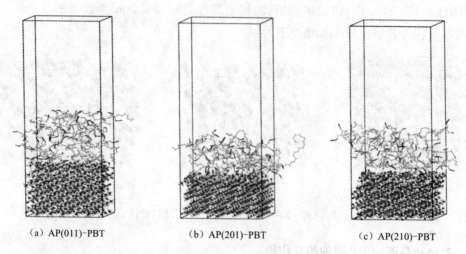

(a) AP(011)–PBT　　　　　　　(b) AP(201)–PBT　　　　　　　(c) AP(210)–PBT

图 8.21　AP 不同晶面与 PBT 共聚物的结合模型

由图 8.21 可以看出,经过分子动力学的弛豫平衡之后,PBT 共聚物分子与 AP 表面存在相互作用。

表 8.26 为通过分子动力学模拟得到的不同 AP 晶面–PBT 上各能量贡献项。

表 8.26　PBT 共聚物分子与 AP 不同晶面体系各能量组份(kJ/mol)

体系	E_{total}	$E_{non\text{-}bond}$	E_{es}	E_{vdW}
AP(011)–PBT	−126366.03	−129612.60	−126536.40	−3009.87
AP(011)	−120768.51	−123005.92	−121966.27	−1014.30
PBT	−4203.83	−5212.99	−3626.25	−1577.03
AP(201)–PBT	−125302.30	−128242.24	−125266.37	−2926.40
AP(201)	−119339.60	−121370.38	−120542.76	−808.72
PBT	−4092.17	−5001.38	−3613.88	−1380.27
AP(210)–PBT	−113163.67	−116056.94	−113079.77	−2921.84
AP(210)	−107594.29	−109536.45	−108764.16	−753.05
PBT	−4354.97	−5306.08	−3775.18	−1521.62

注:E_{total}、$E_{non\text{-}bond}$、E_{es} 和 E_{vdW} 分别为各体系的总能量及总能量中的非键、静电、范德华作用能量贡献部分

依据表 8.26 中数据和式(8.15),得到不同 AP 晶面-PBT 间的结合能,如表 8.27 所示。本研究中氢键包含在非键相互作用项中。在一般粘合剂与固体填料的相互作用计算中,氢键能量项占比较小,因此,在本研究中能量项的讨论主要比较界面之间的静电相互作用和范德华相互作用的大小。

表 8.27　不同 AP 晶面-PBT 共聚物的结合能(kJ/mol)

体系	E_{inter}	ΔE_{es}	ΔE_{vdW}	E_{bind}	E'_{bind}
AP(011)-PBT	-1393.69	-943.88	-418.53	1393.69	2.05
AP(201)-PBT	-1870.52	-1109.74	-737.41	1870.52	2.01
AP(210)-PBT	-1214.41	-540.48	-647.21	1214.41	1.55

注:E_{inter} 为 AP 晶面-PBT 体系的相互作用能,ΔE_{es} 和 ΔE_{vdW} 分别为相互作用能的静电和范德华力贡献部分,E_{bond} 为 AP 晶面-PBT 体系的结合能,E'_{bond} 单位面积上该体系的结合能

从 AP 晶面-PBT 界面上单位面积的结合能可以看出:

(1) PBT 与 AP 的 3 个主要晶面都有相互作用,AP(011)-PBT 和 AP(201)-PBT 晶面的结合能相差不大,AP(210)-PBT 晶面的结合能小于前两种界面的结合能;

(2) AP(011)-PBT 和 AP(201)-PBT 晶面的相互作用中,相互作用能主要来自非键相互作用中的静电相互作用;而 PBT-AP(210)晶面的相互作用中,范德华相互作用略高于静电相互作用。由于 PBT-AP(210)晶面中的静电相互作用弱于 PBT-AP(011)、PBT-AP(201)晶面,因此其晶面总的结合能弱于这两种晶面。

8.3.3.2　HMX 晶面-PBT 间的相互作用

奥克托今(HMX)为硝胺类猛炸药,在复合固体推进剂中作为含能添加剂。HMX 有 4 种晶型,其中在室温下 β-HMX 晶型是稳定相。

1. HMX 的晶面

以 β-HMX 的 XRD 试验数据为依据,选择了衍射峰强度较大的 $(\bar{1}02)$、(011) 和 $(\bar{1}32)$ 这 3 个晶面作为代表性的研究晶面。HMX 晶胞的初始结构参数从实验数据获得。在此基础上切割构建 HMX$(\bar{1}02)$、HMX(011)和 HMX$(\bar{1}32)$晶面,然后再构建 HMX 切面的超晶胞(图 8.22)。HMX$(\bar{1}02)$、和 HMX$(\bar{1}32)$晶面的切割厚度分别为 1.7nm、2.4nm 和 2.3nm。

2. HMX 晶面-PBT 间的相互作用

HMX 晶面-PBT 界面模型的构建方式同 AP 晶面-PBT 的界面模型。

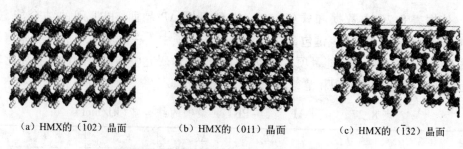

（a）HMX的（$\bar{1}$02）晶面　　　　（b）HMX的（011）晶面　　　　（c）HMX的（$\bar{1}$32）晶面

图 8.22　HMX 的（$\bar{1}$02）、（011）和（$\bar{1}$32）晶面

图 8.23 为 3 个不同 HMX 晶面-PBT 共聚物分子的界面模型。

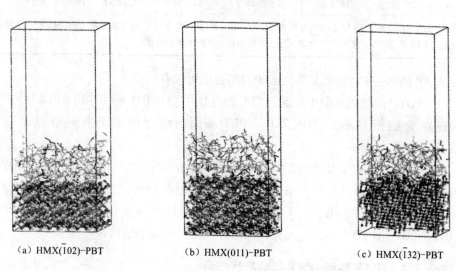

（a）HMX($\bar{1}$02)-PBT　　　　（b）HMX(011)-PBT　　　　（c）HMX($\bar{1}$32)-PBT

图 8.23　HMX 不同晶面与 PBT 共聚物的结合模型

由图 8.23 可以看出，PBT 共聚物分子与 HMX 晶面存在相互作用。

对动力学后的平衡体系，通过单点能计算可以分析 PBT 共聚物分子与 HMX 界面之间的相互作用能大小。在单点能计算过程中要解除固定。定义 HMX-PBT 之间结合能的具体计算公式为

$$E_{bind} = -E_{inter} = -[E_{total} - (E_{HMX} + E_{PBT})] \tag{8.16}$$

式中：E_{bind} 为 HMX 晶面-PBT 粘合剂间的结合能；E_{inter} 为 HMX 晶面-PBT 基体间的相互作用能；E_{total} 为 HMX-PBT 界面体系的能量；E_{HMX} 为 HMX 晶面的能量；E_{PBT} 为 PBT 共聚物的能量。

表 8.28 为不同 HMX 晶面-PBT 间的结合能。

表 8.28　不同 HMX 晶面–PBT 共聚物的结合能（kJ/mol）

体系	E_{inter}	ΔE_{es}	ΔE_{vdW}	E_{bind}	E'_{bind}
HMX($\bar{1}$02)–PBT	–1003.43	–296.84	–685.05	1003.43	0.92
HMX(011)–PBT	–738.33	–164.31	–548.39	738.33	0.84
HMX($\bar{1}$32)–PBT	–1158.87	–343.89	–792.36	1158.87	1.05

注：E_{inter}、ΔE_{es}、ΔE_{vdW}、E_{bind} 和 E'_{bind} 分别为相互作用能、相互作用能的静电、vdW 贡献部分、结合能以及单位面积结合能

从 HMX 晶面–PBT 界面上单位面积的结合能可以看出：

（1）PBT 与 HMX 的 3 个主要晶面都有相互作用，PBT–HMX（$\bar{1}$02）、PBT–HMX（011）和 PBT–HMX（$\bar{1}$32）晶面的结合能都相差不大，PBT–HMX（$\bar{1}$32）晶面的结合能略高；

（2）在 PBT–HMX（$\bar{1}$02）、PBT–HMX（011）、PBT–HMX（$\bar{1}$32）晶面的相互作用中，相互作用能主要来自非键相互作用中的范德华力相互作用。

8.3.3.3　Al 粉晶面–PBT 间的相互作用

复合固体推进剂中 Al 粉为金属燃料，但 Al 粉表面有 Al_2O_3 氧化层，所以本案例分别研究了 PBT 与 Al 晶面、Al_2O_3 晶面界面的结合能。

1. Al 粉和 Al_2O_3 的晶面

在 Al 单晶胞的基础上切割 Al(111) 晶面，晶面的切割厚度为 1.9nm。Al_2O_3 为六方密堆排列，为离子晶体。在 Al_2O_3 单晶胞的基础上切割 Al_2O_3(001) 晶面，并构建超晶胞，晶面的切割厚度为 1.7nm。两者的超晶胞如图 8.24 所示。对晶面下层的原子进行了坐标固定，只对上两层的原子进行结构优化。

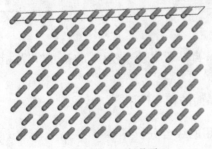
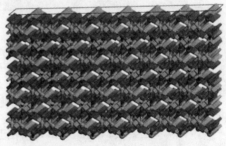

（a）Al 的（111）晶面　　　　　　　　（b）Al_2O_3 的（001）晶面

图 8.24　Al 和 Al_2O_3 的晶面结构

Al 晶面–PBT 界面模型、Al_2O_3–PBT 界面模型的构建方式同 AP 晶面–PBT 的界面模型。

2. Al 晶面–PBT 和 Al_2O_3 晶面–PBT 间的相互作用

图 8.25(a)、(b) 分别为 Al(111) 晶面–PBT 和 Al_2O_3(001) 晶面–PBT 结合的界面模型。采用式(8.16)类似的方法,可以计算 Al 晶面–PBT 间的结合能。表 8.29 为 PBT 与 Al(111)、Al_2O_3(001) 晶面间的结合能。

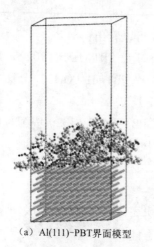

(a) Al(111)-PBT界面模型　　　　　　　(b) Al_2O_3(001)-PBT界面模型

图 8.25　PBT 共聚物与 Al 粉的界面模型

表 8.29　PBT 共聚物分子与 Al 粉的结合能（kJ/mol）

体系	E_{inter}	ΔE_{es}	ΔE_{vdW}	E_{bind}	E'_{bind}
Al_2O_3(001)–PBT	−2524.21	−346.60	−2101.71	2524.21	2.63
Al(111)–PBT	−3217.46	0.00	−3140.14	3217.46	3.14

计算结果表明:

(1) PBT 与 Al 粉晶面相互作用能主要来自非键相互作用中的范德华力相互作用;

(2) 当 Al 粉表面氧化时,PBT 与氧化铝晶面的相互作用有所减弱。

8.3.3.4　主要填料晶面–PBT 间相互作用的综合分析

表 8.30 给出了 PBT 在几种填料各晶面单位面积上的结合能及其各部分能量贡献的对比。

表 8.30　单位面积上 PBT 共聚物分子与填料晶面的结合能(J/m^2)

体　系	E'_{bind}	E'_{es}	E'_{vdW}
AP(011)-PBT	0.34	-0.23	-0.10
AP(201)-PBT	0.33	-0.19	-0.13
AP(210)-PBT	0.26	-0.11	-0.13
HMX($\bar{1}$02)-PBT	0.15	-0.05	-0.10
HMX(011)-PBT	0.14	-0.03	-0.10
HMX($\bar{1}$32)-PBT	0.17	-0.05	0.17
Al_2O_3(001)-PBT	0.44	-0.06	-0.36
Al(111)-PBT	0.52	0.00	-0.51

　　单位面积上 PBT 共聚物分子与 AP、HMX、Al、Al_2O_3 晶面相互作用能的计算结果对比表明：

　　(1) 总体上，PBT 对 AP、HMX、Al 和 Al_2O_3 都有一定的相互作用，单位面积上填料晶面-PBT 结合能的大小顺序为 Al > Al_2O_3 > AP > HMX；Al 晶面-PBT 的结合作用最强，HMX 晶面-PBT 的结合作用最弱；

　　(2) PBT 共聚物分子与 AP 晶面之间的相互作用能主要来自静电相互作用；而 PBT 共聚物分子与 HMX、Al、Al_2O_3 之间的相互作用能主要来自范德华力相互作用。

参考文献

[1]　张君启. 呋咱类高氮化合物分子设计、合成及应用研究[D]. 长沙:国防科技大学,2014.

[2]　张兴高. HTPB 推进剂贮存老化特性及寿命预估研究[D]. 长沙:国防科技大学,2009.

[3]　崔瑞禧. AP/RDX/Al/HTPB 复合固体推进剂用硼酸酯键合剂设计、应用和机理研究[D]. 长沙:国防科技大学,2012.

[4]　王丽琴. 彩绘文物颜料无损分析鉴定和保护材料研究[D]. 西安:西北大学,2006.

[5]　江治,袁开军,李疏芬,等. 聚氨酯的 FTIR 光谱与热分析研究[J]. 光谱学与光谱分析,2006,26(4):624-628.

[6]　陈海平,乔迁,涂根国. 聚氨酯材料的化学降解机理[J]. 辽宁化工,2007,36(8):535-539.

[7]　傅献彩,沈文霞,姚天扬物理化学[M]. 北京:高等教育出版社,1999:183-235.

[8]　Pople J A,Beveridge D L,Dobosh P A. Approximate self-consistent molecular-orbital theory. V. Intermediate Neglect of Differential Overlap[J]. J. Chem. Phys,1967,47:2026-2033.

[9]　Stewart J P. Optimization of parameters for semiempirical methods I [J]. J. Comput. Chem,1989,10:209-220.

[10] Pople J A, Gordon M H, Fox D, et al. Gaussian-1 theory: a general procedure for prediction of molecular energies[J]. J. Chem. Phys, 1989, 90: 5622-5629.

[11] Handy N C, Pople J A, Gordon M H, et al. Size-consistent Brueckner theory limited to double substitutions[J]. Chem. Phys. Lett, 1989, 164: 185-192.

[12] Curtiss L A, Jones C, Trucks G W, et al. Gaussian-1 theory of molecular energies for second-row compounds[J]. J. Chem. Phys, 1990, 93: 2537-2545.

[13] Curtiss L A, Raghavachari K G, Trucks W, et al. Gaussian-2 theory for molecular energies of first- and second-row compounds[J]. J. Chem. Phys, 1991, 94: 7221-7230.

[14] Curtiss L A, Raghavachari K, Pople J A. Gaussian-2 theory using reduced Moller-Plesset orders [J]. J. Chem. Phys, 1993, 98: 1293-1298.

[15] Seminario J M and Politzer P. Modern density functional theory: a tool for chemistry [M]. Amsterdam: Elsevier, 1995.

[16] Parr R G and Yang W. Density-functional theory of atoms and molecules [M]. New York: Oxford University Press, 1999.

[17] Royce W B. Structures and chemistry of amino and nitro furazans[D]. University of Delaware, 2000: 38-68.

[18] 肖鹤鸣, 许晓娟, 邱玲. 高能量密度材料的理论设计[M]. 北京: 科学出版社, 2008.

[19] http://webbook. nist. gov/chemistry.

[20] Stefan P N. Artificial neural networks and genetic algorithms in QSAR[J]. Journal of Molecular Structure (Theochem), 2003, 622: 71-83.

[21] Daniel Svozil, Vladimir KvasniEka, JiE Pospichal. Introduction to multi-layer feed-forward neural networks [J]. Chemometrics and Intelligent Laboratory Systems, 1997, 39: 43-62.

[22] Tatyana S P, Dmitrii V S, Aleksei V E, et al. Comparative characteristic of energy content calculating methods for furazan series as an example of energetic materials [J]. Propellants, Explosives, Pyrotechnics, 1995, 20: 5-10.

[23] 李加荣. 呋咱系列含能材料的研究进展[J]. 火炸药学报. 1998, 3: 56-60.

[24] 李战雄, 唐松青, 欧育湘, 等. 呋咱含能衍生物研究进展[J]. 含能材料. 2002, 10(2): 59-65.

[25] Philip F P, Gregory S L, Alexander R M, et al. A review of energetic materials synthesis [J]. Thermochimica acta, 2002, 3(84): 187-204.

[26] Sikder A K and Sikder N. A review of advanced high performance, insensitive and thermally stable energetic materials emerging for military and space applications [J]. Journal of hazardous materials, 2004, 112: 1-15.

[27] Royce W B. Structures and chemistry of amino and nitro furazans[D]. University of Delaware, 2000: 38-68.

[28] Kamlet M J, Jacobs S J. Chemistry of detonations. I. Simple method for calculating detonation properties of C-H-N-O explosives [J]. Journal of Chemical Physics, 1968, 48:23-35.

[29] 肖鹤鸣, 许晓娟, 邱玲. 高能量密度材料的理论设计[M]. 北京:科学出版社, 2008.

[30] 王永寿. BAMO 系聚合物的合成与特性评价[J]. 固体火箭技术, 1992(4):67-76.

[31] Jaidann M, Abou-Rachid H, Lafleur-Lambert X, et al. Modeling and measurement of glass transition temperatures of energetic and inert systems [J]. Polymer Engineering & Science, 2008, 48(6):1141-1150.

[32] Hildebrand J H, Scott R L. The solubility of nonelectrolytes [M]. Reinhold, 1955.

[33] Kirkpatrick S, Gelatt J C D, Vecchi M P. Optimization by simulated annealing[J]. Science, 1983, 220(4598):671-680.

[34] Wilson S R, Jules W C, Moskowitz J W, et al. Applications of simulated annealing to the conformational analysis of flexible molecules[J]. Journal of Computational Chemistry, 1991, 12(3):342-349.

[35] Horst J H, Geertman R M, Van-Der-Heijden A E, et al. The influence of a solvent on the crystal morphology of RDX[J]. J. Cryst. Growth., 1999, 198:773-779.

[36] 黄辉. HMX 与含硼化合物相互作用的理论计算[J]. 原子与分子物理学报, 2007, 24(1):106-110.

[37] 吴人杰. 高聚物的表面与界面[M]. 北京:科学出版社, 1998.

[38] Sun H. COMPASS:An ab initio force-field optimized for condensed-phase applications-overview with details on alkane and benzene compounds[J]. Journal of Physical Chemistry B, 1998, 102:7338-7364.

[39] Andersen H C. Molecular dynamics simulations at constant pressure and/or temperature [J]. Journal of Chemical Physics, 1980, 72(4):2384-2393.

[40] Berendsen H J C, Postma J P M, Van Gunsteren W F, et al. Molecular dynamics with coupling to an external bath [J]. Journal of Chemical Physics, 1984, 81(8):3684-3690.

[41] Ding H Q, Karasawa N, Goddard Iii W A. Atomic level simulations on a million particles:The cell multipole method for Coulomb and London nonbond interactions[J]. Journal of Chemical Physics, 1992, 97(6):4309-4315.

[42] Ewald P. Ewald summation[J]. Ann Physik, 1921, 64(1921):253-371.

附 录
英语缩略语说明

ADN	二硝酰胺铵
ADNP	1-烯丙基-3,4-二硝基吡唑
Al	铝粉
AN	硝酸铵
ANF	3-氨基-4-硝基呋咱
AO	草酸铵
AP	高氯酸铵
A3	BDNPF/BDNPA(双 2,2-二硝基丙醇缩甲醛/双 2,2-二硝基丙醇缩乙醛)
BAMO	3,3-双(叠氮甲基)氧杂环丁烷
BHN	十氢十硼酸双四乙基铵
BTTN	1,2,4-丁三醇三硝酸酯
Bu-NENA	N-丁基硝氧乙基硝胺
CARS	相干反斯托克斯拉曼散射
CL-20	六硝基六氮杂异戊兹烷
CMDB	改性双基推进剂
CSP	复合固体推进剂
DAENP	1,3-二叠氮基-2-乙基-2-硝基丙烷
DAF	3,4-二氨基呋咱
DAG	二氨基乙二肟
DBP	双基推进剂

DHG	二羟基乙二肟
DINA	二乙醇硝胺二硝酸酯
DNF	3,4-二硝基呋咱
DNTF	3,4-二硝基呋咱基氧化呋咱
DOS	癸二酸二辛酯
DPA	1,3-二甲基-1,3-二苯基脲
EPDM	三元乙丙
GAP	叠氮缩水甘油醚
GUDN	N-胍基脲二硝酰胺盐
HEDM	高能量密度物质
HMX	奥克托金
HNF	硝仿肼
HTCE	端羟基聚酯
HTPB	端羟基聚丁二烯
HTPE	端羟基聚醚
JANNAF	美国陆、海、空军和航空航天局联合委员会
MA	镁铝合金
MNA	N-甲基-p-硝基苯胺
NC	硝化纤维素
NEPE	硝酸酯增塑的聚醚聚氨酯推进剂
NG	硝化甘油
NQ	硝基胍
NTO-Pb	3-硝基-1,2,4-3-己基铅
OA	草酰胺
OB	氧平衡
O/F	氧燃比
PBT	BAMO 和 THF 的共聚物
PDMS	甲基乙烯基硅橡胶

PEG	聚乙二醇
PET	环氧丙烷-四氢呋喃共聚物
PLIF	平面激光诱导荧光
PMPS	苯基硅橡胶
PSAN	相稳定硝酸铵
TEGN	二缩三乙二醇二硝酸酯
THF	四氢呋喃
Viton	偏二氟乙烯与六氟丙烯共聚物